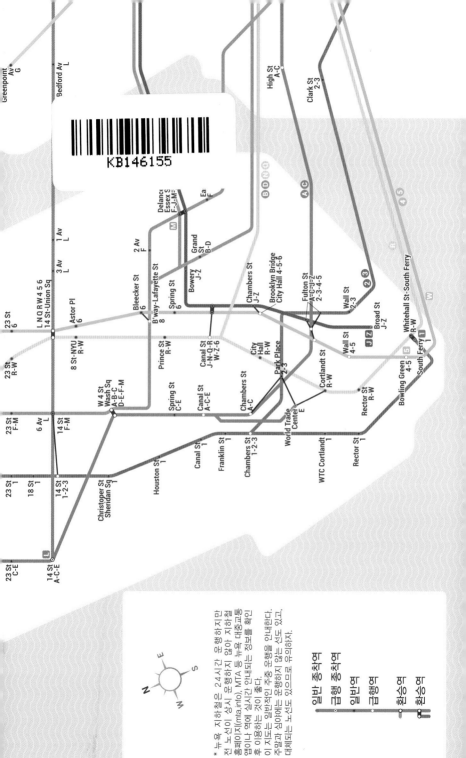

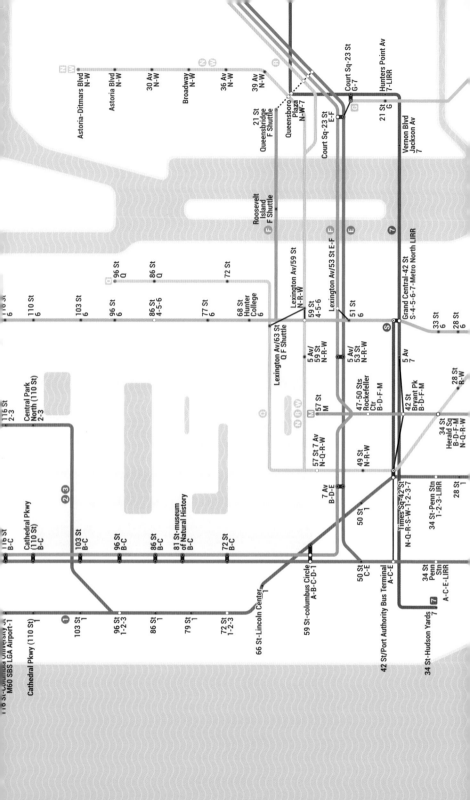

뉴욕 지하철
노선도

여행은

꿈꾸는 순간,

시작된다

리얼
뉴욕

여행 정보 기준

이 책은 2024년 6월까지 취재한 정보를 바탕으로 만들었습니다.
정확한 정보를 싣고자 노력했지만, 여행 가이드북의 특성상
책에서 소개한 정보는 현지 사정에 따라 수시로 변경될 수 있습니다.
변경된 정보는 개정판에 반영해 더욱 실용적인 가이드북을 만들겠습니다.

한빛라이프 여행팀 ask_life@hanbit.co.kr

리얼 뉴욕

초판 발행 2024년 3월 28일
2쇄 발행 2024년 6월 24일

지은이 맹지나 / **펴낸이** 김태헌
총괄 임규근 / **팀장** 고현진 / **기획편집** 박지영 / **교정교열** 조진숙
디자인 천승훈 / **지도, 일러스트** 조민경
영업 문윤식, 신희용, 조유미 / **마케팅** 신우섭, 손희정, 박수미, 송수현 / **제작** 박성우, 김정우

펴낸곳 한빛라이프 / **주소** 서울시 서대문구 연희로 2길 62 한빛빌딩
전화 02-336-7129 / **팩스** 02-325-6300
등록 2013년 11월 14일 제25100-2017-000059호
ISBN 979-11-93080-27-6 14980, 979-11-85933-52-8 14980(세트)

한빛라이프는 한빛미디어(주)의 실용 브랜드로 우리의 일상을 환히 비추는 책을 펴냅니다.

이 책에 대한 의견이나 오탈자 및 잘못된 내용은 출판사 홈페이지나 아래 이메일로 알려주십시오.
파본은 구매처에서 교환하실 수 있습니다. 책값은 뒤표지에 표시되어 있습니다.
한빛미디어 홈페이지 www.hanbit.co.kr / 이메일 ask_life@hanbit.co.kr
블로그 blog.naver.com/real_guide_ / 인스타그램 @real_guide_

지금 하지 않으면 할 수 없는 일이 있습니다.
책으로 펴내고 싶은 아이디어나 원고를 메일(writer@hanbit.co.kr)로 보내주세요.
한빛라이프는 여러분의 소중한 경험과 지식을 기다리고 있습니다.

뉴욕을 가장 멋지게 여행하는 방법

리얼
뉴욕

맹지나 지음

HB 한빛라이프

살면서 가졌던 수많은 기대 중 차고 넘치게 충족되었던 것은 오직 여행뿐이었습니다. 늘 과분한 감동을 바라고 떠나는데, 그 이상의 것을 선물해주거든요. 세계 각지에서 모여든 각양각색의 사람들이 문화와 경제와 정치를 자유롭게 나누고 진보시키는, 최고의 도시 뉴욕을 여행하고 책으로 쓸 수 있어 감사했습니다. 〈리얼 뉴욕〉은 코로나19 팬데믹 전 시작한 프로젝트로, 그 어떤 작업보다도 오랜 시간 공들여 취재하고 다듬은 책입니다. 드디어 이 멋진 도시를 여행하고자 하는 독자분들에게 선보이게 되어 무척 기쁩니다.

뉴욕을 꿈꿔온 사람들은 저마다 다른 모습으로 그립니다. 맛과 멋과 느긋함과 속도감, 건축과 예술과 자연과 사람을 고루 넘치게 갖춘 여행지이기 때문입니다. 여행자 각자의 취향과 기대에 꼭 맞춘 듯한 시간을 보낼 수 있는, 모든 것이 준비된 도시라 무엇을 경험할지 선별하기 어려울 정도입니다. 하지만 〈리얼 뉴욕〉이 친절한 가이드가 되겠습니다.

고심하며 지면에 실은 소중한 장소들이 많은 분들의 행복한 여행으로 이어지기를 바라며 집필에 마침표를 찍습니다. 취재에 도움을 주신 뉴욕관광청을 비롯해 꼼꼼히 애정 어린 손길로 원고와 사진을 다듬어주신 박지영 에디터님께 깊은 감사 인사 전합니다.

2024년 봄
맹지나 드림

여행은 언제나 과분한 감동 그 이상

맹지나　고려대학교 국제학·언론학 학사, 조지타운대학교 로스쿨 법학박사 과정 중.
무더운 여름과 골목마다 이야기가 서려 있는 도시와 느긋하게 머무는 여행을 좋아한다. 솔직한 기록과 진한 공감을 목표로 여행책과 노랫말을 쓴다. 즉흥적으로 떠나는 것과 마음에 오래 품은 낯선 길에 비로소 서는 것 모두, 여행이라면 무엇이든 괜찮다고 생각한다.
저서로는 〈이탈리아 카페 여행〉, 〈그 여름의 포지타노〉, 〈남프랑스 홀리데이〉, 〈바르셀로나 홀리데이〉, 〈프라하 홀리데이〉, 〈인조이 치앙마이〉, 〈인조이 스위스〉 등 여행 서적 스물한 권이 있다.

인스타그램 thesummergirl_10　**유튜브** Gina Everywhere

일러두기

- 이 책은 2024년 6월까지 취재한 정보를 바탕으로 만들었습니다. 정확한 정보를 수록하고자 노력했지만, 여행 가이드북의 특성상 책에서 소개한 정보는 현지 사정에 따라 수시로 변경될 수 있습니다. 여행을 떠나기 직전에 한 번 더 확인하시기 바라며 변경된 정보는 개정판에 반영해 더욱 실용적인 가이드북을 만들겠습니다.

- 영어의 한글 표기는 국립국어원의 외래어 표기법을 따르되 관용적인 표기나 현지 발음과 동떨어진 경우에는 예외를 두었습니다. 우리나라에 입점된 브랜드의 경우 한국에 소개된 브랜드명을 기준으로 표기했습니다.

- 대중교통 및 도보 이동 시의 소요시간은 대략적으로 적었으며 현지 사정에 따라 달라질 수 있으니 참고용으로 확인해주시기 바랍니다.

- 명소는 운영시간에 표기된 폐관/폐점 시간보다 30분~1시간 전에 입장이 마감되는 경우가 많으니 미리 확인하고 방문하시기 바랍니다.

- 책에 따로 표기를 하지 않았더라도 추수감사절, 크리스마스, 1월 1일에는 휴업/휴관하는 상점이나 명소가 많으니 미리 확인 후 방문하시기 바랍니다.

주요 기호·약어

🚶 가는 방법	📍 주소	🕐 운영시간	✖ 휴무일	💲 요금
📞 전화번호	🏠 홈페이지	🏃 명소	🛍 상점	🍴 맛집
Ⓜ 지하철	🚉 기차역	**St** Street	**Ave** Avenue	

구글 맵스 QR 코드

각 지도에 담긴 QR 코드를 스캔하면 소개된 장소들의 위치가 표시된 구글 지도를 스마트폰에서 볼 수 있습니다. '지도 앱으로 보기'를 선택하고 구글 맵스 앱으로 연결하면 거리 탐색, 경로 찾기 등을 더욱 편하게 이용할 수 있습니다. 앱을 닫은 후 지도를 다시 보려면 구글 맵스 애플리케이션 하단의 '저장됨' - '지도'로 이동해 원하는 지도명을 선택합니다.

리얼 시리즈 100% 활용법

PART 1
여행지 개념 정보 파악하기

뉴욕에서 꼭 가봐야 할 장소부터 여행 시 알아두면 도움이 되는 지역 특성에 대한 정보를 소개합니다. 기초 정보부터 추천 코스까지, 뉴욕을 미리 그려볼 수 있는 다양한 개념 정보를 수록하고 있습니다.

PART 2
테마별 여행 정보 살펴보기

뉴욕을 가장 멋지게 여행할 수 있는 각종 테마 정보를 보여줍니다. 뉴욕을 좀 더 깊이 들여다볼 수 있는 역사, 축제는 물론이고, 뉴욕에서 놓칠 수 없는 미술관·박물관부터 나만의 쇼핑 리스트까지, 자신의 취향에 맞는 키워드를 찾아 내용을 확인하세요.

PART 3, 4
지역별 정보 확인하기

뉴욕을 세 지역으로 나누고 한 지역을 다시 세 구역으로 구분했습니다. 각 구역별로 볼거리, 쇼핑 플레이스, 맛집, 카페 등 꼭 가봐야 하는 인기 명소부터 저자가 발굴해 낸 숨은 장소까지 속속들이 소개합니다. 특히 파트4에서는 맨해튼의 근교까지 소개하고 있습니다.

PART 5
실전 여행 준비하기

여행 시 꼭 준비해야 하는 정보만 모았습니다. 여행 정보 수집부터 현지에서 맞닥뜨릴 수 있는 긴급 상황에 대한 대처 방법까지 순서대로 구성되어 있습니다.

Contents

PART 1

한눈에 보는 뉴욕

PART 2

뉴욕을 가장 멋지게
여행하는 방법

PART 3

진짜 뉴욕을
만나는 시간

PART 4

맨해튼
근교 여행

리얼 가이드

●

PART 5

즐겁고 설레는
여행 준비

PART 1

한눈에
보는 뉴욕

우리를 부르는 뉴욕의 몇 가지 장면들

Scene 1
뉴욕은 걷기 좋은 도시.
액자에 걸리지 않은
작품들을 느닷없이 만나는
즐거움이 있다.

Scene 2

뉴욕에서 걸을 때는
목을 길게 빼고 하늘을
자주 올려보자.
압도하는 건축미의
마천루들이 거리마다
솟아 있다.

Scene 3

지하철을 기다리는 시간도 지루하지 않다.
주변 풍경이 역마다 색다르니.
진정한 뉴요커라면 메트로는 일상의 일부.

Scene 4

아무리 조용한 골목이라도,
아무리 야심한 시각이라도
잠이 들지 않는 도시.

Scene 5

그랜트 센트럴 터미널에서
바삐 걷는 사람들은 모두 뉴요커.
역 중앙에 서서 천장화를
감상하는 사람들은 모두 여행자.

Scene 6

뉴욕에 새로운 계절이 오면
가장 먼저 워싱턴 스퀘어 파크를
물들인다. 봄과 여름이면
일등으로 초록빛이 되는 이곳.

Scene 8

날이 맑으면 맨해튼 브리지의
아치 뒤편으로 엠파이어 스테이트 빌딩의
뾰족한 꼭대기도 보인다.

Scene 7

맨해튼을 한눈에 담으려면 브루클린의
루프톱 바를 찾아보자. 풍경에 취하는 기분.

Scene 9

맨해튼 한가운데 금싸라기 땅을 당당히 차지하고 있는
센트럴 파크는 뉴요커들의 자랑이자 도시의 허파.

뉴욕 한눈에 보기

보통 뉴욕 하면 맨해튼을 생각하지만 사실 우리가 말하는 뉴욕시는 뉴욕주(주도는 올버니Albany)의 최대 도시로,
맨해튼과 브루클린, 퀸스, 브롱크스, 스태튼 아일랜드 다섯 개의 자치구(County)로 이루어져 있다.

Passaic

Essex

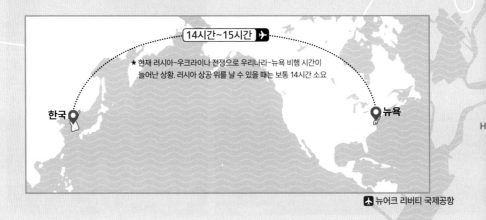

14시간~15시간 ✈

* 현재 러시아-우크라이나 전쟁으로 우리나라-뉴욕 비행 시간이
늘어난 상황. 러시아 상공 위를 날 수 있을 때는 보통 14시간 소요

한국 📍

뉴욕 📍

✈ 뉴어크 리버티 국제공항

Union

스태튼 아일랜드
Staten Island

Somerset

브롱크스
Bronx

맨해튼
Manhattan

Hudson River

East River

✈️라과디아 공항

퀸스
Queens

Nassau

브루클린
Brooklyn

Jamaica Bay

✈️JFK 국제공항

r Bay

N
W — E
S

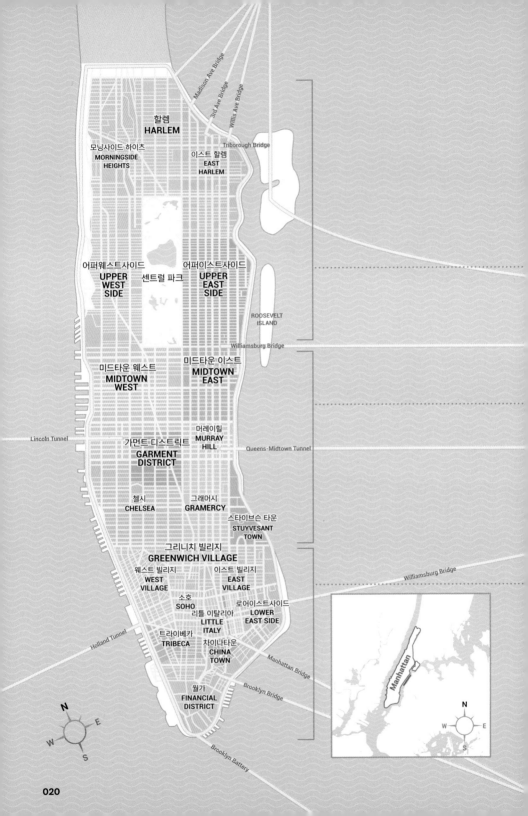

구역별로 만나는 맨해튼

다섯 개 자치구 중 여행자들이 주로 머물고 돌아보는 주인공은 맨해튼Manhattan.
대부분의 뉴욕 명소와 맛집, 쇼핑 센터, 투어 프로그램이 밀집되어 있어 가장 바쁘고, 붐비고, 화려하다.
맨해튼은 다시 크게 세 동네로 나눌 수 있는데 위치상 구분해 업타운, 미드타운, 다운타운이라 부른다.

업타운 Uptown

59번가 위를 보통 업타운이라 말한다. 미드타운과 다운타운에 비해 명소들이 멀찍이 떨어
져 도보보다는 교통편을 이용해 다니는 것을 추천. 96번가를 기점으로 부촌인 어퍼웨스
트사이드Upper Westside와 어퍼이스트사이드Upper Eastside, 스트리트 느낌이 강렬한 할렘
Harlem과 이스트 할렘East Harlem, 모닝사이드 하이츠Morningside Heights가 나타난다.

미드타운 Midtown

14번가부터 59번가 사이의 구역. 맨해튼 주요 명소가 대부분 모여 있다. 타임스 스퀘어, 그
랜드 센트럴 터미널, 엠파이어 스테이트 빌딩, 록펠러 센터와 뉴욕 현대 미술관을 비롯한 수
많은 박물관이 있으니 미드타운에만 머물러도 일정이 부족할 것. 명소 뒤에 명소, 그 옆에
또 명소가 있어 하나의 거대한 야외 전시관 같은 기분이 든다. 미드타운 동쪽과 서쪽을 각
각 미드타운 이스트Midtown East, 미드타운 웨스트Midtown West로 구분하고, 예전부터 여
러 의류 브랜드 쇼룸과 상점이 자리해 의류 구역이라 이름 붙인 가먼트 디스트릭트Garment
District, 학생들과 젊은 직장인이 많이 살고 모던한 건물들이 빼곡한, 18세기 이 동네에 살
던 상인 가문의 이름을 붙인 머레이힐Murray Hill이 자리한다.

다운타운 Downtown

14번가 아래의 구역을 말한다. 업타운이나 미드타운에 비해 세부적으로 나뉘는 동네가 훨
씬 많은데, 이탈리아와 중국 이민자 동네인 리틀 이탈리아Little Italy와 차이나타운Chinatown
은 작지만 무시할 수 없는 개성을 뽐낸다. 미국 금융권의 상징인 월가를 포함하는 파이낸셜
디스트릭트Financial District, 이스트강에 면해 바쁜 월가와는 사뭇 다른 한적한 분위기의 로
어이스트사이드Lower East Side, 9·11 추모 박물관 등 마천루와 명소가 모여 있는 트라이베
카Tribeca, 그리고 뉴욕 힙스터들의 성지이자 맛집과 숍이 촘촘하게 들어선 소호Soho가 있
다. 작지만 모두 분위기가 뚜렷해 한 마디로 정의할 수 없는 곳이 바로 다운타운의 매력. 구
석구석 가봐야 어떤 매력을 내가 가장 좋아하는지 느낄 수 있다. 섣부른 판단은 잠시 접어
두고 부지런히 다녀볼 것을 추천한다.

숫자로 보는 뉴욕

1

미국에서 인구수 1위인 도시
8,930,002명(2022년 기준)

1664

'뉴암스테르담'에서 '뉴욕'으로 개명한 해

1788

미 연방에 가입한 해.
열한 번째로 가입했으며 따라서 주 번호도 11

13

뉴욕시 광장(Square)의 개수.
타임스 스퀘어도 광장 중 하나다.

6 1/2

뉴욕의 거리는 가로는 스트리트Street,
세로는 애비뉴Avenue라 하며
대로로 이루어져 있다.
1, 2, 3, 4⋯와 같이 정수로
표시되는 애비뉴 중에
6과 1/2의 애비뉴가 있다.
여섯 블록 정도로 짧고 귀엽다.

뉴욕의 옐로 캡Yellow Cab 택시 수

13587

뉴욕에서 가장 높은 건물은 높이 541m,
104층의 원 월드 트레이드 센터로 세계에서 일곱 번째로 높다.

541

23000

센트럴 파크에
심어져 있는 나무 수

$3.14

뉴욕 평균 피자 한 조각 가격

뉴욕 지하철 요금은
5센트에서 시작

5

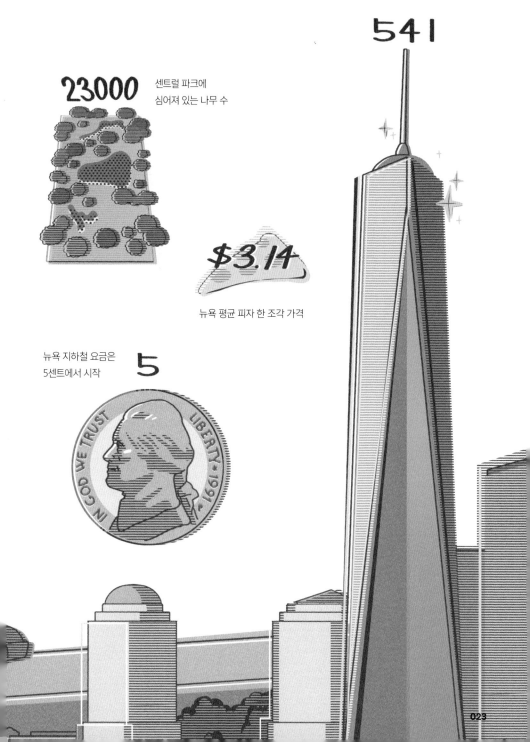

꼭 알아야 할 뉴욕 기본 정보

슬로건

The city that never sleeps

📷 시 정부 @nycgov / 뉴욕관광청 @nycgo
❌ @nycgov
🏠 https://www.nyc.gov/

통화, 환율

미국 달러($)
$1 = 약 1320원
2024년 3월 기준

현금 사용

현금을 많이 사용하지 않고 대부분 카드와 함께 모바일 페이를 사용한다. 애플페이, 벤모Venmo, 젤Zelle이 가장 흔하다. 장기 여행자가 아니라면 일부러 이런 앱들을 설치할 필요는 없고, 카드로도 충분하다. 호텔에서 팁을 주거나 간혹 캐시 온리Cash only를 요구하는 스트리트 푸드나 상점이 있을 수 있으니 그래도 현금을 어느 정도는 가져가면 좋다. 카드 분실 시 쓸 수 있는 비상금으로 챙겨 가는 것도 필요하다.

팁 문화

팁 문화가 익숙하지 않은 우리에게는 카드 팁 결제도 낯설다. 물건을 사거나 숙박비를 결제하는 경우를 제외하고, 레스토랑이나 바 등에서 카드로 결제하는 경우 팁 퍼센티지(%)를 설정해 카드를 건네면 먼저 팁을 제외한 금액이 결제되고, 몇 시간에서 며칠 사이에 팁만 따로 결제가 된다. 거래 내역을 꼼꼼히 확인하는 여행자라면 쓴 기억이 없는 소소한 금액 내역을 보고 의아해하는 경우가 있는데 추후 팁이 따로 결제되어 그렇다.

단위

미국의 무게/거리 재는 단위는
미터법보다 다음 단위를 많이 쓴다.

· 1m = 3.28ft(피트) = 1.09yd(야드)
· 1km = 0.62mile(마일)
· 1kg = 2.2lb(파운드)

시차

뉴욕은 동부 시간대(Eastern Time, EST 또는 ET). 미국은 '서머 타임'을 사용해 여름에는 표준시보다 1시간 시계를 앞당긴다. 3월 두 번째 일요일 새벽 2시에 시작해 11월 첫 번째 일요일 새벽 2시에 해제된다. 3월 두 번째 일요일 새벽 2시가 갑자기 새벽 3시로 표시되는 것이다. 이때 '잃어버린' 1시간은 11월에 다시 찾게 된다. **그래서 시차는 서머 타임 중에는 뉴욕이 한국보다 13시간, 서머 타임이 해제된 동절기에는 14시간 느리다.**

비자

여행을 목적으로 미국을 방문하는 한국인은 무비자 입국이 허용되는 국가들에게 일괄적으로 요구하는 에스타ESTA(전자 여행 허가 시스템, Electronic System for Travel Authorization) 관광 허가를 받아야 한다. 최소 출국 72시간 전에는 신청하라고 권장하는데, 변수가 있을지 모르니 여행이 확정되었다면 늦지 않게 신청하자. 유효 기간(2년) 동안에 미국을 재방문하는 경우 다시 받지 않아도 된다. 만약 여권이 2년 안에 만기 된다면 ESTA도 함께 만료되니 유의할 것.

🏠 esta.cbp.dhs.gov(한국어 지원)

치안

시 정부 차원에서 적극적으로 인종 차별적인 범죄를 막으려 노력하고 이에 대한 시민 의식도 발전했지만 심심찮게 관련 뉴스를 볼 수 있다. 할렘을 보통 우범 지역으로 알고 있는데, 맨해튼 시내에서도 늦은 시간 혼자 또는 후미진 곳을 다니면 위험한 것은 매한가지다. 새벽 2~3시에도 편의점에 잠깐 다녀오는 것이 대수롭지 않은 한국과는 다르다. 늦은 시간에는 외출을 자제하고 번화가 중심으로 다니는 것을 추천한다.

외교부의 해외안전여행 홈페이지에서 다양한 정보를 받아보고, 해외여행자 등록, 실시간 안전 정보 푸시 알람, 카카오톡 상담 서비스, 무선 인터넷이 되는 경우 별도 통화료 없이 영사 콜센터 상담이 가능한 무료 전화 앱을 설치하는 것도 추천한다.

🏠 0404.go.kr

전압

한국에서 가져가는 220V 60Hz 전자제품은 '돼지코' 변압기를 사용해야 120V 60Hz 전압을 사용하는 미국에서 쓸 수 있다. 변압기는 한국이 훨씬 더 저렴하니 미리 준비하는 것이 좋다.

★ 한국에서 '콘센트'라 부르는, 기기를 꽂는 구멍을 영어로는 Outlet(아웃렛)이라 하니 콩글리시에 유의할 것

전화

· 미국 국가번호 +1

· 대한민국 국가번호 +82

대한민국 대사관 및 영사관

주미국 대한민국 대사관

📍 2450 Massachusetts Avenue N.W. Washington, D.C. 20008
2320 Massachusetts Avenue N.W. Washington, D.C. 20008 (영사과)

🕐 월~금 09:00~12:00, 13:00~18:00
(민원 업무 접수: 09:00~12:00, 13:00~17:00)

📞 +1 202-939-5600
영사 콜센터(24시간) +82 2-3210-0404
사건 사고 등 긴급 상황 발생 시 +1 202-939-5653

🏠 overseas.mofa.go.kr/us-ko/index.do

주뉴욕 대한민국 총영사관

📞 +1 646-674-6000
영사 콜센터(24시간) +82 2-3210-0404
사건 사고 등 긴급 상황 발생 시 +1 646-965-3639

🏠 overseas.mofa.go.kr/us-newyork-ko/index.do

뉴욕 날씨와 옷차림

여행을 떠나기 전 뉴욕의 날씨에 대해 알아보자.
날씨가 어떤지 알아야 여행 시 옷차림을 결정할 수 있다.

뉴욕도 우리나라와 비슷한 사계절이 있다. 여름은 고온 다습하고 겨울은 눈이 많이 내리는데, 최근 전 세계가 겪는 지구 온난화의 몸살을 뉴욕 역시 앓고 있어 해마다 기온, 날씨가 걷잡을 수 없이 변덕을 부린다. 4월에 눈이 내린다거나 폭염이 예년보다 훨씬 일찍 시작된다는 뉴스를 해마다 들을 수 있어 미리 예상하고 짐을 꾸리는 것이 쉽지 않다. 출발 전 짐을 쌀 때 각종 소셜 미디어에서 위치 태그를 뉴욕으로 설정해 사람들이 보통 어떻게 옷을 입고 다니는지 확인하고 이에 맞추어 짐을 싸는 것이 가장 정확하다. 그래도 혹시 모르니 예상되는 기온보다 더 얇거나 더 두꺼운 옷도 함께 가져가는 것이 좋다.

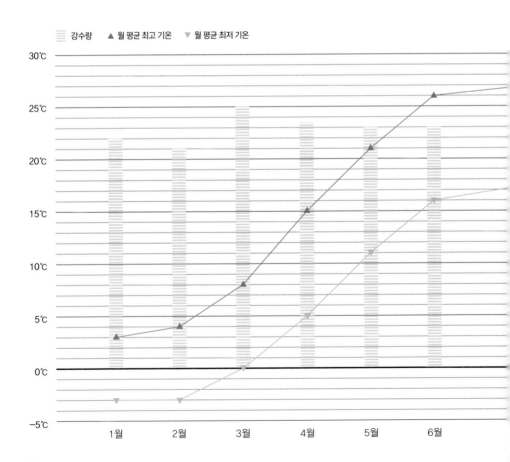

강수량   ▲ 월 평균 최고 기온   ▼ 월 평균 최저 기온

하절기 장마없는 한국의 여름이라 생각하면 된다. 덥고 약간의 습도가 있다. 한국보다 모기가 더 기승을 부리니 모기약도 챙겨가는 것을 추천한다. 여행 중에는 평소보다 훨씬 더 많이 걷게 되니 부채나 손풍기가 굉장히 유용하다.

 동절기 마찬가지로 한국의 겨울과 크게 다르지 않아, 한겨울(12~1월)이라면 내복과 껴입을 여러 두께의 상하의, 다운 패딩과 목도리, 장갑, 겨울 모자 등을 가져가는 것이 좋다. 실내는 따뜻하니 껴입은 옷을 벗어 들고 다니는 경우도 많다.

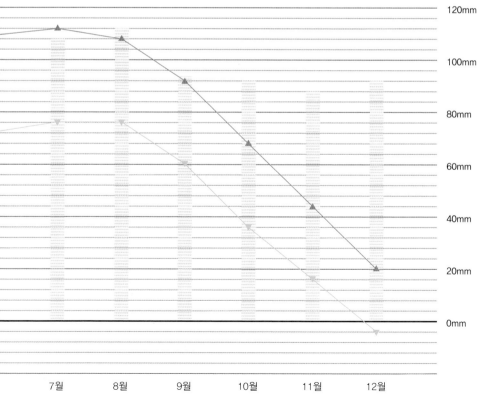

뉴욕 축제

뉴욕은 1년 내내 축제가 계속되는데 특히 11월 말 추수감사절부터 12월 31일까지 흥겨운 연말 분위기가 이어진다. 크리스마스 로켓이나 뉴욕 시티 발레단의 호두까기 인형처럼 이맘때에만 하는 공연이 많고, 12월 31일의 타임스 스퀘어 P.112 볼 드롭이나 록펠러 센터 P.108의 아이스 링크, 트리 점등식 등 다양한 행사가 끊이지 않고 열린다.

1월 January

1월 1일 새해 New Year

우리나라와 달리 미국은 크리스마스에는 가족과 함께 보내고 연말연시에는 신나게 파티를 즐기는 것이 보통.

뉴욕 보트 쇼 New York Boat Show

100년 이상 이어져 온 뉴욕의 전통. 수천 명이 제이콥 K 자비츠 컨벤션 센터 Jacob K. Javits Convention Center에 모여 최신 유행하는 보트와 낚시 장비 등을 구경하고 또 구매한다. 행사 기간 동안 관련 업계 전문가들이 강연이나 행사를 주최한다.

3월 March

성 패트릭의 날 퍼레이드 St. Patrick's Day Parade

뉴욕 대주교 주관으로 아일랜드 문화와 가톨릭을 기념하는 행사. 1762년 처음 진행한, 뉴욕에서 가장 오래된 퍼레이드이며 규모도 가장 크다.

©Joe Buglewicz/NYC & Company

4월 April

MLB 시즌 오픈

메츠 Mets와 양키 Yankees의 시즌 오픈! 야구 팬이라면 꼭 가보고 싶은 성지.

부활절 퍼레이드 Easter Parade

해마다 부활절이면 화려하게 치장한 모자(보통 알록달록한 달걀로 꾸민다)를 쓴 뉴요커들이 거리로 나와 퍼레이드를 벌인다. 5번가 성 패트릭 대성당 앞에서 시작한다.

부활절

5월
May

프리즈 뉴욕 Frieze New York

뉴욕 미술계의 최신 트렌드를 알고 싶은 여행자라면 참여해보자. 갤러리, 이벤트 장소 등을 미리 알아두고 티켓을 구입할 것. 5월 중순 주말을 포함해 3~4일간 진행된다.

🏠 www.frieze.com/fairs/frieze-new-york

셰익스피어 인 더 파크 Shakespeare in the Park(8월까지)

1962년부터 시작된 뉴욕의 여름을 알리는 대대적인 연극 축제. 현재까지 500만 명 이상의 관객을 유치했다. 센트럴 파크의 델라코르테Delacorte 극장에서 열린다.

델라코르테

6월
June

뮤지엄 마일 페스티벌 Museum Mile Festival

뉴욕을 대표하는 전시관이 모여 있는 뮤지엄 마일 **P.276**이 무료로 문을 활짝 열고 손님을 맞이하는 특별한 밤. 해마다 날짜가 바뀌니 관광청 홈페이지를 참조하자.

7월
July

7월 4일 독립기념일 Independence Day

온 도시가 들썩이는, 뉴욕 여름 중 가장 뜨거운 하루. 메이시스 백화점 **P.140**에서 최대 규모의 퍼레이드를 진행하고, 핫도그로 유명한 네이선스 페이머스 **P.318**에서는 핫도그 먹기 대회도 열린다.

메이시스 불꽃놀이 ©Julienne Schaer/NYC & Company

8월
August

US 오픈

1881년 첫 대회가 열렸으며 영국의 윔블던, 프랑스 오픈, 호주 오픈과 더불어 네 개 대회를 '그랜드슬램'이라 일컫는다. 1987년부터는 현재의 위치인 퀸스의 USTA 빌리 진 킹 테니스 센터 **P.324**에서 진행한다.

🏠 www.usopen.org

10월
October

NBA 시즌 오픈

매디슨 스퀘어 가든을 홈 코트로 이용하는 닉스Knicks와 레인저스Rangers가 시즌 오픈을 알린다. 바클레이스 센터 **P.295**에서는 네츠Nets가 개막한다.

핼러윈 Halloween

10월 내내 마트에서는 호박을 팔고, 집집마다 정성 들여 핼러윈 테마로 장식한다. 코스튬 행사나 퍼레이드, 핼러윈 테마 이벤트들이 곳곳에서 열린다.

핼러윈

11월
November

추수감사절 Thanksgiving

11월 네 번째 목요일로 우리나라의 추석과 같이 가족이 모두 모이는 명절. 추수감사절을 시작으로 해가 완전히 저물 때까지 온 도시가 흥겨운 연말 분위기에 취해 있다. 퍼레이드 명가 메이시스 백화점이 TV로 생중계되는 대규모 행진을 진행한다.

메이시스 추수감사절 ©Julienne Schaer/NYC & Company

12월 December

록펠러 센터 트리 점등식 Rockefeller Center Tree Lighting

영화 '나홀로 집에 2'에 등장하는 아름다운 크리스마스트리는 바로 록펠러 센터 앞에 위치. 이 점등식은 많은 뉴요커들이 손꼽아 기다리는 낭만적인 연례 행사다. 추수감사절 다음 주 수요일에 진행하는데, 해마다 날짜가 바뀌어 11월 말에 하는 경우도 있다.

점등식 ©Matthew Penrod/NYC & Company

크리스마스(12월 25일) Christmas

추수감사절이 끝나는 순간부터 미국 전역이 크리스마스 분위기로 들뜨는데, 그중 일등은 단연 뉴욕. 연말 특수로 뭐든 더 비싼 시즌이지만 뉴욕에서 성탄절을 보내는 것이 로망인 여행자들이 많은 이유는, 그만큼 미국에서 가장 화려하고 성대하게 크리스마스를 치르기 때문이다. 도시 전체가 거대한 크리스마스 마켓인 양 형형색색으로 빛난다.

크리스마스

타임스 스퀘어 볼 드롭 Ball Drop

12월 31일, 새해로 넘어가는 순간 원 타임 스퀘어One Time Square 건물 위에 올려진 커다란 공을 아래로 떨어뜨리는 신년맞이 행사. 우리나라에서 보신각 종을 치는 것처럼 많은 미국인들이 생중계로 볼 드롭을 지켜보면서 새해를 맞이한다. 뉴욕 타임스 신문의 사주가 타임스 스퀘어로 옮긴 새 사옥을 홍보하기 위해 기획한 것으로 1907년 12월 31일 처음 시작되었다.

볼 드롭 ©Julienne Schaer/NYC & Company

그 외에 알아두면 더욱 흥겨운 작은 축제들

1월

머스트-시 위크
NYC Must-See Week

2인 입장료를 1인 가격에 판매하는 이 행사는 친구나 가족과 함께 여행하는 사람들에게 탐나는 혜택을 제공한다. 뉴욕 5개 자치구 전역의 다양한 랜드마크, 박물관, 투어, 공연장이 참여한다.

브로드웨이 위크
NYC Broadway Week

1월과 9월, 두 번 진행하는 뮤지컬 축제. 큰 할인폭으로 티켓을 판매하는데, 사람들이 많이 몰리기에 경쟁이 치열하다.

2월

레스토랑 위크
NYC Restaurant Week

1년에 두 번 1월 중순~2월 중순, 7월 중순~8월 중순 진행한다(토요일 제외). 뉴욕의 수백 개 레스토랑이 참여해 정해진 가격(Prix-fixe)의 메뉴를 선보이며 부담없이 훌륭한 식사를 마음껏 즐길 수 있는 행사. 뉴욕 관광청 레스토랑 위크 홈페이지(www.nycgo.com/restaurant-week)에 알림 메일 받기를 신청해두면 소식을 받아볼 수 있다.

패션 위크 Fashion Week
(F/W 시즌), 9월 S/S 시즌

세계 4대 패션 위크 중 하나로 뉴욕, 런던, 밀라노, 파리 순서로 진행되기 때문에 매 시즌 화려한 막을 올린다. 도시 곳곳에서 관련 행사들이 열리지만 주요 행사장은 스프링 스튜디오(Spring Studios, 50 Varick St). 쇼는 대부분 초청장을 받아야 입장할 수 있지만 쇼 전후로 모델들을 볼 수 있기 때문에 패션에 관심 있는 이들이 구경을 나온다.

6월

프라이드 위크 Pride Week

시내 곳곳에서 다양한 성 정체성을 축복하고 기념하는 행사가 열린다. 6월 마지막 주 일요일 5번가 퍼레이드가 가장 유명하다.

뉴욕 여행 키워드

'뉴암스테르담'과 '뉴욕'

1624년 맨해튼에 처음 도착한 네덜란드 선원들이
지형이 암스테르담과 비슷해 '뉴암스테르담'이라는
이름을 붙였다. 1664년 영국-네덜란드 전쟁에서
영국이 승리하며 영국의 지명인 요크York를
붙여 '뉴욕New York'이 되었다.

스트리트와 애비뉴

뉴욕의 거리는 가로를 스트리트Street,
세로는 애비뉴Avenue라 한다.
쭉 뻗은 대로에 숫자가 붙어 있어
위치를 파악하는 것이 쉽다.

재즈

뉴욕이라는 도시에 배경 음악을 틀어줘야 한다면 단연코 재즈다.
낮에는 재즈 박물관, 밤에는 재즈 바가 있어 하루 종일 멋진 도시.

추천 블루 노트 재즈 클럽 P.191, 메즈로우 P.190, 할렘 국립 재즈 박물관 P.245

뉴욕은 한때 멜팅 포트Melting Pot라 불릴 정도로, 다양한 문화의 여러 인종이
'뉴요커'라는 이름 아래 한데 섞여 살아가고 있다. 모두의 개성과 특징을 존중하고 있는
무한한 매력의 이 도시를 좀 더 깊이 있게 이해하는 키워드를 살펴보자.

빅 애플

뉴욕시 애칭 중 가장 유명하다. 기자 존 제이 피츠제럴드가
1920년대 '빅 애플The Big Apple'이라는 경마 칼럼을
연재하면서 뉴욕의 기수들이 모두 받고 싶어 하는
큰 우승 상금을 '빅 애플'이라 칭했는데, 여기에서 유래해
도시 전체를 아우르는 별명이 되었다. 1930년대 뉴욕 재즈
아티스트들이 많이 사용하면서 더욱 유행했다.

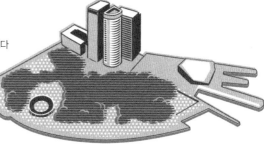

마천루 Skyscrapers

마천루라는 말 그대로 하늘을 긁을 것만 같이
아찔하게 높은 빌딩. 뉴욕에는 높이 1000ft(약 304m)가
넘어가는 건물이 13개나 있다. 일부러 찾아다니지 않아도
여행 중 자주 만나게 된다.

피자

'슬라이스Slice'라 부르는
뉴욕의 피자 한 조각.
월가의 직장인 못지않게
바쁘게 뛰어다니는
여행자들의 간단한 한 끼
식사 대용으로 딱이다.

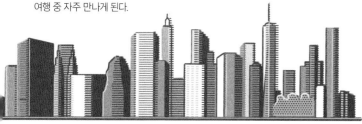

공원

바쁜 현대 사회의 상징과도 같은 뉴욕이지만 생각보다
자주 푸르고 맑은 녹지를 만날 수 있다.

추천 센트럴 파크 P.262, 브라이언트 파크 P.111,
배터리 파크 P.221

뉴욕 여행, 버킷 리스트

의무감으로 자유의 여신상 페리를 타거나 끝이 보이지 않도록 넓은 센트럴 파크 구경은 하지 말자.
쇼핑에 관심이 없다면 5번가를 걷지 않아도, 정신없이 시끌시끌한 곳이 질색이라면 타임스 스퀘어를 찾지 않아도 좋다.
뉴욕 여행을 뉴욕스럽게 만들어주는 특별한 경험을 아래에 소개한다. 하지만 끌리지 않는다면 건너뛰고
파트 3, 4의 스팟 중 마음이 가는 곳들을 골라 둘러보는 편이 뉴욕에서의 시간을 더욱 행복하게 해줄 것이다.

bucket list
01
전망대

뾰족뾰족한 스카이라인을 배경으로 멋진 사진을 남기기 위해 낮의 전망대를 오르는 것도, 한 손에 칵테일을 들고 멋진 뷰의 고층 바에서 야경을 감상하는 것도 좋다. '잠들지 않는 도시'라는 별명이 무색하지 않게, 밤에 더욱 반짝이는 도시의 야경은 잊을 수 없는 기억이 될 것이다. 록펠러 센터나 엠파이어 스테이트 빌딩 등 이름난 마천루에 위치한 전망대가 도시 곳곳에 있다. 어디를 선택해도 줄이 길기 때문에 미리 날짜와 시간을 정해 예매할 것!

록펠러 센터 P.108, 엠파이어 스테이트 빌딩 P.148

bucket list
02
박물관

뉴욕에는 총 145개의 박물관이 있다. 그중 책에서만 보던, 말로만 듣던 메트로폴리탄, 구겐하임, 뉴욕 현대 미술관, 자연사 박물관, 스미스소니언, 휘트니 등 설명이 필요 없는 유명한 곳들만 해도 열 손가락이 부족할 정도. 19~20세기 세계적인 부호들이 뉴욕에 살며 개인 컬렉션을 기증해 박물관이 된 곳이 많아 이렇게 대규모 전시관들이 생겨난 것이라고 한다. 미술품 기부는 총소득 100%에 해당하는 세금 감면 혜택이 있다는 점도 한몫했다.

메트로폴리탄 미술관 P.273, 솔로몬 R. 구겐하임 미술관 P.274,
뉴욕 현대 미술관 P.115, 자연사 박물관 P.256, 쿠퍼 휴이트 스미스
소니언 디자인 박물관 P.276, 휘트니 미술관 P.182

뮤지컬, 클래식, 연극, 재즈 등 그날그날 기분에 따라 잔잔한 선율이나 강렬한 비트를 즐겨보자. 뮤지컬, 클래식, 연극은 꼭 예매해야 하기 때문에 브로드웨이 공연장 등을 통해 미리 표를 구하도록. 반면 워크인Walk-in으로 예약 없이 들어가 즐길 수 있는 크고 작은 재즈 바들도 많아 갑자기 음악을 즐기고 싶은 저녁이라면 재즈 바만 한 곳이 없다.

브로드웨이 P.113, 라디오 시티 뮤직 홀 P.109, 에드 설리반 극장 P.118

뉴요커들이 '걸을 만한 거리'라고 길 안내를 해주면 우선 의심하자. 30블록 정도는 대중교통이나 택시를 이용할 필요가 없다고 생각하는 사람들이다. 다운타운에서 업타운 이동이나 맨해튼에서 브롱크스 이동 정도가 아니라면 웬만하면 걷는다. 하지만 그럴 만한 것이, 바로 한 블록만 이동하면 전혀 다른 분위기의 동네를 마주한다거나 독특하고 재미난 상점을 찾게 되기 때문이다. 걷는 재미가 있는 도시를 만끽하자. 한국과 비교할 수 없을 정도로 지저분한 지하철이나 엄청난 택시 요금도 사실 더 많이 걸을 이유이기는 하다.

빈티지부터 명품까지 쇼퍼홀릭들을 위한 천국. 뉴욕 여행을 갈 때는 캐리어를 너무 꽉 채워 출발하지 않도록 한다. '아이 러브 뉴욕' 티셔츠나 자유의 여신상 냉장고 자석 등 한아름 무언가를 가득 들고 돌아오게 되어 있기 때문이다.

여행이 깊어지는
역사 키워드

원래 뉴욕 땅의 주인은 미국의 인디언 레나페Lenape 부족이었다. 약 5000명의 레나페 사람들이 80여 개의 마을을 이루어 낚시와 사냥, 무역을 하며 살아갔다. 1600년대 네덜란드 이민자들이 넘어오기 시작하며 도시의 정체성은 완전히 뒤바뀌기 시작했다. 유럽 이주민들과 함께 세계 각국의 사람들이 모여 사는 멜팅 포트의 시발점이 된 것이다.

1664년 영국은 네덜란드 사람들이 '뉴암스테르담'이라 부르며 거주하던 이 도시를 점령해 '뉴욕'이라는 이름을 새로이 붙였고, 이후 1783년까지 이어졌던 영국의 지배를 거부하는 **독립 전쟁(1775~1783)**이 있었다. 뉴욕은 독립 전쟁 중 잠시 미국 수도 역할을 하기도 했다. 조지 워싱턴과 미국의 첫 대법원장 취임식도 뉴욕에서 열렸다.

남북 전쟁(1861~1865)으로 노예제가 폐지되고, 19세기 중반부터 유럽에서 뉴욕으로 이주해오는 이민자들이 부쩍 늘어났다. 1898년 뉴욕 다섯 개 자치구가 틀을 갖추기 시작했고, 1930년대의 대공황과 제2차 세계대전을 겪으며 도시는 다양한 산업과 문화의 발전을 격정적으로 겪어냈다.

1890년부터 **대공황(1929)** 전까지가 미국의 대도시들이 크게 부흥한 기간으로, 샌프란시스코가 서부를, 애틀랜타가 남부를, 보스턴이 뉴잉글랜드를, 시카고가 중서부를 대표하는 도시로 자리 잡았다. 뉴욕은 동부를 넘어서 전국을 대표하는 통신, 무역, 금융, 문화의 중심지가 되었다. 1920년대 미국 300개 대기업 중 4분의 1 이상이 뉴욕에 본사를 두고 있었다.

20세기 초 뉴욕의 화려함은 마천루로 대표되는데, 1908~1974년 사이 세계에서 가장 높은 빌딩을 보유하고 있던 도시다(싱어 빌딩Singer Building → 울워스 빌딩Woolworth Building → 크라이슬러 빌딩Chrysler Building → 엠파이어 스테이트 빌딩Empire State Building).

1940년부터는 해외 이민자뿐 아니라 국내 이주자들도 뉴욕으로 급격하게 몰리기 시작했고, 잠시 세계에서 가장 인구가 많은 도시이기도 했다. 그전까지는 100년 넘게 런던이 가장 인구가 많은 도시였다.

제2차 세계 대전 이후 월가가 세계 금융권을 리드하고 UN 본부가 들어서는 등 도시의 국제적인 위상은 더욱 드높아졌다. 말썽이던 범죄율은 1990년대에 잡히기 시작했고 21세기가 되어서도 뉴욕은 거침없는 발전을 보이는 듯했다.

2001년 9월 11일 비극적인 쌍둥이 타워, 세계 무역 센터 비행기 테러 사건도 뉴욕 도시의 빠른 발전을 저하시키지는 못했다. 2012년 허리케인 샌디로 큰 피해를, **2020년 전 세계적인 팬데믹 코비드-19**로 많은 사상자를 내는 등 주기적인 아픔과 어려움을 겪어내고 있지만 뉴욕은 여전히 뉴욕이다. 세계 제일의 도시, 미국을 대표하는 도시로 빠르게 변화하고, 그 변화에 적응하고, 다양성을 존중하며, 그로 인한 장단점을 온전히 받아들이는 멋진 도시다.

뉴욕의 정체성, 뉴요커들의 음식

세계 각국 이민자들이 모여 사는 도시라 다양성이 보장되고, 또 세계의 부가 밀집되어 있는
도시이기도 하여 까다로운 미식가들이 찾는 식당들의 수준을 보장한다. 물론 접근성 좋은 편한 길거리 음식들도
골목마다 찾아볼 수 있다. 한식이 생각날 때는 한국 못지않은 한국 식당들도 있다.
생각지도 못한 새로운 맛을 발견하는 재미도 크니 열린 마음으로 맛있는 이 도시를 여행해보자.

뉴욕 슬라이스 New York Slice

뉴욕의 키워드 중 하나로 소개할 정도로 피자는 뉴요커들과 떼려야 뗄 수 없는 음식. 18~20인치의 큰 피자를 8조각 낸 것의 하나를 '슬라이스'라 부른다. 간단한 식사 대용이나 간식으로 애용된다. 특유의 바삭하지만 쉽게 접히는 도우가 특징. 이스트, 밀가루, 물로만 반죽하는 이탈리아식 피자와 다른 점은 반죽에 올리브유와 설탕을 더한다는 것이다. 브루클린 스타일 피자는 좀 더 반죽이 얇고, 삼각형이 아닌 네모로 잘라 판다.

프레즐 Pretzel

우리에게 호빵과 호떡이 있다면 뉴요커들에게는 프레즐이 있다. 얼굴보다 더 큰, 꽈배기 반죽을 이리저리 꼬아놓은 모양의 이 마른 빵은 겉을 약간의 머스터드와 굵은소금으로 코팅했으며 담백한 맛에 천천히 그러나 끝까지 먹게 된다. 갓 구워내어 고소하고 짭조름한 맛으로 먹는데, 그래서 대부분 뉴요커들은 포장된 것이나 미리 구워 진열해놓은 프레즐보다는 길거리 카트에서 판매하는 것을 즐겨 먹는다.

핫도그 Hot dog

바쁜 뉴요커들에게 최적화된 음식. 19세기 중반 독일에서 건너온 이민자들이 소개했다. 미국은 지역마다 핫도그 스타일이 다른데, 전형적인 뉴욕 핫도그는 소시지와 머스터드, 렐리시(과일, 채소를 양념해 걸쭉하게 끓인 뒤 차게 식힌 소스), 사워크라우트나 구운 양파 토핑에 케첩을 뿌린다. 24시간 영업하는 파파야 킹과 코니 아일랜드의 상징과도 같은 네이선스 페이머스 P.318가 대표적이다. 길거리 카트는 사브렛Sabrett이 점령했다.

> '핫도그 하나 주세요?' 하고 주문하면 보통 'All the way?' 또는 'Everything?'이라고 질문하는데, 토핑을 모두 올려줄 것인지 묻는 것이다. 뭔가 빼고 싶다면 'Hold' 뒤에 빼고 싶은 재료를 말하면 된다. 예를 들어 'Hold the ketchup, please'라고 말하면 '케첩 빼고 다 주세요' 하는 주문이 된다.

파스트라미 온 라이 Pastrami on Rye

호밀빵 사이에 양념한 소고기를 훈제해 식힌 파스트라미를 끼워넣은 샌드위치. 이민자가 가져온 것이 아니라 뉴욕에서 탄생한, 진정한 메이드 인 뉴욕 음식이다. 1888년 서스맨 볼크라는 식료품점 주인이 개발했다. 하지만 실제 모습을 보면 빵에 고기를 끼운 것이 아니라 산더미 같은 고기 위에 가냘픈 호밀빵을 위아래 얹어놓았다 할 정도로 고기 양이 엄청나다. 붉은 고기 색이 식욕을 돋우지 않아 망설이는 사람들이 많은데, 일단 한 번 먹어보면 한 번으로 끝나지 않는다. 뉴욕 최고의 파스트라미를 파는 카츠 델리카테센 P.226에서 먹어야 된다.

베이글 Bagel

폴란드 유대인들이 뉴욕에 처음 소개한 베이글은 뉴욕의 명물로 자리 잡았다. 가운데 구멍이 난 원형 모양이 도너츠와 유사하지만 밀도 높은 반죽으로 구워내어 식감이 쫄깃하다. 뉴욕 베이글 가게에 들어가면 한참 고민해야 하는데, 베이글 종류가 수십 가지가 되기 때문이다. 순수하게 반죽만 구운 플레인을 비롯해 참깨, 블루베리, 다양한 조미 토핑을 올린 에브리싱 베이글 등 맛이 정말 다양하다.

뉴욕 스트립 스테이크 New York Strip

소의 늑골 바로 뒤 허리 부위 쇼트 로인Short Loin을 '뉴욕 스트립'이라 부른다. 안심 바로 옆에 있는데 안심과 등심 중간의 식감이다. 책에서 소개하는 여러 스테이크 전문점을 비롯해 뉴욕시에 유독 스테이크 레스토랑이 많지만, 워낙 뉴요커들에게 인기가 좋으니 꼭 가보고 싶다면 미리 예약할 것.

타코 Taco

뉴욕을 잘 아는 사람들은 말한다. 뉴욕에서 가장 맛있는 건 타코라고. 반박할 수 없을 정도로 맛있는 타코를 먹어볼 수 있는데, 자부심이 묻어나는 상호명의 로스 타코스 넘버 원 P.158과 도스 토로스 타케리아 P.127가 뉴욕 타코 양대산맥이다.

할랄 Halal

걷다가 긴 줄이 보이면 할랄 가이즈구나, 짐작
해도 될 정도로 할랄은 인기가 대단한 뉴욕
거리 음식이다. 이슬람 율법에 의해 생산된
재료로 만든 음식을 할랄(Halal, 허용된 것)
이라 하는데, 종교와 전혀 무관하게 그저 맛있
어 유행하는 중. 할랄 식당 중 할랄 가이즈가 압
도적으로 뉴요커들의 할랄 니즈를 충족시켜주고 있
다. 밥이나 랩을 선택하고 닭고기나 기로스 고기(닭고기,
소고기 혼합)를 선택해 다양한 채소, 소스와 함께 먹는 너무나
단출한 메뉴다. 말로는 설명할 수 없는, 한국인이라면 맛있다고 할
수밖에 없는 매콤함과 감칠맛으로 유명하다. 2016년 한국에도 진
출해 성업 중이다.

뉴욕 치즈케이크 New York Cheesecake

일반 치즈케이크보다 반죽에 크림치즈와 달걀 비
율을 높여 훨씬 더 부드럽고 쫀쫀하다. 오랫동안 브
루클린에 본점이, 타임스 스퀘어에 지점이 있는 주니
어스 레스토랑 앤 베이커리 **P.135**가 가장 유명했지만 단
언컨대 뉴욕 최고의 치즈케이크는 에일린스 스페셜 치즈케
이크 **P.203**에서 먹어볼 수 있다.

블랙 앤 화이트 쿠키 Black and White Cookie

뉴요커들이 반반 쿠키Half-half Cookie 또는 반달 쿠키
Half Moon Cookie라고 부르는, 비공식적으로 뉴욕을 대
표하는 과자. 미국에서 북동부와 플로리다에서만 즐
겨 먹는다고 한다. 손바닥만 한 크기의 원형 과자를 반
은 초콜릿, 반은 바닐라 아이싱에 담가 만드는데, 과자
라고 하기에는 좀 더 부드럽고 촉촉하다. 대부분의 빵
집이나 델리에서 볼 수 있다.

여행의 즐거움, 뉴욕 쇼핑 가이드

쇼핑을 좋아한다면 그 누구보다 바쁘게 부지런히 다녀야 한다. 뉴욕에는 볼 것도, 할 것도, 먹을 것도 많지만 무엇보다 살 것이 정말 많기 때문이다. 모두의 주머니 사정에 맞는, 벼룩시장의 빈티지 제품이나 스트랜드 서점 P.195의 $1 책부터 5번가의 명품까지 준비되어 있다. 세일 기간이나 환율에 따라 한국에서도 판매하는 제품의 경우 국내다 더 싼 경우도 간혹 있으니, 사고 싶은 상품들의 가격을 미리 찾아보면 현명한 소비에 큰 도움이 된다.

뉴욕 쇼핑의 정체성은 뭐니 뭐니 해도 **럭셔리 명품**

우선 5번가로 여러 명품 브랜드의 플래그십이 모여 있어 다양한 품목을 최소한의 동선으로 효율적으로 구경하고 살 수 있다는 것이 최대 장점. 5번가 바로 옆에 나란히 위아래로 뻗은 매디슨 애비뉴 P.280도 여러 브랜드 상점들이 있어 함께 돌아보면 좋다. 최고가 명품 브랜드를 제외하고는 다운타운이 쇼핑하기 가장 편한데, 중고가부터 중저가 브랜드들이 모두 밀집해 있기 때문이다.

쇼핑이 목적인 여행자라면 이곳으로 **아웃렛**

우드버리 커먼 프리미엄 아웃렛이 가장 유명하지만 일단 도심을 벗어나야 한다는 번거로움이 있어서, 일정이 넉넉하지 않면 비추천. 노드스트롬 백화점의 지난 시즌 제품들을 할인가에 판매하는 노드스트롬 랙Nordstrom Rack은 맨해튼에 매장이 두 개(865 6th Ave, New York, NY 10001 / 60 E 14th St, New York, NY 10003) 있다. 마찬가지로 색스 핍스 백화점의 할인 품목 판매점인 색스 오프Saks Off는 맨해튼(125 E 57th St, New York, NY 10022)과 브루클린(850 3rd Ave, Brooklyn, NY 11232)에 지점이 있다.

패셔니스타가 감당해야 할 세금

가격에 세금이 포함되는 우리나라와 다르게 미국은 계산대에 들고 가면 그제서야 세금이 계산되어 붙이기에 실제 지불 금액은 더 많다. 품목과 가격대, 지역에 따라서 세율이 다른데, 뉴욕의 경우 $110 이하의 옷과 신발은 별도의 판매세가 붙지 않으나 그 이상의 가격대 제품은 주 판매세, 시 판매세, 통근지 판매세 등 총 8.875%의 세금을 내야 한다. 이 세금은 개별 상품에 해당되는 것으로, 한번에 계산하는 금액이 $110 기준을 넘으면 부과되는 것이 아니라 각각의 물건 가격에 적용한다.

무엇을 살지 예상할 수 없어 더 재밌는 **벼룩시장**

브루클린이 주말에 더욱 바쁜 이유는 바로 벼룩시장. 손때 묻은 오래된 물건들이 지닌 소중하고 따스한 감성이 있어 구경하는 것으로도 충분히 즐겁다. 물론 예상치 못한 레코드판이나 새것이나 다름없는 잡화를 발견한다면 놓치지 말자.

한식이 그립거나 장기 여행자라면 **H마트**

많은 여행자들이 컵라면을 캐리어에 넣어 오는데, 사실 대부분의 국가들은 육류 반입을 엄격하게 금지하고 있다. 라면 스프에 육류 분말이 들어가기 때문에 컵라면은 반입할 수 없다. 입국 시 보고할 게 없다고 적어냈다가 적발되는 경우 입국 금지까지 될 수 있으니 꼭 기억하자. 한국인 여행자들이 컵라면을 자주 들고 오기 때문에 검사도 잦고… 하지만 뉴욕의 경우 미드타운 한가운데 대형 한인 슈퍼가 있어서 여행 중 꼭 밥이나 분식을 먹어야 한다면 코리아타운에서 식사를 하거나 H마트를 찾으면 된다. 한국 소화제까지도 판매한다.

추천 여행 코스

COURSE ①
짧고 굵게 핵심만 쏙쏙, 3박 4일

다른 자치구는 다음으로 기약하고, 맨해튼을 3등분해 업타운, 미드타운, 다운타운을 하루씩 둘러본다. 또는 멧 클로이스터스에 갈 마음이 없다면 업타운 일정을 반나절 이하로 줄이고 더 볼 것, 더 할 것이 많은 미드타운과 다운타운에 남은 시간을 할애하면 된다.

DAY 1

- ○ 10:00 JFK 국제공항 도착

    택시 30~60분 또는 지하철 60분

- ○ 11:30 맨해튼으로 이동

- ○ 12:00 **점심 식사** 슈퍼 테이스트 P.230
    * 긴 시간 동안 비행하며 불편했던 속이 놀라지 않게 뜨끈한 국물이나 익숙한 중식으로 식사
    * 얼리 체크인이 가능하다면 좋고, 그렇지 않다면 숙소에 짐을 맡겨두고 나와 점심을 먹는다.

- ○ 13:00~18:00 다운타운 도보 탐방. 배터리 파크 P.221, 9·11 추모 박물관 P.217, 월가 P.219, 브룩필드 플레이스 P.233 등을 돌아본다.

    > 아직 뉴욕이 익숙하지 않으니 최소한의 이동으로 최대한을 볼 수 있는, 밀도 높은 다운타운부터 시작한다.

- ○ 18:00 **저녁 식사** 벤자민 스테이크하우스 P.129 (예약은 필수)

- ○ 19:00 타임스 스퀘어 P.112로 이동. 어둠이 내린 후 더욱 휘황찬란한 이곳을 눈에 담고, 엠앤엠 월드 P.138, 허쉬 초콜릿 월드 P.139, 디즈니 스토어 P.139 등을 돌아본다.

- ○ 20:00 브로드웨이 P.113 뮤지컬 관람

- ○ 22:30 숙소로 돌아와 휴식

DAY 2

- ○ 08:00 **아침 식사** 앱솔루트 베이글스 P.249나 톰스 레스토랑 P.250

    도보 5분

- ○ 09:00 컬럼비아대학교 P.246 캠퍼스 구경

    버스 20분

- ○ 10:30 할렘 국립 재즈 박물관 P.245

    지하철 30~40분

- ○ 12:00 멧 클로이스터스 P.247

    지하철 30분

- ○ 14:00 **점심 식사** 와우 P.260

    도보 7분

- ○ 15:00 르베인(르뱅) 베이커리 P.258

    도보 10분

- ○ 16:00~17:00 센트럴 파크 P.262

- ○ 17:00~18:00 뉴욕 현대 미술관 P.115

    도보 6분

- ○ 18:15 록펠러 센터 P.108

    지하철 20분

- ○ 19:00 **저녁 식사** 아토보이 P.168

- ○ 21:00 숙소로 돌아와 휴식

DAY 3

- 10:30 휘트니 미술관 P.182

  도보로 이동하며

- 11:30 하이 라인 P.149을 지나

- 12:00 허드슨 야드, 베슬 P.150 둘러보기

  도보 16분

- 14:00 **점심 식사** 르 그렌 카페 P.154

OPTION 1

  지하철 21분

- 15:30 프렌즈 익스피리언스 P.165

  도보 5분

- 17:00 포토그라피스카 뉴욕 P.166

  지하철 18분

- 19:00 **저녁 식사** 조스 피자 P.186

  도보 5분

- 20:00 블루 노트 재즈 클럽 P.191

- 23:00 숙소로 돌아와 휴식

OPTION 2

  지하철 16분

- 15:30 브라이언트 파크 P.111와 뉴욕 공립 도서관 P.111, 그랜드 센트럴 터미널 P.110

  지하철 20분

- 18:00 메트로폴리탄 미술관 P.273

  도보 3분

- 20:00 **저녁 식사** 후소 P.279

  도보 5분

- 21:00 베멜만스 바 P.277에서 재즈 공연 관람

- 23:00 숙소로 돌아와 휴식

DAY 4

- 09:00 조식

- 10:00~13:00 쇼핑(5번가 P.137, 매디슨 애비뉴 P.280 또는 메이시스 P.140나 블루밍 데일스 P.280 같은 백화점) 구경

- 13:00 **점심 식사** 카르본 P.187 또는 카츠 델리카테센 P.226에서 점심

- 14:00 숙소에서 짐 찾고 공항으로 이동

COURSE ②
맨해튼과 브루클린 일주일

큼직한 랜드마크를 해치우는 느낌보다는 뉴욕이라는 도시의 소소하고 일상적인 매력에 스며드는 여행 스케줄. 이름난 관광 명소로 기억되는 하루하루가 아니라 뉴욕에서 나의 기분과 일상의 질감과 냄새가 오감으로 섬세하게 느껴지는 날들이다.

DAY 1

- 10:00 JFK 국제공항 도착

- 11:30 맨해튼으로 이동

  택시 30~60분 또는 지하철 60분

- 12:00 얼리 체크인 또는 숙소에 짐을 맡겨두고 나오기

- 13:00 **점심 식사** 카츠 델리카테센 P.226

  ★ 파스트라미 샌드위치로 뉴요커다운 점심

  도보 1분

- 14:00 루들로 커피 서플라이 P.227나 밴 리우웬 아이스크림 P.228으로 후식

  도보 6분

- 14:30 테너먼트 박물관 P.214

  도보 10분

- 16:00 에일린스 스페셜 치즈케이크 P.203

  도보 6분

- 17:30 프린스 스트리트 P.207 아이쇼핑, 맥낼리 잭슨 P.209, 아이스크림 박물관 P.201 등 구경

- 19:00 **저녁 식사** 일 코랄로 트라토리아 P.202

- 21:00 숙소로 돌아와 휴식

DAY 2

- 08:30 르베인(르뱅) 베이커리 P.258

  ★ 줄 서는 게 싫고 좀 더 일찍 일어나 커피 한 잔과 쿠키를 먹고 싶다면 베이글 가게에 가기 전에 들러도 좋다.

  지하철 14분

- 09:30 앱솔루트 베이글스 P.249

  지하철 30분

- 10:30 멧 클로이스터스 P.247

  지하철 21분

- 13:00 양키 스타디움 P.330에서 직관, 점심 식사

  지하철 23분

- 17:00 쿠퍼 휴이트 스미스소니언 디자인 박물관 P.276 또는 솔로몬 R. 구겐하임 미술관 P.274 또는 노이에 갤러리 P.275

- 19:30 **저녁 식사** 퀄리티 미츠 P.129

- 22:00 숙소로 돌아와 휴식

DAY 3

- 09:00 센트럴 파크 P.262

- 11:00 5번가 P.137, 매디슨 애비뉴 P.280 쇼핑

  지하철 30분

- 13:00 **점심 식사** 사지스 델리 카테센 앤 다이너 P.171 또는 코리아타운 P.156

  지하철 8분 또는 도보 10분

- 14:00 그랜드 센트럴 터미널 P.110, 뉴욕 공립 도서관 P.111, 브라이언트 파크 P.111

  지하철 8분

- 16:00 스파이스케이프 P.122

  버스 12~26분 또는 도보 23분

- 17:00 인트레피드 해양항공우주 박물관 P.120

  도보 10분

- 19:00 **저녁 식사** 꼬치 P.124

  버스 13~19분 또는 도보 17분

- 20:30 허드슨 야드, 베슬 P.150

- 22:00 숙소로 돌아와 휴식

DAY 4

- 10:30 휘트니 미술관 P.182

  도보 6분

- 12:00 리틀 아일랜드 P.184

  도보로 하이 라인 P.149을 지나

- 13:00 **점심 식사** 첼시 마켓 P.157

  지하철 17분

- 15:00 9·11 추모 박물관 P.217

  도보 10분

- 18:00 배터리 파크 P.221

  도보 12분

- 19:00 **저녁 식사** 브룩필드 플레이스 P.233에서 아이쇼핑&식사

  도보 10분

- 20:30 월가 P.219 구경

  지하철 20분

- 21:30 베멜만스 바 P.277에서 재즈 피아노 공연 감상

- 22:30 숙소로 돌아와 휴식

DAY 5

- 09:00 조식

- 10:30 프렌즈 익스피리언스 P.165

  도보 4분

- 12:30 **점심 식사** 리세 P.172에서 간단하게 식사

  도보 4분

- 14:30 해리 포터 뉴욕 P.175

  지하철 22분

- 16:00 모마 PS1 P.322

  지하철 14분

- 18:30 **저녁 식사** 룰 오브 서즈 P.308

  도보 17분

- 19:30 데보시온 P.307

  도보 3분

- 20:00 나이트호크 시네마 P.305에서 영화 관람

- 22:00 숙소로 돌아와 휴식

DAY 6

- 09:00 조식

- 10:00 덤보 포토 스폿 P.066에서 인증샷

  도보 5분

- 10:30 타임 아웃 마켓 P.296 구경

  도보 2분

- 12:00 **점심 식사** 그리말디스 피제리아 P.297

  도보 5분

- 13:00 브루클린 브리지 파크 P.294

  지하철 25분

- 14:00 컬러 팩토리 P.200

  도보 5분

- 15:30 스프링 스트리트를 시작으로 다운타운 아이쇼핑

  지하철 18분

- 18:30 **저녁 식사** 킨스 스테이크하우스 P.125

  지하철 14분

- 20:00 브로드웨이 P.113 뮤지컬

- 23:00 숙소로 돌아와 휴식

DAY 7

- 09:00 조식

- 10:00~13:00 에지 P.151에 올라 전망 감상 & 기념 사진

  지하철 24분

- 13:00 **점심 식사** 더 모던 P.124

- 15:00 숙소에서 짐 찾고 공항으로 이동

COURSE ③
뉴욕 정복 일주일

뉴욕을 최대한 넓게 돌아보는 일주일. 이동 거리가 긴 만큼 효율적인 동선을 고려해 일정을 계획한다. 맨해튼에만 머무르지 않고 뉴욕시의 면면을 보고 싶은 여행자에게 추천.

DAY 1

- 10:00 JFK 국제공항 도착

- 11:30 맨해튼으로 이동
  택시 30~60분 또는 지하철 60분

- 12:00 얼리 체크인 or 숙소에 짐을 맡겨두고 다운타운 구경

- 13:00 **점심 식사** 일 코랄로 트라토리아 P.202
  도보 23분

- 14:30 테너먼트 박물관 P.214
  도보 10분

- 16:00 에일린스 스페셜 치즈케이크 P.203
  도보 13분

- 16:30 컬러 팩토리 P.200
  도보 10분

- 17:30 프린스 스트리트 P.207 아이쇼핑, 맥낼리 잭슨 P.209, 아이스크림 박물관 P.201 등 구경
  도보 5~10분

- 19:00 **저녁 식사** 카르본 P.187
  도보 5분

- 20:00 뉴욕대학교와 워싱턴 스퀘어 파크 P.183 구경

- 21:00 숙소로 돌아와 휴식

DAY 2

- 09:00 조식

- 10:30 멧 클로이스터스 P.247
  지하철 29분

- 12:00 컬럼비아대학교 P.246
  지하철 22분

- 13:30 르베인(르뱅) 베이커리 P.258
  지하철 25분

- 14:30 **점심 식사** 첼시 마켓 P.157
  도보로 하이 라인 P.149을 지나 도보 8분

- 16:00 휘트니 미술관 P.182
  도보 13분

- 17:30 웨스트 빌리지 구경
  도보 10분

- 19:00 **저녁 식사** 폼므 프리트 P.188 또는 아티초크 피자 P.188
  도보 8분

- 20:00 메즈로우 P.190에서 재즈 공연 감상

- 21:00 숙소로 돌아와 휴식

DAY 3

- 09:00 조식

- 10:00 루스벨트 아일랜드 P.282
  지하철 30분

- 12:00 **점심 식사** 코리아타운 P.156
  지하철 14분

- 13:00 그랜드 센트럴 터미널 P.110, 뉴욕 공립 도서관 P.111, 브라이언트 파크 P.111
  도보 13분

- 15:00 에싸 베이글 P.126
  지하철 35분

- 16:00 노구치 박물관 P.323
  지하철 31분

- 17:00 센트럴 파크 P.262
  지하철 14분

- 18:00 **저녁 식사** 벤자민 스테이크하우스 P.129
  도보 2분

- 20:00 서밋 원 밴더빌트 P.121

- 22:00 숙소로 돌아와 휴식

DAY 4

- 09:00 조식

- 10:00 메트로폴리탄 미술관 P.273

  도보 11분

- 12:00 랄프스 커피 P.278

  도보 10분

- 13:00 **점심 식사** 후소 P.279

  도보 11분

- 14:00 쿠퍼 휴이트 스미스소니언 디자인 박물관 P.276
  또는 솔로몬 R. 구겐하임 미술관 P.274 또는
  노이에 갤러리 P.275

  지하철 19분

- 15:30 5번가 P.137, 매디슨 애비뉴 P.280 쇼핑

  지하철 20분

- 16:30 뉴욕 현대 미술관 P.115

- 18:00 **저녁 식사** 할랄 가이즈나 쉐이크쉑,
  파이브 가이즈 P.076

- 20:30 베멜만스 바 P.277

- 22:30 숙소로 돌아와 휴식

DAY 5

- 09:00 조식

- 10:00 뉴욕 식물원 P.333

  지하철 58분

- 12:00 모마 PS1 P.322

  지하철 33분

- 13:30 **점심 식사** 카츠 델리카테센 P.226

  지하철 19분

- 14:30 9·11 추모 박물관 P.217

  도보 9분

- 16:00 배터리 파크 P.221

  지하철 19분

- 17:00 프렌즈 익스피리언스 P.165

도보 6분

- 18:45 해리 포터 뉴욕 P.175

  도보 2분

- 19:30 **저녁 식사** 꽃 P.166

- 21:00 숙소로 돌아와 휴식

DAY 6

- 09:00 조식

- 10:00 덤보 포토 스폿 P.066에서 인증샷 후
  타임 아웃 마켓 P.296 구경

  도보 2분

- 12:00 **점심 식사** 그리말디스 피제리아 P.297

  도보 5분

- 13:00 브루클린 브리지 파크 P.294

  지하철 30분

- 14:00 프로스펙트 파크 P.295

  도보 7분

- 14:00 브루클린 미술관 P.293

  지하철 30분

- 18:00 **저녁 식사** 홉 키 P.230

  지하철 30분

- 20:00 슬립 노 모어 P.152 또는 브로드웨이 P.113 뮤지컬

- 22:30 숙소로 돌아와 휴식

DAY 7

- 08:00 조식

- 10:00~15:00 코니 아일랜드 P.313 또는
  허드슨강 액티비티 P.236

- 16:00 공항으로 출발

도심을 잠시 벗어나는 반나절-일일 투어

여행 기간이 길다면 도심을 잠시 벗어나 보자. 뉴욕은 전형적인 도시 여행지지만,
조금만 벗어나도 좀더 다양한 스타일의 여행을 즐길 수 있는 곳이기도 하다.

1/2 Day

멧 클로이스터스 P.247

할렘을 벗어나 더 위로 올라가면 나타나는
포트 트라이온 파크 내 위치한 멧 클로이스
터스. 메트로폴리탄 미술관이 운영하며, 미
국에서 유일한 중세 예술과 건축 박물관이
다. 허드슨강이 내려다보이는 높이에 있으
며 마치 수도원 같은 고즈넉한 건물 안에 자
리해 작품보다도 건물 자체가 주는 분위기
에 평화롭게 취할 수 있다.

하늘에서 내려다보는 뉴욕

뉴욕헬리콥터나 헬리니와 같은 업체들을 이용
해 헬기를 타고 뉴욕 위를 날아보자. 세계 최고
의 도시를 발아래 두고 한눈에 담는 짜릿함은
이루 말할 수 없이 신난다. 코스별로 가격 차이
가 상당하며 15분 투어가 1인 $200 정도.

🏠 **뉴욕헬리콥터** newyorkhelicopter.com
🏠 **헬리니** heliny.com

가이드가 필요하다면

겟유어가이드GetYourGuide와 바이아터Viator
가 가장 인기가 많고, 투어 프로그램도 가장 다
양하고 알차다. 트립어드바이저TripAdvisor에서
투어 테마로 검색하면 인기 순위별로 모든 업체
의 투어를 나열해주니 이렇게 검색해보는 것도
좋다. 크리스마스나 부활절 등 기념일에 맞춘 테
마 투어도 있고, 개별 티켓을 구입하는 번거로움
이 싫은 여행자들을 위해 티켓과 가이드가 딸린
(영어로 대부분 진행) 프로그램도 있다. 하지만
많은 뉴욕의 전시관들이 한국어 브로슈어나 오
디오 가이드를 제공하고 있어, 가이드 프로그램
보다는 뉴욕에서 렌터카를 빌리지 않고서는 가
기 번거로운 와이너리 같은 곳을 다녀오고 싶을
때 투어 업체를 이용하는 것이 유용하다.

스태튼 아일랜드

뉴욕의 다섯 자치구 중 미안하지만 5등을 담당하는 스태튼 아일랜드. 사실
큼직한 볼거리가 상대적으로 없고 규모가 작은 섬이라 어쩔 수 없지만 스태
튼 아일랜드만의 고즈넉하고 심심한 분위기를 좋아하는 사람들도 있다. 뉴욕
의 구석구석이 궁금하거나 시끌벅적한 도심에서 벗어나고 싶다면 다녀올 만
하다. 중국인 학자의
정원, 스태튼 아일랜
드 박물관, 미국 등대
박물관 등이 주요 볼
거리.

식스 플래그스 그레이트 어드벤처 P.335

무서운 놀이기구 잘 탄다고 자부하는 사람들이 특히 열광하는 곳이다. 한국인에겐 생소한 이름이지만 미국에만 27개의 놀이공원을 운영하는 체인이다. 그중 뉴저지에 위치한 식스 플래그스는 세계에서 두 번째로 규모가 큰 놀이공원으로, 하루를 온전히 할애해도 원하는 만큼 다 놀고 올 수 있을지 장담할 수 없다. 수직 낙하로 유명한 킹 타카를 비롯해 이곳에서만 타볼 수 있는 스릴 만점의 기구들이 많다.

코니 아일랜드 P.313

황량한 동절기에는 추천하지 않지만 테마파크가 열리는 여름에는 다녀오기 괜찮은 곳. 네이선스 핫도그와 사이클론 롤러코스터로 대표되는 이 작은 섬은 시얼샤 로넌 주연의 '브루클린Brooklyn'이나 케이트 윈슬렛 주연의 '원더 휠Wonder Wheel'과 같은 영화의 배경으로도 많이 등장한 바 있다.

1 Night 2 Days

겟어웨이 P.334

겟어웨이Getaway는 하버드 대학원생들의 스타트업으로 시작되어 미국 전역으로 빠르게 확산되고 있는 글램핑 같은 숙소 시스템이다. 마이크로캐빈이라 부르는 매우 작은 통나무집을 숲속에 짓고, 예약한 사람에게만 정확한 위치를 알려주어 자연 속에서의 하룻밤을 보낼 수 있도록 한다. 뉴욕과 가장 가까운 겟어웨이는 캣스킬Catskills에 위치했으며, 대중교통으로 찾아가기가 쉽지 않아 렌터카를 추천한다.

PART 2

뉴욕을
가장 멋지게
여행하는
방법

뉴욕의 상징
스카이라인을 책임지는 마천루

도시마다 상징과도 같은 건물이 있어 스카이라인의 실루엣만 보고도 어떤 곳인지 바로 알아볼 수 있다.
에펠탑이 있는 파리, 더 샤드와 타워 브리지가 있는 런던과 더불어 뉴욕 역시 그러하다.
뉴욕의 스카이라인을 구성하는 건물 중 가장 유명한 곳은 역시 엠파이어 스테이트 빌딩.
2021년에는 세계에서 가장 얇은 마천루, 스타인웨이 타워Steinway Tower(111 웨스트 57번가)가 완공되었다.
너비가 겨우 17m인 이 주거용 건물은 높이와 너비 비율이 무려 24대 1이라고 한다.

뉴욕 대표 마천루

① 원 월드 트레이드 센터 **P.218** (541m)

② 센트럴 파크 타워 (472m)

③ 스타인웨이 타워 (435m)

④ 서밋 원 밴더빌트 **P.121** (427m)

⑤ 432 파크 애비뉴 콘도미니엄 (426m)

⑥ 30 허드슨 야드(에지) **P.151** (396m)

⑦ 엠파이어 스테이트 빌딩 **P.148** (381m, 안테나까지 합하면 443m)

⑧ 브루클린 타워 (327m)

⑨ 53 웨스트 (320m)

⑩ 크라이슬러 빌딩 **P.115** (319m)

- 뉴욕시 스카이라인을 책임지는 마천루의 역사와 모형을 보려면 작지만 깔끔하게 정리된 전시가 열리는 스카이스크레이퍼 박물관 **P.223**을 추천한다.

- 고층 건물의 전망대는 그저 올라갔다가 내려오는 것은 의미가 없다. 도시나 건물에 대한 역사와 관련된 전시, 사진이나 영상을 찍기 좋게 조성해놓은 공간이 많으니 사전 예매 후 시간을 여유 있게 잡고 방문해야 한다. 긴 일정의 여행이 아니라면 전망대는 한두 곳만 골라 가볼 것을 추천한다.

뉴욕의 미술관, 박물관

뉴욕을 대표하는
박물관&미술관 BEST 7

메트로폴리탄 미술관 P.273

뉴욕에서 단 하나의 전시를 봐야 한다면 이
곳. 고대부터 현대 아방가르드 패션에 이르
기까지 미술, 조각, 무기, 의류, 가구, 유물, 도
서, 간행물 등 300만 점 이상의 소장품을 자
랑한다.

솔로몬 R. 구겐하임 미술관 P.274

철강 사업가인 구겐하임의 개인 수집품으로 설립한 미술관. 현대 미
술품을 주로 다루며 독특한 외관과 함께 피카소 초기 작품과 파울
클레, 샤갈, 칸딘스키 작품 소장으로 유명하다.

뉴욕 현대 미술관 MoMA P.115

앤디 워홀, 로이 리히텐슈타인, 잭슨 폴락의 현
대 미술과 더불어 고흐, 고갱, 샤갈, 피카소의
작품도 볼 수 있는 곳. 근처의 성 토마스 성당까
지 함께 가보면 좋다.

뉴욕에서 전시를 볼 때는 딱 두 가지만 명심하면 된다. 하루에 모든 전시관을 다 가보려고 하지 말 것, 생각지도 못했던 작은 전시관에서 무한한 감동받을 준비를 할 것. 메트로폴리탄 미술관이나 자연사 박물관처럼 필수 코스에 비해 상대적으로 덜 알려졌지만 알찬 뉴욕 교통 박물관, 테너먼트 박물관과 맨해튼을 조금 벗어나지만 찾아가는 수고가 아깝지 않은 노구치 박물관, 모마 PS1도 있다.

영구 전시보다 주기적으로 바뀌는 특별 전시가 더 재미있는 경우가 많다. 홈페이지에서 여행 기간 중 진행하는 전시가 무엇인지 확인하고 가보자. 또 메트로폴리탄 미술관처럼 규모가 큰 곳은 방문 전 동선을 짜는 것이 효율적이다. 대표 작품들이 몇 층에 있는지 정도는 알아두면 좋다.

쿠퍼 휴이트 스미스소니언 디자인 박물관 P.276

멋스러운 동네에 있는 디자인 박물관으로 철제 갤러리, 도자기, 그래픽 페이퍼 등의 전시관으로 이루어져 있다.

미국 자연사 박물관 P.256

'자연사'라고 했을 때 떠올릴 수 있는 생물학, 생태학, 동물학, 지질학뿐만 아니라 천문학과 인류학에 걸친 300만 개 이상의 방대한 표본을 소장한다.

휘트니 미술관 P.182

마크 로스코, 앤디 워홀, 조지아 오키프, 키스 해링, 잭슨 폴록, 만 레이 등 걸출한 현대 미술 작가들과 더불어 한국 미디어 아티스트 백남준의 작품도 있다.

노이에 갤러리 P.275

독일어로 '새로운 갤러리'라는 뜻으로 독일, 오스트리아 미술과 디자인에 집중하는 전시관. 가장 유명한 작품은 클림트의 '아델레 블로흐바우어 부인의 초상'이다.

상대적으로 덜 유명하지만 가볼 만한 뉴욕의 미술관&박물관

- 모건 도서관과 박물관 P.119
- 인트레피드 해양항공우주 박물관 P.120
- 테너먼트 박물관 P.214
- 뉴 박물관 P.215
- 뉴욕 교통 박물관 P.292
- 뉴욕시 박물관 P.243
- 노구치 박물관 P.322 / 모마 PS1 P.322

뉴욕의 공원

여름에는 피크닉을, 겨울에는 액티비티를 하는 것이 뉴욕 공원의 대표적인 특징. 피크닉은 특별할 것 없이 음식을 가지고 공원에서 먹으면 되니 어디서든 가능하다. 주변에 홀 푸드 마켓과 같은 대형 식료품점이 있다면 샌드위치나 과일 등 피크닉하기 좋게 포장된 음식을 사서 찾아보자.

뉴욕 하면 떠오르는 센트럴 파크는 맨해튼에서 가장 큰 공원으로 여름에는 돗자리나 담요를 가져와 깔고 앉아 책을 읽으며 해를 쬐는 사람들로 가득하다. 아이스 링크가 있는 공원은 한정적인데, 브라이언트 파크와 센트럴 파크(울먼 링크)가 대표적이다. 도시 한복판에 있어 뉴욕 시내 풍경을 즐기며 스케이트를 타는 재미의 브라이언트 파크와 동화스러운 분위기가 한결 더해지는 울먼 링크의 분위기는 완전히 다르다.

뉴욕 공원 BEST 10

① 센트럴 파크 **P.262**
② 브라이언트 파크 **P.111**
③ 배터리 파크 **P.221**
④ 리버사이드 파크 **P.247**
⑤ 워싱턴 스퀘어 파크 **P.183**
⑥ 매디슨 스퀘어 파크 **P.164**
⑦ 브루클린 브리지 파크 **P.294**
⑧ 프로스펙트 파크 **P.295**
⑨ 아스토리아 파크
⑩ 플러싱 메도스 코로나 파크 **P.325**

여행지를 기억하는 방법
뉴욕 공연 즐기기

꼭 브로드웨이가 아니어도 좋다. 카네기 홀, 링컨 센터 등에서의 오페라, 발레, 연극, 클래식 공연도 있고 똑같은 마블 영화지만 현지 영화관을 경험해보는 것도 재밌다. 운 좋게 일정이 맞는다면 센트럴 파크에서 셰익스피어 인 파크를 감상하거나 라디오 시티에서 로켓의 공연을 봐도 좋다. 낮은 조도와 동심을 자극하는 일러스트레이션 벽지의 조화가 로맨틱한 베멜만스 바에서 재즈를 감상하는 것도, US 오픈이나 뉴욕 닉스 경기를 보러 가는 것도 추천한다. 영어를 잘한다면 뉴욕 코미디 클럽New York Comedy Club(newyorkcomedyclub.com)이나 코미디 셀러Comedy Cellar(www.comedycellar.com)에서 스탠드업 코미디 공연도 좋겠다. 무엇이 되었든 다양한 공연 문화가 세계 최고로 발달한 뉴욕에서 관객으로 보내는 시간을 가져보도록 하자.

공휴일과 축제 일정 알아두기

부활절, 핼러윈, 크리스마스 등 우리가 이미 잘 알고 있는 특별한 날 외에도 7월 4일 독립기념일이나 11월 말 추수감사절과 같이 미국에서, 그리고 특히 뉴욕에서 성대하게 치르는 기념일이 있다. 이런 일정들 전후로는 늘 특별한 이벤트가 열리고, 공연과 식도락, 전시 등 여행자와 직접 관련이 있는 많은 부분에 영향을 미친다. 특별 할인이나 평소에 진행하지 않는 공연이 특별히 열리는 등 혜택도 있지만 요금이 오히려 높아지는 경우도 있으니 여행 일정이 기념일이나 공휴일 전후라면 조금 더 서둘러 표를 예매한다. 〈리얼 뉴욕〉 파트 1의 축제 부분 P.028을 눈여겨보자.

주기적으로 다채로운 행사와 공연을 안내하고 티켓을 판매하는 피버Fever를 요즘 뉴요커들도 여행자 못지않게 많이 이용한다. 이곳에서 소개하는 이벤트는 성당에서 촛불로 불을 밝히고 클래식 공연을 한다거나 MoMA에서 보물찾기, 서커스 공연을 보면서 저녁 식사하기 등 누구나 잘 알고 있는 여느 이벤트나 축제에 비해 참여도나 몰입도가 상당하고 독특한 것들이 많다.

🏠 feverup.com/new-york

카츠 델리

영화 속 그곳
시네마틱 뉴욕

뉴욕 여행을 떠나려는 많은 이들에게
그 씨앗을 심어준 것은 아마도 영화이지 않을까?
뉴욕을 뮤즈로 삼아 필모그래피의 대부분을
맨해튼으로 채운 감독들의 명작 덕분에
이미 우리는 가보지 않았지만 뉴욕의 거리와
랜드마크가 친숙하다. '티파니에서 아침을'의
오드리 헵번처럼 5번가 티파니 앞에서
블랙 원피스를 입고 크루아상과
커피를 먹어야겠다는 구체적인 뉴욕의 꿈을
꾸는 사람도 있고(실제로 이런 여행자들이 많다),
'웨스트 사이드 스토리'의 OST를 비행 내내 들으며
가는 사람도 있다. 뉴욕 여행의 기대감을 한껏
높여주고, 돌아와서도 추억을 곱씹을 수 있도록
하는 뉴욕 배경의 영화들을 소개한다.

뉴욕 배경 영화
BEST 10

① 맨해튼 Manhattan · 1979

우디 앨런 감독의 흑백 영화. 자신감이 묻어나는 제목에서부터 이 도시를 대표하는 영화로 꼽힐 만하다는 것을 알 수 있다. 뉴욕이 아니라 '맨해튼'이라 콕 집어서 그 특징을 설명하는 내레이션으로 시작한다. 자조적이고 또 낭만적인, 맨해튼을 가감 없이 애정 어린 시선으로 묘사하는 영화. 감독의 최근 뉴욕 배경 영화로는 센트럴 파크 P.262와 베멜만스 바 P.277가 예쁘게 나오는, 티모시 샬라메 주연의 '레이니 데이 인 뉴욕Rainy Day in New York'(2020)이 있다.

② 해리가 샐리를 만났을 때 When Harry Meet Sally · 1989

카츠 델리 P.226에서의 장면이 특히 유명한 로맨틱 코미디. 뉴욕의 가을이 아름답게 묘사된다.

③ 택시 드라이버 Taxi Driver · 1976

사실 마틴 스코세이지의 어떤 영화를 골라도 뉴욕이 멋지게 나온다. 이탈리아 이민자의 뉴욕의 생을 그려내는 데 스코세이지를 따라갈 자는 아무도 없다. '좋은 친구들Goodfellas'(1990), '비열한 거리Mean Streets'(1973)도 있지만 역시 로버트 드 니로가 최고의 연기를 보여준 '택시 드라이버'를 추천. 다운타운의 그리니치 빌리지와 미드타운의 헬스 키친 주변을 주로 맴도는 광기 어린 옐로캡 운전사로 분한 로버트 드 니로의 명연기는 흡입력이 대단하다.

④ 대부 The Godfather · 1972

프랜시스 포드 코폴라 감독의 최고 작품일 뿐만 아니라 영화사에서 가장 훌륭한 작품으로 꼽히는 역작.

5번가 티파니 매장

영화는 아니지만 마틴 스코세이지 감독의 넷플릭스 다큐멘터리 '도시인처럼'도 추천한다. 2021년 작품으로 가장 현대적인 뉴욕에 대한 대화를 담고 있다. 뉴요커 중 가장 위트 있고 신랄한 작가 프랜 리보위츠가 감독과 자유롭게 나누는 대화를 일곱 개의 에피소드로 담아낸 시리즈다.

⑤ **프랜시스 하** Frances Ha · 2014

노아 바움백 감독, 그레타 거윅 각본과 주연의 흑백 영화. 댄서가 되고 싶은 아이비리그 졸업생의 로맨스와 삶에 대한 고뇌를 다루며, 누구나 공감할 수 있는 일상의 희로애락을 감각적으로 담았다.

⑥ **웨스트 사이드 스토리** West Side Story · 1961

레너드 번스타인이 곡을 써서 유명해진 사운드 트랙으로도 잘 알려진 이 작품은 맨해튼 어퍼웨스트사이드를 배경으로 한 어린 연인들의 러브스토리. 로미오와 줄리엣의 현대판으로 가장 잘 설명된다. 2022년 스티븐 스필버그의 리메이크작도 호평을 받았다.

⑦ **월 스트리트** Wall Street · 1987

숨 돌릴 틈 없이 빠르게 돌아가는 월가를 묘사한 영화. 이 영화를 재밌게 봤다면 자매품 스코세이지 감독의 '더 울프 오브 월스트리트The Wolf of Wall Street'(2013)와 메리 해론 감독, 크리스찬 베일 주연의 '아메리칸 사이코American Psycho'(2000)도 추천한다.

⑧ **고스트버스터즈** Ghostbusters · 1984

귀신을 소탕하는 유쾌한 사나이들의 이야기를 다룬 코미디 영화. 영화 속 고스트버스터즈의 본부로 이용된 소방서 건물P.202은 현재 랜드마크이자 많은 관광객들이 사진을 찍는 관광지가 되었다.

고스트버스터즈 본부

베멜만스 바

뉴욕 공립 도서관

⑨ **똑바로 살아라** Do the Right Thing · 1989

1986년 인종 차별 범죄로 흑인 청년이 뉴욕의 한 피자 가게 앞에서 목숨을 잃는 사건에서 영감을 받은 스파이크 리 감독의 대표작. 감독이 주연도 함께했다. 영화에서는 브루클린의 흑인들과 이탈리아인들의 갈등을 다루고 있으며, 무명 시절의 사무엘 L. 잭슨을 볼 수 있다. 흥행과 비평가들의 사랑을 모두 잡은 작품이다.

⑩ **온 더 타운** On the Town · 1949

진 켈리와 프랭크 시나트라가 노래하고 춤추는 뮤지컬 영화. 선원들이 휴가를 맞이해 뉴욕에서 시간을 보내는 것을 줄거리로 한다. 경쾌한 동명의 뮤지컬(레너드 번스타인 작)을 영화화한 것이다.

뉴욕과 책

스트랜드 서점 Strand Book Store P.195

한 번만 방문하기엔 아쉬울 정도로 보유 서적이 엄청난 대형 서점. 약 250만 권을 취급한다. 3층에 초판본, 저자 서명이 된 희귀 책들을 따로 모아두니 잊지 말고 살펴보자.

맥낼리 잭슨 P.209

가게 앞에 쌓아놓고 파는 할인 중고 서적도, 여러 테마로 분류해놓고 서점 직원들이 꼼꼼히 읽고 추천하는 책들도 다양하게 만날 수 있는 서점. 진짜 책을 좋아하는 사람들이 뉴욕에서 가장 좋아하는 서점으로 꼽는다.

잠들지 않는 도시는 쇼핑과 식도락으로만 바쁜 것이 아니다. 아침저녁 할 것 없이 바쁘게 넘어가는 책장도 있다. 영화 감독들에게 그랬듯, 작가들에게도 끝없는 영감을 불러일으켰던 이 도시를 배경으로 하는 작품들은 무수히 많고, 좋은 책들을 판매하는 종이 냄새 가득한 서점도 도시 곳곳에 있다.

리졸리 서점 P.159

고급스러운 분위기가 멋진, 유독 조용한 서점. 손님들도 느릿한 걸음으로 천천히 책을 살핀다. 건축, 인테리어, 패션, 사진 등의 전문 분야 서적들이 강점이다.

반스 앤 노블 P.261

분위기보다는 실용성이 중요한 독자라면 미국 최대 규모 서점 체인인 반스 앤 노블을 추천한다. 1886년 뉴욕에서 1호점이 문을 열었고, 도시 곳곳에 여러 지점이 있다.

뉴욕 공립 도서관 New York Public Library P.111

워싱턴 D.C.의 국회 도서관 다음으로 미국에서 두 번째로 규모가 큰 뉴욕 공립 도서관에도 서점이 있다.

뉴욕을 만나기 전
읽어보면 좋을 책

〈티파니에서 아침을 Breakfast at Tiffany's〉
트루먼 카포트

오드리 헵번이 더없이 사랑스럽고 새침하게 나오는, 1961년 영화로 더 잘 알려져 있다. 1940년대의 어퍼이스트사이드를 배경으로 한다.

〈순수의 시대 Age of Innocence〉
이디스 워튼

여성 최초 퓰리처상 수상자인 이디스 워튼의 대표 소설. 제1차 세계대전 직후 뉴욕의 상류 사회에서 일어나는 세 남녀의 삼각 관계를 다룬 베스트셀러. 마틴 스코세이지가 미셸 파이퍼 주연으로 1993년 영화화한 것을 포함해 세 번이나 영화로 만들어졌다.

〈위대한 개츠비 The Great Gatsby〉
F. 스콧 피츠제럴드

1922년 소위 '재즈 시대'라 불리던 때의 맨해튼과 롱아일랜드를 배경으로 하는, 개츠비의 러브 스토리. 레오나르도 디카프리오 주연의 2013년작을 포함해 다섯 번이나 영화화되었다. 역시 재즈 시대의 뉴욕을 배경으로 하는, 젊은 예술가 부부를 주인공으로 하는 피츠제럴드의 또 다른 훌륭한 소설로는 〈아름답고 저주받은 사람들 The Beautiful and the Damned〉이 있다.

〈벨 자 The Bell Jar〉
실비아 플라스

1953년, 뉴욕의 한 패션 잡지에서 인턴을 하게 된 에스더 그린우드의 이야기. 실비아 플라스가 남긴 유일한 소설로 자전적인 이야기를 담고 있다.

〈재즈 Jazz〉
토니 모리슨

1992년 출간된, 퓰리처상과 노벨 문학상 수상자이자 미국 문학의 대모로 일컬어지는 토니 모리슨의 여섯 번째 장편 소설. 1920년 할렘을 배경으로 하고, 글로 재즈를 연주하는 듯하다는 평을 받는다.

끝없이 셔터를 누르게 하는
하늘 위 뉴욕 뷰 맛집

전망대를 일부러 찾지 않더라도 뉴욕을 하늘에서 내려다볼 수 있는 방법은 있다.
잠들지 않는 이 도시의 화려한 야경이 보고 싶다면
오히려 일타이피로 뷰가 좋기로 유명한 루프톱 바를 찾는 편이 나을 것이다.

① 프레스 라운지 P.128
잉크48Ink48 호텔 루프톱에 위치한 화려한 바. 360도 파노라마 뷰로 시내와 허드슨강 야경을 감상할 수 있다. 밤이 깊을수록 붐빈다.

② 스카이락 P.126
30층의 끝내주는 야경 뷰와 카메라 셔터를 절로 누르게 하는 멋진 테라스, 맛있는 칵테일로 분위기가 흥겁고 트렌디하다.

③ 웨스트라이트 P.310
브루클린에서도 가장 힙한 윌리엄스버그에 자리 잡은 22층 높이의 루프톱 칵테일 바. 세계의 거리 음식에서 영감받은 음식과 페어링할 칵테일도 매우 다양하다.

뉴욕에 왔으면 꼭!

스포츠 직관

모두가 목소리를 모아 함께 골에 열광하는, 홈런에 서로를 얼싸안는 기분은 스포츠 경기를 직관할 때만 느낄 수 있다.
아무리 생동감 있게 전달하는 중계라도 현장 관람과는 비교할 수가 없다. 스포츠 팬이라면
직관하기 위해 여행을 가는 경우도 있을 정도로 특별한 경험인데, 뉴욕에는 멋진 경기장이 여럿 있다.

NBA

시내 정중앙에 자리해 다른 일정을 소화하다가 경기를 보러 가기 편해 접근성 하나는 일등인 매디슨 스퀘어 가든 P.152. 세계에서 가장 유명한 경기장이라는 별칭이 있으며, 특히 NBA 팬에게는 성지라 불린다. 약 2만 명을 수용할 수 있는 이곳을 홈으로 하는 NBA 팀은 1968년 개장 때부터 홈구장으로 써온 닉스와 레인저스다. 농구보다는 상대적으로 덜 알려져 있지만 재미가 대단한 하키 리그 NHL도 이곳에서 경기를 치른다. 티켓은 공식 홈페이지 (www.nba.com)에서 구입하며, 일차적으로 이곳에서 완판되면 구매자들이 본인의 표를 판매하는 2차 판매 중개 웹사이트에서도 구입이 가능하다.

경기장이 워낙 크고 보안이 꼼꼼하며 포토존, 기념품 상점 등도 있어 경기 시간보다 여유 있게 가는 것을 추천한다.

MLB

뉴욕에는 두 개의 메이저 리그 구단이 있다. 바로 양키스와 메츠. 뉴욕 양키스New York Yankees는 브롱크스의 양키 스타디움 P.330을 홈구장으로, 메츠Mets는 퀸스의 시티 필드Citi Field를 홈구장으로 사용해 맨해튼을 벗어나야 한다는 단점이 있지만 근교 여행하듯 직관하러 가는 기분도 색다르고 신난다. 경기가 없는 날이면 스타디움 투어로 돌아볼 수 있다. 경기 티켓은 메이저 리그 공식 홈페이지 (www.mlb.com)에서 구입하거나 NBA와 마찬가지로 2차 판매 중개 웹사이트 등에서도 살 수 있다. 시즌이 시작되면 일주일에 여섯 번 경기가 있어 표를 구하는 것은 NBA보다 훨씬 수월하다. 티켓 가격은 10달러부터 수천 달러까지 상대 팀이 누구인지, 좌석 위치가 어디인지 등에 따라 다르다.

US 오픈

테니스 토너먼트 대회. 해마다 8월 말~9월 초에 열리며, 세계 최고의 선수들이 라켓을 들고 뉴욕으로 모인다. 호주 오픈, 프랑스 오픈, 영국의 윔블던과 더불어 그랜드 슬램으로 일컬으며, 가장 마지막에 치르는 챔피언십이다. 경기는 퀸스 플러싱에 위치한 USTA 빌리 진 킹 국립 테니스 센터 스타디움 P.324에서 치른다. 공식 홈페이지(www.usopen.org)에서 표를 구매할 수 있으며, 농구나 야구에 비해 일정이 짧고 경기가 한정적이라 예매가 치열하다. 보통 어떤 선수가 올라갈지 모르는 상태에서 4강, 결승 티켓을 미리 사놓는다.

뉴욕에서 인생 사진 건지기

'남는 건 사진이다!'라고 외치는 여행자들을 위해 추천하는, 뉴욕에서 가장 '사진발' 잘 받는 스폿을 소개한다.

모두가 인증샷을 남기는 그곳
브루클린 덤보 P.291

워싱턴 스트리트와 워터 스트리트가 만나는 지점이 맨해튼 브리지를 배경으로 사진을 찍을 수 있는 위치다. 이곳은 워낙 사진 스폿으로 유명해 차례를 기다리는 사람들이 줄을 서 있는 것을 자주 볼 수 있다.

파스텔톤 컬러가 사랑스러운 박물관과 식당

아이스크림 박물관 P.201, 컬러 팩토리 P.200, 그리고 온통 핑크로 내부를 장식한 이탈리언 레스토랑 피에트로 놀리타Pietro Nolita는 동화 같은 사진을 연출하기 좋은 배경.

구관이 명관

타임스 스퀘어 P.112

정신없이 번쩍이는 전광판 사이에서 한껏 도시를 만끽하는 느낌으로 찰칵. 코스튬 복장의 다양한 캐릭터들이 함께 사진을 찍자고 어깨동무를 해오면 피하자. 50달러씩은 줘야 한다.

BTS가 공연한 바로 거기
그랜드 센트럴 터미널 P.110

천장이 너무나 아름답기 때문에 터미널을 모두 렌즈 안에 담을 수 있도록 피사체는 터미널 정중앙에 서 있고 일행이 계단으로 반 층 올라가 찍어주는 사진이 가장 멋지게 나온다. 터미널 건물의 건축미도 뛰어나, 바깥에서 노란 택시와 함께 남기는 사진도 멋지다.

아름다운 유리 온실이 있는
뉴욕 식물원 P.333

브롱크스에 위치한 푸르고 맑은 식물원. 입장료에 추가 금액을 내고 들어갈 수 있는 온실이 특히 아름다워 이 온실 안에서 사진을 찍는 사람들이 많다.

거대한 아치가 인상적인
오큘러스 P.233

미래적인 느낌이 물씬 나는, 백색 건축미가 우아하고 세련된 오큘러스도 역시 소문난 포토 스폿.

멋진 다리와 푸르른 하늘의 조화
브루클린 브리지 P.290

맨해튼과 브루클린을 잇는 다리. 걸어서 건널 수 있기에 중간쯤 가서 다리와 하늘이 멋지게 어우러질 때 포즈를 취하고 사진을 남겨보자. 날씨가 맑아야 하니 일기 예보를 확인하고 찾아갈 것.

©Evan Sung

멋지게 차려입고, 예약은 필수!
미쉐린 파인 다이닝

미식가들이 사랑해 마지않는 뉴욕에는
70곳이 넘는 미쉐린 별이 박힌 레스토랑이 있다.
한 가지 주목할 부분은 최근 뉴욕
파인 다이닝의 주요 트렌드 중 하나로 바로
코리안이라는 점. 우리 음식이 이렇게나 맛있다는 걸
깨달은 뉴요커들이 열광하기 시작했다.

미쉐린 가이드

프랑스 타이어 제조 회사인 미쉐린이 매년 발간하는 식당 및 여행 가이드 시리즈. 초기에는 타이어 정보, 도로 법규, 자동차 정비 요령, 주유소 위치 등의 내용이 주였으며 식당 소개는 부수적이었다. 하지만 식당 정보가 해가 갈수록 호평을 받자 유료로 판매하기 시작했고, 이후 대표적인 맛집 지침서가 되었다. 100년의 세월 동안 엄격성과 정보의 신뢰도를 바탕으로 오늘날 '미식가들의 지침서'가 되었다.

©Evan Sung

뉴욕 미쉐린 3스타의 동의어 ★★★
일레븐 매디슨 파크

우선 별이 붙으면 예약은 쉽지 않지만 일레븐 매디슨 파크는 또 다른 차원의 레스토랑이다. 매달 1일 그다음 달 예약을 받는데 경쟁이 치열하다. 메뉴가 따로 없고, 다니엘 흄 셰프가 그날그날 구성하는 대로 8~10 코스가 서빙된다.

🏠 www.elevenmadisonpark.com

일식의 영감과 프렌치 테크닉의 만남 ★★★
셰프스 테이블 앳 브루클린 페어

프렌치 일식으로, 세자르 라미레즈 셰프의 파인 다이닝 카운터 레스토랑. 이름에 속지 말자. 브루클린이 아니라 미드타운 허드슨 야드 뒤에 위치한다.

🏠 www.brooklynfare.com

식사 그 이상의 경험 ★★
아토믹스 P.167
퓨전 한식으로 섬세한 요리만큼이나 세심한 서비
스로 모두가 만족하고 돌아가는 아토믹스. 퓨전이
지만 한국적인 맛을 잘 살려냈다.

정도를 걷는 한정식 ★★
정식
정식Jungsik은 서울의 '정식당'으로 잘 알려진 김정
식 셰프의 우아한 다운타운 레스
토랑. 시그니처 코스 메뉴와
와인 페어링을 추천한다.
🏠 www.jungsik.com

뉴욕 현대 미술관 안에 위치한 ★★
더 모던 P.124
프렌치 아메리칸 퓨전 음식으로 팁과 배경 음악이 없는 것이
특징이다. 페이스트리는 한국인 김지호 셰프가 담당한다.

이렇게 고급스러운 꼬치 요리라니 ★
꼬치 P.124
퓨전 한식이지만 한식에 더 가깝다. 전식부터 메인 요리, 후
식까지 모두 꼬치에 꿰어져 나온다는 점이 재미나다. 오너 심
성철 씨의 또 다른 레스토랑 마리Mari(marinyc.com)도 퓨전
한식 미쉐린 1스타다.

개성이 뚜렷하다
뉴욕에서 가장 뜨겁고 진한 카페

뉴욕처럼 에너지가 흘러넘치는 도시라면 당연히 카페인이 쉬지 않고 공급되어야 한다.
한국과 비슷하게 골목마다 카페가 있지만 다른 점은 대부분 체인이 아니라는 것.
각각의 개성이 뚜렷하고 오래된 단골과의 유대가 있는 뉴욕의 카페 중 가장 인기 있는 곳을 간추려보았다.

① 데보시온 P.307

커피 애호가라면 뉴욕 여행 일정을 계획할 때 데보시온부터 적었을 것이다. 브루클린에 위치한 이 카페는 콜롬비아 산지에서 수확 후 열흘 이내의 원두를 직배송해 공급받는다. 뉴욕 내 네 개 지점이 있다.

② 수티드

수티드Suited는 월가에 위치해 금융권 직장인들은 물론이고 일부러 다운타운 끝까지 내려와 한 잔 마시고 가는, 카페 좋아하는 사람들을 불러모으는 신흥 강자.

🏠 www.suitednyc.com

③ 스텀프타운 커피 로스터스 P.170

좋은 블렌드를 판매하는 로스터리로 카페보다 더 이름을 떨친 스텀프타운. 에이스 호텔 1층에도 입점해 있다.

④ 버틀러 P.298

의심의 여지가 없이 뉴욕 다섯 자치구 중 커피는 브루클린이 제일 잘한다. 브루클린을 돌아볼 때 이곳에서 한번에 맛있는 커피를 다 마시고 가도 될 정도로 훌륭하다.

⑤ 컬처 에스프레소 P.135

초코칩 쿠키가 맛있는, 에스프레소 잘 뽑는 카페. 진한 에스프레소와 부드러운 우유의 배합인 코르타도를 추천한다. 뉴욕에 지점이 세 개 있다.

⑥ 코브릭 커피 컴퍼니 P.192

가족 기업으로 4대째 100년 넘게 성업 중. 한 세기 이상 뉴욕 최고의 카페로 인정받는다는 것은 보통 일이 아니다. 공정무역 유기농 원두를 소량으로만 로스팅해 신선도를 최대로 유지한다.

여유로운 브런치

여행자의 특권, 따스한 햇살과 함께

뉴욕 여행 중에는 일부러 아침도 점심도 아닌 시간에 여유롭게 나와 브런치를 먹어보자.
바쁜 도시지만 이 시간대에는 거리가 한산하고 햇살도 따사롭다.
브런치는 늦잠 잔 사람의 애매한 끼니가 아니라 오롯이 즐기러 온 여행자만 누릴 수 있는 특권이다.

2022년 가을 서울에 상륙한
부베트 P.186

파리가 본점인 만큼 프렌치 스타일의 브런치 메뉴를 선보인다. 스크램블드에그와 소시지가 아닌, 계절 식재료를 활용한 독창적이고 풍미 좋은 요리를 향기로운 커피와 신선한 과일주스와 함께 먹어보자.

검은 다이아몬드 같은 캐비아를 음미
러스 앤 도터스 카페 P.227

이름 그대로 러스와 그의 딸들이 운영하는 가족 식당. 1914년 식료품점으로 시작해 지금의 고급스러운 브런치 전문점이 되었다. 캐비아 외에 샐러드나 디저트류도 맛있고, 여전히 식료품점은 식당 근처에서 운영 중이다.

풍신한 바나나 브레드와
맛있게 내린 커피가 있는
루비스 P.205

커피 좋아하는 사람은 다 안다. 호주에서 온 바리스타가 있는 곳이라면 믿고 마셔도 된다는 것을. 브런치에 딱 좋은 샌드위치나 버거, 샐러드 등 음식 메뉴가 많아 식사 손님이 많다.

프로방스풍 비스트로
르 그렌 카페 P.154

이탈리언과 중식, 멕시칸 지분이 상당한 뉴욕에서 파인 다이닝이 아닌 캐주얼한 프렌치라니! 크로크 무슈와 크레페를 시켜놓고 느긋하게 식사하기 좋은 아늑한 곳이다.

브런치만 하고 가기에 아쉬운
RH 루프톱 P.187

사실 브런치 식당이라고 부르기 미안할 정도로 점심, 저녁 모두 인기 있지만 빛이 워낙 잘 들어 주말 브런치 시간대에 특히 인기가 좋다. 기본 브런치 메뉴도 맛있고 크림처럼 부드러운 스크램블드에그 치즈버거도 남다르다.

비교하며 먹어보는 재미
쫀득하고 쫄깃한 베이글

한국 여행자들 사이에서 뉴욕 베이글 가게
도장 깨기가 유행할 정도로, 뉴욕 곳곳에
유명한 베이글 전문점이 많다. 가장 뉴욕다운
베이글은 '베이글 앤 록스Bagels and lox'.
크림치즈와 연어로 속을 채운 베이글을 말하는데,
뉴욕 베이글 하면 보통 이것을 떠올린다.
베이글과 노르웨이에서 건너온 연어를 미국식으로
훈제한 요리가 이렇게나 잘 어울린다는 걸
어떤 똑똑한 뉴요커가 발견했는지, 박수를 보낸다.
가게에 따라 케이퍼나 양파를 넣는 곳도 있다.
한국에서 식당마다 김치찌개 요리법이 조금씩
다르듯, 베이글 앤드 록스의 미세한 차이를 감지하며
이곳저곳에서 먹어보는 재미가 있다.
업타운의 베이글 2강 앱솔루트 베이글스와
브로드웨이 베이글, 미드타운의 최강자
에싸 베이글이 유명하지만 동네 사람들에게
제일 좋아하는 베이글 가게가 어디냐고 물으면
대답은 각기 다를 것이다.

러스 앤 도터스 카페 P.227

베이글 앤 록스는 러스 앤 도터스의 주력 메뉴 중 하나다. 이곳
의 메뉴는 고기류는 거의 없고 훈제 생선과 크림치즈 등의 유제
품군이 지배적이라, 당연히 베이글 앤 록스도 맛있다. 긴 나무
도마에 베이글, 연어, 양파 등 재료를 나란히 올려 서빙해 입맛
대로 올려 먹을 수 있다.

제이바스 P.258

우크라이나 이민자 루이스 제이바가 1934년 오픈한 제이바스
는 단순한 식료품점이 아니다. 어퍼웨스트사이드의 터줏대감
인 이 대형 식료품점은 자체 개발해 판매하는 베이글류가 특히
유명하다.

앱솔루트 베이글스 P.249

오픈 시간에 맞춰 가도 금세 발 디딜 틈 없이 작은 가게가 꽉 찬
다. 없던 입맛도 돌게 하는 고기, 생선, 버터, 잼 등의 든든하고
다양한 속재료가 마련되어 있다. 빵을 고르면 바로 구워 주며
따끈할 때 먹는 베이글이 가장 맛있다.

브로드웨이 베이글 P.249

직접 로스팅한 커피와 함께 먹기 좋은 다양한 베이커리가 있지
만 아무래도 베이글을 주문할 수밖에 없는 베이글 맛집.

에싸 베이글 P.126

베이글 앤 록스의 기출 변형이라 할 수 있는 '시그니처 페이버릿'
을 추천한다. 연어, 토마토, 양파 등을 속으로 채웠다.

올워셔스 베이커리 P.278

질 좋은 재료만 사용해 장인 정신으로 만드
는 베이글. 여러 카페들이 이곳 베이글
을 가져와 사용한다고 홍보할 정도
로 맛과 품질이 보장된다. 베이글
외에 정오에 구워내는 바게트도
맛있다.

뉴요커의 일상에서 빠질 수 없는
델리

간단한 요깃거리가 필요할 때, 집에 먹을 것이 없는데 장볼 시간이 없을 때 뉴요커들은 동네 '델리'를 찾는다.
조금의 불필요한 꾸밈도 허용하지 않겠다는 단호한 의지가 드러나는 외관과 필요한 식료품으로 빼곡한 내부.
식재료 만물상 겸 직접 만드는 샌드위치나 간단한 먹거리를 판매하는 곳이 바로 델리카테센Delicatessen, 줄여 '델리'다.
독일의 달마이어Dallmayr가 1700년 세계 최초의 델리로 문을 열었는데 아직까지 유럽 최고의 식료품 브랜드로 군림 중이다.

카츠 델리카테센 P.226

1888년 문을 연, 뉴욕에서 가장 역사가 오래된 델리이자 가장 맛있는 델리. 뉴요커 100명에게 물어봐도 100명 모두 뉴욕 최고의 델리는 카츠라 대답할 것이다. 꼭 한 번 먹어봐야 하는 파스트라미 맛집. 내부는 매우 넓고, 번호표를 받아 나갈 때 계산하는 고유의 시스템이 있으니 당황하지 말 것. 바쁘지 않을 때는 파스트라미를 조금 잘라 시식을 권하기도 한다. 현금만 받는 곳.

사지스 델리카테센 앤 다이너 P.171

뉴욕 특유의 식당 형태인 '다이너'와 델리를 겸한다. 유대식 메뉴가 많은데 그중 대표 격은 마츠볼 수프. 완탕면처럼 고기 완자를 뜨끈한 국물에 잘게 부수고 국수 등을 넣어 함께 떠먹는데 특별할 것은 없지만 속이 편안해지고 짭조름해 많은 뉴요커들이 '소울 푸드'로 꼽는다.

뉴욕의 델리

19세기 후반 유대인들이 미국에 들여와 자리 잡은 미국식 델리는 특히 익힌 후 차게 식힌 고기 '콜드 컷Cold Cuts' 여러 종류를 판매하는 것이 보통이다. 그 어떤 지역보다도 뉴욕에 많이 생겨났고, 유대인들이 운영하는 곳이 꽤 많아 유대식 코셔Kosher(돼지고기를 제외하고 유대식으로 도축, 조리한 음식) 요리도 심심찮게 찾아볼 수 있다.

비밀스러운 분위기, 맛있는 한 잔

스피크이지

1919~1933년 미국의 금주령 시대에 단속을 피해 몰래 생겨난 바들을 칭하는 '스피크이지'. 쉽게 말해 무허가 술집이라는 뜻이다. 이렇게 귀한 바가 어디 있는지 물을 때, 조용히 말해야 한다는 뜻으로 'Speak Easy'라 칭하던 것이 아예 명칭으로 굳었다고 한다. 눈에 띄지 않게 표식이 거의 없거나 아는 사람만 알아보도록 가게 이름을 써놓고, 보통 후미진 골목에 위치한다. 최근에는 오히려 이런 비밀스러운 콘셉트가 인기 요인이 되었다.

페이턴트 펜딩 P.166

'페이턴트 커피'라는 간판에 카페로 속지 말자. 초인종을 울리고 카페에 들어가 뒤쪽으로 끝까지 걸어가면 한때 특허왕 발명 천재 니콜라 테슬라가 살았던 건물이라 '전기'를 콘셉트로 한 스피크이지가 나타나기 때문. 바 이름도 '특허 대기 중'이라는, 전기 테마와 어울리는 뜻이다. 수많은 전구로 어둑하고 찌릿한 콘셉트가 재미있고, 칵테일도 잘한다.

배스텁 진 P.154

역시 앞은 카페로 위장한 재즈 시대 콘셉트의 스피크이지로, 상호명에 충실하게 바 한가운데 구리로 만든 욕조가 있다. 용기 있는 사람들은 들어가 포즈를 취하고 인증샷을 찍는 곳. 굉장히 어두워 메뉴판을 보려면 스마트폰의 손전등 기능을 써야 할 정도이지만 어둑한 누아르적인 분위기가 멋지다. 역시 진을 베이스로 한 메뉴가 많다.

제대로 된 뉴욕 슬라이스를 찾아서
피자

뉴욕 피제리아에서 절대 하면 안 되는 말은 '포크 어디 있어요?'다. 시끌벅적한 가게가 순식간에
싸늘하게 식어버릴 금기의 질문. 뉴욕 피자는 얼굴보다 훨씬 큰 한 조각을 두 손으로 들고 먹거나 손이 크다면
한 손으로 반 접듯이 잡고 먹는 것이 불문율. 1인 1슬라이스도 당연하다. 생각보다 양이 많아 간식으로
매우 든든하고, 회전율이 빨라 늘 화덕에서 바로 구워낸 따끈하고 바삭한 피자를 맛볼 수 있다.
1달러짜리부터 고급 이탈리언 식당까지 골목마다 피자 없는 곳이 없지만 뉴욕에서도 맛있기로 소문난 곳은 따로 있다.

조스 피자 P.186

혹시나가 역시나. 조스 피자의 '조'는 피자의 근본, 이탈리
아 나폴리 출신이다. 뉴욕 슬라이스 중 가장 인기가 많은
피제리아. 치즈 토핑 하나로 맨해튼을 정복했다.

아티초크 피자 P.188

혹시라도 비슷비슷한 뉴욕 피자에 질린 것 같다면 이곳으
로! 상호명에서 보듯 아티초크라는 생소한 채소가 주인공
이다. 시금치와 크림소스, 모차렐라와 페코리노로마노 치
즈를 올려 구워내는 피자가 대표 메뉴. 미트볼이나 게살
처럼 다른 곳에서는 거의 사용하지 않는 토핑을 듬뿍 올
린다는 점도 독특하다.

롬바르디스 P.203

1905년 뉴욕 최초의 피제리아로 시작해 여전히 최고의
인기를 자랑한다. 롬바르디스가 석탄 오븐에서 피자를 굽
기 시작한 이래, 뉴욕 피제리아 대부분 석탄 오븐으로 피
자를 만들어왔다. 서서 한 조각 먹고 나가는 조스 피자와
는 또 다른, 테이블에 앉아서 왁자지껄 식사하는 이탈리
아 가정식 느낌의 레스토랑이다. 흘러내릴 듯 부드러운
뉴욕 슬라이스에 비해 단단하고 바삭한 도우가 특징.

스카스 피자 P.228

소문난 맛집들이 종종 그렇듯 그냥 지나치기 쉬운, 눈에
잘 띄지 않는 간판의 스카스. 재활용지로 만든 피자 상자
와 유기농 와인, 직접 제분한 밀가루를 사용한다는 개성
강한 다운타운의 피제리아다.

선택하기 힘들 땐 맛이 보장된

인기 체인 식당

매번 어떤 식당에 갈지 더 이상 고민하고 싶지 않다면, 평균 이상의 맛이 보장된 체인 식당으로 가보자.
왜 전 세계적으로 유명한 곳인지 직접 체험해보는 재미는 덤!

FIVE GUYS
BURGERS and FRIES

파이브 가이즈 Five Guys

미국에서 탄생해 세계를 제패 중인 최고의 햄버거 체인. 유제품으로 유명한 크래프트Kraft와 협업해 좋은 치즈를 사용하고 훈제 베이컨 코셔 핫도그, 그릴 치즈, 샌드위치도 맛있다. 가장 큰 특징은 매장 곳곳에 땅콩 포대를 쌓아놓고 손님들에게 무료로 제공한다는 것. 햄버거에는 기본으로 15가지 토핑이 들어가는데, 주문 시 무얼 빼고 싶냐고 물어본다. 메뉴판에 15가지가 모두 적혀 있으니 입맛에 맞지 않는 것을 말하면 된다.

🏠 www.fiveguys.com

쉐이크쉑 Shake Shack

매디슨 스퀘어 파크의 지점은 글로벌 신드롬이 된 이 햄버거 체인의 본점이다. 2001년 공원 복구 기금 마련을 위한 이벤트로 우연히 시작한 것이 입소문을 타고 유명해지자 공원 내 영구 키오스크를 운영하게 되었고, 메뉴도 뉴욕식 핫도그에서 햄버거와 상호명에 포함된 '쉐이크'까지 확장하게 되었다. 핫도그로 시작해 그런지 핫도그가 정말 맛있다.

🏠 www.shakeshack.com

SHAKE SHACK

판다 익스프레스
Panda Express

미드나 영화에서 네모난 상자를 열어 중국요리를 먹는 장면을 본 여행자라면 꼭 한 번은 먹어보고 싶어 하는 것이 바로 판다 익스프레스. 새콤달콤한 닭강정이나 볶음밥 등 우리에게 익숙한 요리 중 원하는 것을 골라 담아 계산하는 식이다. 식판에 담아 먹는 콤보가 더 싸지만 개별 메뉴를 상자에 포장해 테이크 아웃하는 재미가 있다. 중식 패스트푸드의 묘미인 '포춘 쿠키'도 꼭 받아오자.

🏠 www.pandaexpress.com

칙필레 Chick-Fil-A

닭고기 샌드위치 전문 패스트푸드점이다. 상호명은 닭을 뜻하는 칙Chick과 살코기라는 뜻의 필레Fillet를 발음 나는 대로 적은 것. 남부 침례교 창립자의 원칙에 따라 일요일에는 모든 지점이 문을 닫는다. 한국에는 잘 알려지지 않았지만 미국 사람들에게는 유명한 곳이다. 특이한 점은 기본 샌드위치에는 치킨 패티 말고 들어가는 재료가 없다는 것. 소스 종류가 굉장히 다양해 취향에 따라 골라 곁들일 수 있다. 와플 모양의 감자튀김도 유명하다.

🏠 www.chick-fil-a.com

Chick-fil-A

웬디스 Wendy's

칙필레처럼 한국에서는 유명하지 않지만 귀여운 양갈래 빨간 머리 여자아이 로고의 웬디스는 미국인들에게는 너무나 익숙한 브랜드다. 1969년 오하이오에서 창립한, 버거킹과 맥도날드 다음으로 세계에서 세 번째로 큰 규모를 자랑하는 패스트푸드 체인으로 전 세계에 6000개가 넘는 지점이 있다. 네모난 패티를 사용하는 햄버거가 대표 메뉴인데 냉동 고기는 사용하지 않는다는 원칙을 50년 넘게 고수하고 있다.

Wendy's

🏠 www.wendys.com

자극적인 미국 음식이 질린다면
건강하고 간단하게

뉴욕은 그 어느 도시보다도 비건 옵션이 다양하고 건강식도 수요가 많아, 맛있는 샐러드를 쉽게 접할 수 있다.
점심을 간단히 먹는 편인 뉴요커들의 입맛에 맞추어 샐러드 체인 프랜차이즈들이 많은데, 신속한 서비스지만 건강하고
가벼운 식사를 전문으로 하기 때문에 '패스트 캐주얼' 레스토랑이라 부른다. 입맛에 맞게 채소나 곡물 베이스를 선택하고
고기 등의 단백질과 아보카도, 콩, 치즈, 과카몰레 등의 추가 토핑과 드레싱을 선택해 맞춤형 메뉴를 구입한다.

치폴레
Chipotle

1993년에 시작된 패스트 캐주얼 업계의 선두 주자. 치폴레는 '말린 할라피뇨'라는 뜻으로 멕시코 그릴을 기반으로 한 메뉴가 많다. 보울, 타코, 부리토, 케사디야, 샐러드 중 하나를 선택해 토핑을 올리거나 속을 채우면 된다. 살사, 사워크림, 치즈, 양배추 등 기본 토핑은 추가 금액 없이 선택 가능하다.

🏠 www.chipotle.com

카바
Cava

뉴욕 직장인들의 열렬한 지지를 받는 카바. 지중해 식단을 기반으로 베지테리언, 비건, 페스카테리언 등 다양한 입맛에 맞추어 다양한 메뉴를 갖췄다. 알레르기가 있는 사람들을 위한 드레싱 등 세심한 구성이 돋보인다. 지중해 느낌을 한껏 반영한 차지키, 후무스, 페타 치즈 등의 식재료가 특징이다.

🏠 cava.com

촙트
Chopt

샐러드와 따뜻한 곡물 보울, 샌드위치와 토르티야 랩을 전문으로 한다. 사용하는 모든 드레싱에 설탕이 들어가지 않으며, 대신 아가베와 꿀로 달콤한 맛을 낸다.

🏠 www.choptsalad.com

스위트그린
Sweetgreen

학교에서 파는 음식이 맛이 없던 조지타운대학교 경영대 학생들의 프로젝트로 시작되었다. 1년에 다섯 차례 계절 메뉴가 바뀌어 신선한 채소를 맛볼 수 있으며 자체 앱을 통해 주문하고 배달 현황도 확인할 수 있다.

🏠 sweetgreen.com

뉴욕을 달콤하게 만드는
디저트

세상에서 단 음식을 제일 잘하는 미국이니 디저트와 주전부리를 지나칠 수는 없다.
뉴욕을 대표하는 달콤한 디저트는 치즈케이크와 컵케이크 그리고 도넛.

치즈케이크

프랑스 뇌샤텔 치즈의 식감을 내기 위해 뉴욕의 윌리엄
로렌스라는 인물이 부드럽고 진한 풍미의 크림
치즈를 만들어냈다. 이 크림치즈를 베이스
로 하여 뉴욕 스타일의 치즈케이크가
탄생되었다고 한다.

✗ 주니어스 레스토랑 앤 베이커리 P.135,
에일린스 스페셜 치즈케이크 P.203

컵케이크

머핀보다 더 촉촉한 빵에 달콤한 아이싱으로 완성
되는 뉴욕의 한 입 거리 디저트.

✗ 매그놀리아 베이커리 P.127

* 사실 이곳에서 가장 인기 있는 메뉴는 바나나 푸딩이다.
  컵케이크만 사 들고 나오기 아쉬울 정도로 맛있다.

도넛

심슨 만화에 등장하는, 아이싱을 아낌없이 바른 큼직한
도넛은 여러 매체에서 미국 경찰들의 간식으로 소개되어
친숙하다. 뉴욕 역시 많은 도넛 가게들이 있다. '던킨'
과 같은 체인도 좋지만 한국에서 최근 유행하는 것
처럼 각 베이커리의 특징이 도드라지는 독창적인
메뉴를 내세운 곳들이 인기다.

✗ 도우 도넛 P.170

레트로한 분위기에서
편한 식사
다이너

간단하지만 길거리 음식이나
주전부리로 때우고 싶지 않다면?
다이너Diner가 있다. 이른 아침부터
늦은 시간까지 다양한 메뉴를
선보이고 가격도 부담 없는
식당이다. 메이드 인 아메리카,
전형적인 미국식 식당으로 최초의
다이너는 1872년 로드아일랜드에서
문을 열었다고 한다.

특유의 레트로 인테리어

처음 생겨났을 때 기차의 식당 칸을 가져와 빈 공터에 놓고 영업했기 때문에 길
고 좁은 형태의 다이너들이 많았다. 빨간 비닐 시트와 한편에 놓인 주크박스, 체
크무늬 타일 바닥, 네온사인 간판이 거의 미국 다이너의 트레이드마크였다. 요즘
은 다양한 콘셉트의 다이너들이 많이 생겨났지만 그래도 여전히 대부분의 다이
너에서 꾸밈없고 소박한 분위기를 느낄 수 있다.

메뉴

간단히 먹기 좋은 메뉴로 구성된다. 대부분 24시간 문을 열기 때문에 달걀 요리
와 팬케이크, 와플부터 시작해서 샌드위치, 수프, 심지어 스테이크까지 아침부터
저녁까지 언제 찾아도 먹기 좋은 요리들을 모두 갖추고 있다. 유튜브 '이서진의
뉴욕뉴욕' 채널에서 다이너를 '김밥천국'이라 했는데 딱 맞는 표현. 대부분은 그
릴에서 요리하기 때문에 그릴 앞에 긴 카운터 자리가 있어 혼자 온 사람들도 편
하게 들를 수 있다. 다이너를 대표하는 음료는 드립 커피. 웨이터가 주전자를 들
고 다니면서 빈 컵에 채워주는 것이 전통 다이너의 커피 서빙 방식이지만 요즘은
무제한 리필이 아닌 곳도 많다.

뉴욕 다이너 BEST 3

① 미국 드라마 '사인펠드'의 로케이션으로 잘 알려진 **톰스 레스토랑** P.250
② 인테리어도 메뉴도 세련된 다이너를 표방하는 **엠파이어 다이너** P.153
③ 전형적인 편안한 아메리칸 다이너 **웨스트웨이 다이너** P.134

유튜브 '이서진의 뉴욕뉴욕' 따라잡기

뉴욕 여행 전 보면 좋은

지난 몇 년간 뉴욕 여행자들의 영상 가이드 역할을 톡톡히 했던, 유튜브 채널 '이서진의 뉴욕뉴욕'.
뉴욕대학교에서 경영학을 전공해 뉴요커 생활을 했던 연기자 이서진의 여행기다. 화제가 되었던 곳들만 모아모아 소개한다.

01

도착하자마자 찾아간
차이나타운의 중식당
홉 키 P.230

02

시즌 1, 2에서 모두 찾아갔던
딤섬 맛집 **징 퐁**Jing Fong

📍 380 Amsterdam Avenue,
New York, NY 10024
📷 @jingfongny

03

이서진이 유일하게 좋아하는 미
국 음식이라는 텍사스식 바비큐
를 전문으로 하는 **댈러스 비비큐
타임스 스퀘어**Dallas BBQ Times
Square! 립과 코울슬로, 마르가리
타까지 맛이 없을 수 없는 조합으
로 저녁을 먹어보자.

📍 241 W 42nd St, New York, NY
10036 🏠 https://dallasbbq.com

04

뉴요커들도 표를 구하기가 쉽지 않다는 뉴
욕 닉스의 경기는 **매디슨 스퀘어 가든** P.152에
서! 시즌 2에서는 동료 연기자 정유미가 방문
해 함께 **시티 필드 스타디움**에서 뉴욕 메츠와
LA 에인절스의 경기를 관람하기도 했다. 구단
홈페이지에서 시즌 내 경기 스케줄을 알려주
니 뉴욕 여행 중 농구나 야구 직관을 하고 싶
다면 여행 일정 중 경기가 있는지 미리 알아보
고 표를 사두는 것을 추천한다.

05

뉴욕대학교 P.183와 **워싱턴 스퀘어 파
크** P.183. 단일 캠퍼스 없이 다운타운 곳
곳에 건물이 여럿 있는 뉴욕대학교 주
변은 젊고 밝은 분위기로 가득하다. 수
십 년 전 추억을 찾아 학교 부근 골목들
을 걸으며 레코드 가게를 (블리커 스트
리트 레코즈, 188 W 4th St 10014, 인
스타그램 @bleeckerstreetrecords)
구경했던 장면을 따라 해보자.

06

동심과 스릴을 둘 다 느낄 수 있는 뉴욕 근교 놀이동산 **식스 플래그스 그레이트 어드벤처** P.335. 시즌마다 운행하는 놀이기구들이 다르니 (이서진은 한겨울에 찾아 한정된 기구들만 탈 수 있었다) 미리 홈페이지에서 확인하고 방문 여부를 결정하자. 하지만 동절기에도 다양한 높이의 롤러코스터와 인형 뽑기 다트 등 즐길 거리는 충분하다.

08

여행 중 여러 번 찾아 핫도그를 먹으며 추억의 '아메리칸' 맛을 인정했던 **네이선스 페이머스** P.318

10

수십 년째 변하지 않는 곳도, 해마다 새로 생기는 핫플레이스도 많은 **코리아타운** P.156. 미드타운에 있어 접근성도 좋아 한식이 그리운 여행자가 쉽게 찾을 수 있다.

07

맨해튼에 두 개 지점이 있는 **브루클린 다이너**Brooklyn Diner(212 W 57th St와 155 W 43rd St)에서 미국인들의 소울푸드 중 하나인 치킨 누들 수프를 소개했다. 시즌 2에서도 다이너를 찾았는데(**카네기 다이너 카페**Carnegie Diner Cafe, 205 W 57th St), 한국으로 치면 분식 체인점과 비슷한 편하고 상대적으로 좀 더 저렴한 가격의 가정식들을 먹을 수 있는 다이너는 뉴욕 여행 중 경험 삼아 한 번은 가볼 만한 곳이다.

09

살던 집 근처라 자주 갔다는 **레이스 피자**Ray's Pizza.(831 7th Ave) 뉴욕 피자 맛집은 셀 수 없이 많은데, 그중 최고가 어디인지는 뉴요커마다 의견이 분분하다. 책에서 소개하는 **조스 피자** P.186나 **스카스 피자** P.228에서 뉴욕 슬라이스는 꼭 먹어보자.

11

소조 스파 클럽 SoJo Spa Club은 한국식 찜질방이다. 장기 여행 중 피로를 풀고 싶다면 추천하지만 맨해튼에서 차로 30분 거리로 짧은 일정 중 찾기엔 적합하지 않다.

📍 660 River Rd, Edgewater, NJ 07020
🏠 sojospaclub.com

그 외에도 추억 여행 루트 중 하나로 꼽았던 **콜럼버스 서클** P.122과 **링컨 센터** P.255, 뉴욕의 새 랜드마크가 된 **베슬** P.150, **센트럴 파크** P.262 등 여러 뉴욕 명소들이 소개된다.

쇼핑과 식사를 동시에
대형 쇼핑몰

메이시스 P.140

미드타운 중심에 있고 특히 코리아
타운과 지척이라 접근성이 1등인 대
형 쇼핑몰. 럭셔리 브랜드보다는 중
고가 브랜드의 비중이 높고 할인율
이 높은 상품도 많아 실질적인 구매
를 하기에 좋은 쇼핑몰이다. 미국 시
민권자가 아니라면 30일간 10% 할
인이 가능한 패스도 방문자 센터에
서 안내한다.

브룩필드 플레이스 P.233

큼직한 야자수가 16그루 있는 대형
유리 온실 같은 곳이다. 식당 14곳과
미술 전시, 라이브 공연, 영화제를
진행하는 무대와 공간도 있다. 겨울
에는 아이스 링크가 열린다. 센트럴
파크나 브라이언트 파크에 비해 덜
붐빈다는 장점이 있다.

효율을 추구하는 스마트한 쇼퍼라면
한 장소에서 모든 것을 해결할 수 있는 쇼핑몰이 최고다.
또 구체적으로 무엇을 사야 할지
결정하지 못한 여행자라면 역시 다양한 품목이
있는 쇼핑몰에서의 아이쇼핑이 좋다.

쇼핑몰 말고 작고 특별한 상점을 원한다면

여행책이나 동화책 전문, 프랑스어 서적(알버틴 P.281) 등 다양한 테마의 서점도 있고, 빈티지 의류 상점(스크리밍 미미스 빈티지 P.195)이나 미니어처 인형(타이니 돌 하우스 P.281), 5대째 훌륭한 안경을 판매하는 상점(모스콧 P.232) 등 내 취향에 맞는 아이템을 팔고 있는 곳을 찾아가 보자.

숍스 앳 콜롬버스 서클
The Shops at Columbus Circle

그리 크지 않아 부담없이 들어가 아이쇼핑과 식사를 즐길 수 있는 곳이다. 패스트 패션 H&M과 중가 브랜드 J. Crew 등이 입점되어 있고, 레스토랑은 매우 고급스럽다. 미쉐린 3스타 퍼 세Per Se와 마사Masa가 이곳에 위치한다.

블루밍데일스 P.280

럭셔리 쇼핑몰의 대명사로 자리 잡은 체인 백화점 브랜드로 플래그십이 뉴욕에 있다. 자체 앱이 있어 쇼핑몰 내의 브랜드와 식당 등 다양한 정보가 있으니 적극 활용하자.

뉴욕을 기억하는 방법

뉴욕 기념품 리스트

해리 포터 기념품

해리 포터 팬이라면 뉴욕에 상륙한 세계 최대 규모 해리 포터 테마 상점 P.175을 그냥 지나칠 수 없을 것이다. 호그와트 유니폼부터 마법 지팡이와 퀴디치 공까지 구경만 하고 있어도 기분이 좋아지는 곳이다.

뮤지컬 굿즈

많은 여행자들이 '인생 뮤지컬'을 브로드웨이에서 보았다고 말할 정도로 깊고 진한 여운을 선사한다. 이 여운을 간직하기 위해 작품과 관련된 다양한 굿즈를 판매한다. 공연 시간 전에 일찍 도착해서 미리 구입해도 좋고, 공연 중간 쉬는 시간인 인터미션이나 공연 후에도 구입 가능하다.

에브리싱 베이글 시즈닝

뉴욕에서 먹어본 에브리싱 베이글이 맛있었다면, 시즈닝 Everything Bagel Seasoning이라 불리는 이 조미료를 구입하자. 뉴요커들은 가방에 넣어 다니며 팝콘이나 햄버거 등 여기저기 뿌려 먹을 정도로 압도적인 사랑을 받고 있다. 각종 소스에 감칠맛을 위해 넣고 생선이나 고기를 재울 때도 넣고 파스타, 빵, 조리된 여러 음식에 톡톡 뿌려 먹는 만능 조미료. 굵은소금, 말린 양파, 마늘, 양귀비 씨, 참깨 등이 주로 들어가는데, 홀 푸드 마켓Whole Foods Market과 같은 식료품점에서 구입할 수 있다.

르베인(르뱅) 베이커리 믹스와 에코백

뉴욕에서 꼭 먹어봐야 할 달콤하고 쫀득한 르베인(르뱅) 베이커리의 쿠키 P.258를 한국에 가져갈 방법이 생겼다. 자체 반죽 믹스를 분말 형태로 판매한다. 레시피에 따라 반죽해 구워내면 갓 구운 르뱅의 맛을 그대로 느낄 수 있다. 홈페이지에서도, 지점에서도 판매한다. 쿠키와 별도로 뉴욕과 관련된 일러스트를 그린 에코백도 판매하는데 무척 귀엽다.

클래식한 '아이 러브 뉴욕'이 새겨진 티셔츠나 엽서, 스노글로브 등은 일부러 찾아가지 않아도
타임스 스퀘어 근처 기념품 상점에서 쉽게 구입할 수 있다. 시내에서 구입하지 못했다면 공항에서도 살 수 있다.
좀 더 뉴욕답고 특별한 기념품을 원하는 사람들에게 다음의 기념품을 추천한다.

모마 디자인 스토어의 아이템

뉴욕 현대 미술관에서 어떤 전시를 하느냐에 따라 판매 품목이 주기적으로 바뀌는, 기발하고도 세련된 디자인 제품들을 모아 판매하는 곳이 모마 디자인 스토어 P.207다. 뉴욕스럽지만 뻔하지 않은 선물이나 기념품을 원한다면 추천한다.

커피콩

뉴욕, 워싱턴, 필라델피아 등 동부의 몇 개 도시에만 매장이 있는 미국을 대표하는 커피 로스터리 라 콜롬브 P.132와 커피의 도시 포틀랜드를 대표하는 스텀프타운 P.170은 커피 좋아하는 사람이라면 이미 친숙한 브랜드. 한국에서 구하기 쉽지 않고 또 현지 가격이 더 저렴하니 넉넉히 사는 것이 합리적이다. 둘 다 뉴욕에 매장이 여럿이라 일정 중 편히 들러 다양한 블렌드를 구입할 수 있다.

MLB 굿즈

미국인들이 가장 사랑하는 스포츠, 야구! 야구 경기 직관이 뉴욕 여행의 목적 중 하나인 사람도 많을 정도. 뉴욕 양키스나 메츠 경기를 보러 가지 않아도 도시 곳곳 기념품 상점이나 MLB 브랜드 상점에서 다양한 의류, 브랜드 굿즈를 살 수 있다.

디즈니 스토어 자유의 여신상 미키 마우스

전 세계 디즈니 상점 중 뉴욕점 P.139에서만 살 수 있다는, 자유의 여신상 미키 마우스 인형은 꾸준한 인기 기념품.

눈여겨보자
뉴욕에서 사 가면 좋을 브랜드

해외 직구나 구매 대행이 너무나 손쉬워진 요즘이지만, 그래도 뉴욕에 간 김에 사 가는 편이 더 저렴한
브랜드들은 분명 있다. 한국에 들어오지 않는 제품이나 모델이 있을 수 있고,
직접 보고 만지고 쇼핑하는 것이 훨씬 재미도 있다. 뉴욕 현지에서 눈여겨봐야 할 브랜드들을 소개한다.

알로 Alo

옷 좀 입는다 하는 패셔니스타라면 모를 수 없는
브랜드! 룰루레몬은 가고, 알로가 대세. 운동할
때 중요한 것은 편안함이지만 멋도 포기할 수 없는
사람들을 위해 출시된 세련된 브랜드. 2007년 로
스엔젤레스에서 시작된 알로는 역사는 꽤 되었지
만 지금처럼 인기를 끌기 시작한 것은 몇 해 되지
않는다. 요가 웨어로 시작해 현재는 테니스, 러닝
등 다양한 액티비티에 적합한 의류와 신발, 액세
서리 등을 선보인다. 뉴욕에는 쇼핑 거리인 스프링
스트리트96 Spring St와 5번가164 5th Ave 등에 지점
이 있다.

🏠 www.aloyoga.com

글로시에 Glossier P.207

우선 가격이 착하고 패키징이 감
각적이라 MZ 세대의 폭발적인
반응을 끌어낸 뷰티 브랜드. 브
로 제품과 컨실러, 립스틱이 인
기 있다.

아릿지아 *Aritzia*

캐나다 밴쿠버에서 탄생한 중가 패션 브랜드. 자라, 망고 등의 패스트 패션 브랜드보다 더 오래 입을 수 있는 무난하고 품질 좋은 디자인의 의류와 잡화를 표방한다. 아릿지아를 좋아하는 소비자 층도 폭이 꽤 넓어 다양한 나이대의 마니아가 많다. 5번가(89 5th Ave, 600 5th Ave)에 지점이 두 개, 브로드웨이(524 Broadway)에 하나 등 뉴욕 곳곳에 지점이 있다.

🏠 www.aritzia.com

에버레인 *Everlane* P.208

오래 입을, 퀄리티 좋은 기본 아이템들을 구입하기 가장 좋은 브랜드로 알음알음 입소문이 나고 있는 에버레인. 도덕적이고 합리적인 생산을 추구하며 원단 품질과 편안한 착용감에 신경 쓰기로 유명하다.

그 외에도 빅토리아 시크릿 P.142, 프랭키스 비키니, 라 콜롬브 P.132, 프랭키 숍 등 뉴욕에서 구입하면 좋을 의류나 먹거리 브랜드들이 많다. 쇼핑 계획이 있다면 캐리어 자리를 넉넉하게 비워서 떠나도록!

실속 있는 쇼퍼를 위한
우드버리 아웃렛

25~65%의 큰 할인율을 자랑하는 우드버리 커먼 프리미엄 아웃렛Woodbury Common Premium Outlets, 보통 '우드버리 아웃렛'이라 부른다. 1985년 오픈 이후 꾸준히 한국 여행자들에게 뉴욕에서 꼭 가봐야 할 쇼핑 명소로 알려져 왔다. 생로랑, 버버리, 구찌, 폴로 랄프 로렌부터 포에버21까지 명품 브랜드에 한정되지 않는다는 것도 큰 장점. 단점은 도심과 조금 떨어져 있어 최소 반나절을 오롯이 할애해야 한다는 것이다. 특별히 사고 싶은 것이 없거나 일정이 촉박하다면 무리해서 가지 않아도 된다. 모든 품목이 늘 고르게 구비되어 있는 것이 아니기에 최근 리뷰를 살펴보고 어떤 상품들의 재고가 넉넉한지 알아보고 가는 것도 좋다.

홈페이지 적극 활용
우드버리 아웃렛 공식 홈페이지에 할인 쿠폰이나 추첨 행사 등이 자주 올라온다. 또 할인율에 따라 브랜드를 묶어 소개한다. 특별히 원하는 제품이나 꼭 봐야 하는 브랜드가 있다면 상점의 위치를 미리 알아두는 것이 시간 절약에 큰 도움이 된다.

가는 방법

우드버리 버스 woodburybus

🚶 미드타운 정류장 1651 Broadway
🕐 아웃렛으로 출발하는 버스 08:30, 09:30, 10:30 / 뉴욕 시내로 돌아오는 버스 16:00, 18:30, 19:30
💲 $42
📞 +1 212-246-0597
🏠 www.woodburybus.com(시간표 확인 및 예매)

쇼트라인 버스 Shortline Bus

🚶 포트 오소리티Port Authority 버스 터미널에서 출발하며(게이트 401-410) 출발, 도착 시간이 자주 변동되니 홈페이지에서 시간표를 확인하고 예매하도록 한다.
💲 왕복 $42(뉴욕의 많은 관광 패스 중 사이트싱 패스는 우드버리 아웃렛 왕복 쇼트라인 버스표를 포함한다. www.sightseeingpass.com)
🏠 web.coachusa.com/shortline

　＊교통 상황에 따라 차로는 1시간~1시간 30분 걸린다.

INFO

📍 498 Red Apple Ct, Central Valley, NY 10917
🕐 10:00~21:00
　＊크리스마스 휴무, 12월 24일 09:00~18:00, 12월 26일 08:00~21:00, 12월 31일 10:00~18:00 / 종종 오픈 시간이 앞당겨지기도 하니 홈페이지에서 확인
📞 +1 845-928-4000
🏠 www.premiumoutlets.com/outlet/woodbury-common

미국 쇼핑의 백미
블랙 프라이데이

블랙 프라이데이Black Friday는 엄청난 인파를 감당해야 하는 매장 직원들과 경찰들에게는 앞이 깜깜할 정도로 힘든 날이라는 뜻이다. 반면 많은 기업들이 흑자를 낸다고 하여 블랙 프라이데이의 어원을 긍정적인 뜻으로 해석하는 경우도 있다.

1년 중 가장 큰 폭의 세일 시즌이 시작되는 날로 추수감사절(11월 넷째 주 목요일) 바로 다음날인 금요일을 말한다. 이때 팔지 못한 물건은 돌아오는 월요일인 사이버 먼데이Cyber Monday에 추가적으로 판매하기 때문에 결과적으로 주말 내내 할인 행사를 하는 셈이다. 많은 브랜드들은 '프리Pre' 블랙 프라이데이 행사를 열어 11월 초중순부터 세일을 시작하는 경우도 흔하다.

미국에서 소비가 가장 많은 시기는 바로 추수감사절 직전이다. 연간 소비의 20%가 이루어지는 대목이라 할 수 있다. 추수감사절이 끝나면 곧바로 크리스마스를 준비하기 때문에 미리 선물을 사는데, 연중 가장 큰 수요를 적극 활용해 많은 온·오프라인 쇼핑몰들이 큰 폭으로 할인을 한다. 최대한 재고를 없애고 새해를 맞이하는 유통업체들의 목표와 소비자들의 쇼핑 욕구가 만나 '블랙 프라이데이'라는 대대적인 쇼핑 행사를 만들어냈다.

알아두면 쏠데 있는 뉴욕 쇼핑 팁

- 많은 브랜드와 쇼핑몰이 뉴스레터를 보내 세일 정보를 안내하기 때문에 좋아하는 브랜드나 아마존 등 멤버십이 있는 쇼핑몰에 소식 받기 설정을 해놓으면 유용하다.
- 아쉽지만 뉴욕은 택스 리펀 혜택은 없다.
- 미국은 상품 판매금액에 세금이 제외되어, 표시된 가격과 실제 결제 금액이 다른 경우가 많다. 상품 판매가에 판매세Sales Tax를 더해 최종 금액이 결제된다. 다만, 의류와 신발에 한하여 개당 $110 미만에는 뉴욕주 세금이 붙지 않아 부가세만 추가된다.

PART 3

진짜
뉴욕을
만나는
시간

뉴욕
가는 방법

미국은 다른 나라와 다르게 ESTA(전자여행허가제)라는 것을 준비해야 한다. 입국 시 인터뷰도 신경 쓰여서 왠지 준비가 어렵게 느껴지지만 사실 다른 나라 여행 준비와 별반 다를 것이 없다. 뉴욕 여행 준비 시 꼭 알아야 할 것만 일목요연하게 담았으니 살펴보자.

항공편

한국에서 뉴욕까지는 인천국제공항-JFK 국제공항 직항편을 이용한다. 대한항공은 주 10회, 아시아나항공은 주 7회를 운항하며 소요 시간은 약 14~15시간. 델타항공, 유나이티드항공 등은 하루 약 다섯편 경유편을 운항한다. 소요 시간과 이착륙 시간이 다양하니 출발, 도착 시간과 환승 시간을 고려해 자신에게 가장 적합한 항공편을 예약한다. 2017년 7월에 설립된 국내 최초의 하이브리드 항공사Hybrid Service Carrier(대형 항공사와 저비용 항공사 사이에 있는 새로운 개념의 항공사)로 에어프레미아가 2023년 5월부터 인천-뉴욕 노선을 운항한다. 다만 JFK 국제공항이 아니라 뉴저지에 위치한 뉴어크 리버티 국제공항Newark Liberty International Airport에 도착하니 유의할 것. 요금은 대형 항공사보다 조금 더 저렴한 편이다.

입국 심사

공항 체크인 카운터: 항공사 직원과 1차 인터뷰(체류 목적과 기간) ▷ 탑승 게이트 앞: 2차 인터뷰(소지품, 기내 수하물 검사 재진행 가능성 있음) ▷ 비행 후 뉴욕 도착 ▷ 입국 심사장: 현지 직원과 영어 인터뷰(체류 목적과 기간)★ ▷ 세관 신고서 제출

ESTA Electronic System for Travel Authorization
전자여행허가제

선박, 항공기를 통해 90일 이내 여행, 경유, 사업 목적으로 미국을 방문하는 여행자라면 반드시 발급받아야 하는 여행 승인서. 발급받지 못한 경우 미국 국경에서 입국이 불허되며 벌금이 부과된다. 홈페이지에서 신청서를 작성하고 접수료와 비자 발급료를 지불한 후 승인을 기다리는데, 전체 과정이 72시간 정도 소요되니 출국 4일 전에는 반드시 신청하도록 한다. 유효 기간은 2년이며 1회 체류 기간은 최대 3개월.

🏠 https://esta.cbp.dhs.gov/

★ 뉴욕에 도착해서 현지 직원과 인터뷰 진행 전 ESTA(전자여행허가제), 기내에서 작성한 세관 신고서 또는 무인 자동 입국 심사대에서 출력한 내역, 숙소 예약 내역, 돌아오는 항공권 등을 미리 준비하자.

★ 기존 비자나 영주권이 있는 경우, 학생인 경우, 유학생인 경우 등 개인 상황에 따라 준비해야 할 서류는 다르므로 미리 꼼꼼하게 살펴보자.

★ 심사는 매우 개별적이라 학생 등 신분을 좀 더 구체적으로 문의하는 경우도 있고 간단하게 마치는 경우도 있다.

APC Automated Passport Control 무인 자동 입국 심사대

ESTA를 발급받아 1회 이상 미국 입국 내역이 있는 여행자라면 무인 자동 입국 심사대를 이용할 수 있다. JFK 국제공항에서만 이용할 수 있으며 두 번째 입국 시부터 APC 기기에 여권을 판독한 후 사진 촬영, 질문 사항 답변, 개인 정보 입력으로 간단한 절차를 마치면 입국 심사 인증서를 발급해준다.

JFK 국제공항에서
John F. Kennedy International Airport
시내로 나가기

뉴욕에 있는 세 개의 공항 중 우리가 가장 많이 이용하는 공항은 맨해튼에서 24km 떨어진, 존 F. 케네디 전 대통령의 이름을 붙인 JFK 국제공항이다. 총 여섯 개의 터미널 중 대한항공은 1터미널, 아시아나항공은 4터미널을 이용한다.

🏠 www.jfkairport.com

에어트레인 Air Train

연중무휴 24시간 운행하는 무인 열차로, 공항 근처 지하철 노선까지 연결된다. 공항 내 모든 터미널을 지나며, 장기 주차장이 있는 레퍼츠 불르바드Lefferts Boulevard역, 호텔 셔틀과 렌터카 센터가 있는 페더럴 서클Federal Circle역까지 연결되어 공항 내 교통 시설을 이용하기 편리하다. 지하철역을 제외하고 터미널 내에서 이동할 때는 무료 탑승 가능하다. 에어트레인 내에서는 식료료가 금지되니 주의할 것.

E, J, Z 라인 자메이카Jamaica역, A 라인 하워드비치Howard Beach역에서 내리는 경우 $8.25. 메트로카드나 옴니OMNY로만 지불 가능하며 두 역에 모두 메트로카드 발급기가 있다. 자주 이용할 계획이라면 해당 기기에서 에어트레인 10회권($26.50, 30일 유효)을 구매할 수 있다. 공항에서 미드타운까지 지하철로 이동하면 약 50분, 업타운은 약 75분 소요되며 요금은 $10.50.

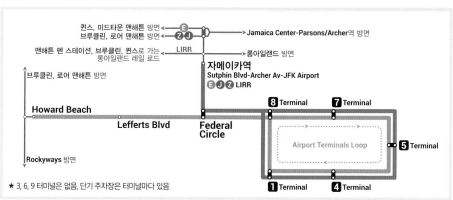

★ 3, 6, 9 터미널은 없음, 단기 주차장은 터미널마다 있음

사설 셔틀 Shuttle

고 에어링크 NYC 셔틀Go Airlink NYC Shuttle, 프라임타임Primetime, 올 카운티 익스프레스All County Express, 이티에스ETS 등 목적지가 같은 사람들과 함께 탑승하는 셔틀 서비스가 여럿 있다.

택시 Taxi

뉴욕 택시 기본요금은 $3지만 JFK 국제공항에서 맨해튼까지는 $70 정찰제로 운행한다. 여기에 뉴욕주 택스와 시간대별 할증이 추가될 수 있다. 요금은 모든 탑승객에게 해당되며 1인당 요금은 아니다. 뉴욕 택시 경우 일반 택시는 승객 4인까지, 미니밴은 5인까지 탑승 가능하며 택시비에 팁을 따로 주도록 한다. 카드 결제 시 팁 퍼센티지를 고르거나 구체적으로 팁 금액을 지정해 지불할 수 있다. 유니폼을 입지 않은 사람이 짐을 들어주거나 좋은 가격에 태워준다는 등의 호객 행위를 하면 무시할 것. 정식 택시는 옐로 캡뿐이므로 바가지를 쓸 가능성이 200%. 면허가 없거나 자동차 보험이 없는 경우도 있다.

우버 Uber

전용 앱을 사용해 쉽게 부를 수 있는 서비스. 시내에서는 가격 경쟁력이 상당하지만 공항 이동의 경우 택시가 정찰제를 도입하면서 특별히 큰 이점은 없지만 택시 줄이 너무 길 경우 이용하면 편리하다. 1~4번 터미널 이용자는 짐을 찾고 바로 밖으로 나가면 우버 픽업 존을 찾을 수 있고, 5번 터미널 이용자는 출발 층에서 탑승한다.

기타

그 외에도 자메이카역에서 탑승해 미드타운 펜Penn역과 브루클린의 아틀란틱 터미널Atlantic Terminal까지 가는 롱아일랜드 레일로드Long Island Railroad도 있다. 요금과 스케줄은 시간대별로 상이하다. 또 Q3, Q6, Q7, Q10, Q10 LTD, B15 버스가 공항에서 브루클린, 퀸스, 맨해튼까지 이동하지만 캐리어가 있다면 지하철보다 불편하고 시간도 더 오래 걸리니 참고한다. 렌터카 업체가 공항 내 있어 차를 빌려 이동하는 것도 가능하지만 뉴욕의 주차난과 주차 요금, 버로Burrow를 오가며 지불하는 톨게이트료 등을 생각하면 자동차 여행은 추천하지 않는다.

JFK 국제공항에서 시내로 나가는 방법 한눈에 보기

구분	에어트레인	지하철	택시	우버	사설 셔틀
장점	공항 터미널 간 무료 운행	대중교통을 이용하기에 가장 편리한 교통 수단, 연중무휴 24시간 운행	가장 빠르고 편리. 주소만 보여주면 되기에 영어 실력이 부족해도 이용에 어려움이 없고, 정차 없이 바로 목적지로 빠르게 이동 가능	앱을 통해 원하는 위치를 콕 찍어 정확하게 이동 가능. 택시와 유사	목적지가 동일한 인원이 함께 탑승하는 셔틀 서비스로 나에게 맞는 서비스를 선택할 수 있음 ★ 고 에어링크 NYC 셔틀, 프라임타임, 올 카운티 익스프레스, ETS 등
단점	–	• 바쁜 시간 이용 불편 • 캐리어 등 큰 짐을 들고 탑승, 계단과 출구 이용이 불편	비싼 요금	교통 체증으로 배차, 이동 시간, 요금 부담 발생 가능	약속한 시간이나 장소에 나타나지 않았을 때 언어 장벽이 큰 방해가 되며 환불은 둘째치고 당장의 이동이 어려워지는 변수를 생각하면 크게 추천하지는 않음
요금	• 무료 • 예외적으로 자메이카역 또는 하워드비치역에서 출발, 도착하는 경우 $8.25	메트로카드/옴니 이용. 이동 거리에 따라 혹은 기간에 따라 차감	JFK 국제공항↔맨해튼 $70 정찰제 ★ 뉴욕주 택스와 시간대별 할증 추가	배차 시 가격이 표시되는데 사람이 몰리는 시간에는 수요, 공급에 따라 택시보다 훨씬 비싸기도 함	탑승 공항과 하차 지역, 인원과 짐 개수 등에 따라 상이하므로 각 서비스의 홈페이지에서 미리 확인 후 예약
시간	–	미드타운 약 50분, 업타운 약 75분	교통 상황에 따라 30~60분, 도로 정체 시 60분 이상 소요	• 교통 상황에 따라 30~60분, 도로 정체 시 60분 이상 소요	• 택시와 유사 • 하차 장소나 도로 상황에 따라 편차 큰 편
이용 방법	• 공항의 모든 터미널 • 연중무휴 24시간 운행	• 지하철 안내판을 따라 역으로 내려가 메트로카드 또는 옴니를 찍고 플랫폼으로 이동, 노선과 방향 확인 후 탑승	• 공항에서 짐을 찾고 택시 승차장 안내 표지판을 따라 이동 • 호텔 체크아웃 시 프런트에 요청 • 카드로 팁 지불 가능 (팁 비율 또는 금액 지정 가능) • 인원 제한은 일반 택시 4인, 미니밴 5인	• 앱을 통해 GPS 위치 지정 또는 출발지-도착지 설정 후 배차 요청 • 1~4번 터미널 이용자는 짐 수령 후 공항을 나오면 곧바로 우버 픽업 존 • 5번 터미널 이용자는 출발 층으로 이동 후 탑승	개별 홈페이지에 정보 기입 후 예약

라과디아 공항에서
LaGuardia Airport, LGA
시내로 나가기

퀸스에 위치한 국내선 전용 공항. 전 뉴욕 시장 피어렐로 헨리 라과디아의 이름을 붙였다. 뉴욕의 세 공항 중 맨해튼과 가장 가깝다.

🏠 www.laguardiaairport.com

> **JFK 국제공항에서 라과디아 공항까지**
> 라과디아 공항과 JFK 국제공항은 대중교통편이나 직행 교통편으로 연결되어 있지 않다. 택시로는 30분 소요되며 사설 셔틀도 이용 가능하다. 뉴어크 리버티 국제공항까지도 사설 셔틀 또는 택시로 이동 가능하다.

버스 Bus

업타운의 여러 지하철역을 지나는 M60과 74th, 61st역을 지나는 Q70 등 버스로 쉽게 찾을 수 있다.

택시 Taxi

탑승 시간의 교통 체증과 거리에 따라 요금이 상이. 기본 요금 $3로 시작하며 평일 오후 4시~8시에는 추가 요금, 오후 8시~오전 6시에는 심야 할증과 뉴욕주 세금 또한 추가된다. 우버 역시 이용 가능하다. JFK 국제공항과 마찬가지로 사설 셔틀도 이용 가능.

시내로 나가는 교통수단 한눈에 보기

구분	버스 M60-SBS	라과디아 링크 Q70 버스	택시
특징	라과디아 공항-맨해튼 업타운을 잇는 일반 버스 노선	퀸스의 잭슨 하이츠(E, F, M, R, 7 노선)와 롱아일랜드 레일로드 노선의 우드사이드역에 정차	가장 빠르고 편리
요금	$2.90	무료	교통 상황에 따라 상이 (구글 맵으로 길 찾기 검색 시 예상 소요 시간과 요금을 알 수 있다)
시간	24시간 운행, 시간표 확인(new.mta.info/document/7631)	24시간, 배차 간격 8~10분	교통 상황에 따라 상이
이용 방법	옴니/메트로카드 사용	옴니/메트로카드 사용	공항의 택시 승차장 안내 표지판을 따라 이동

뉴어크 리버티 국제공항에서
Newark Liberty International Airport
시내로 나가기

바쁜 JFK 국제공항의 항공편을 분산해주는 국제공항이다. 국제선과 국내선, 저비용 항공이 모두 취항하며 뉴저지 옆 뉴어크에 자리한다.

🏠 www.newarkairport.com

> **JFK 국제공항에서 뉴어크 리버티 국제공항까지**
> JFK 국제공항과는 직행 교통편이 없어, 시내로 이동한 후 JFK로 이동해야 한다. 택시로는 75~90분 소요.

에어트레인 →
NJ 트랜짓 NJ Transit
/앰트랙 Amtrak

뉴어크 공항 내 터미널 A, B, C는 에어트레인으로 이동이 가능하며, 종점인 뉴어크 공항 레일링크역Newark Liberty International Airport RailLink Station에서 NJ 트랜짓 또는 앰트랙을 타고 맨해튼으로 이동할 수 있다. 펜Penn역까지 약 30분이 소요되며 시간표는 홈페이지 또는 역에서 확인 후 탑승할 것.

뉴어크 익스프레스
Newark Express

터미널 A 레벨 1, 5번 버스 정류장, 터미널 B 레벨 1, 2번 버스 정류장, 터미널 C 레벨 1, 5, 6번 버스 정류장에서 탑승하며 각각 그랜드 센트럴 터미널, 브라이언트 파크, 포트 오소리티에 정차하니 목적지에 따라 해당 터미널을 찾아 탑승하도록 한다. 연중무휴, 오전 5시~다음 날 오전 1시 운행. 요금은 편도 $18, 왕복 $30다.

택시 Taxi

미터기로 계산. 스태튼 아일랜드를 제외하고는 뉴욕에서 뉴어크 리버티 국제공항 이동 시 평일 오전 6시~9시, 오후 4시~7시, 주말 낮 12시~오후 8시에 $5 추가 요금이 부과된다. 24인치 이상의 캐리어에도 추가 요금이 있으며 62세 이상은 10% 할인받을 수 있다. 카드 결제는 $5.50 수수료를 부과하며 미드타운까지 보통 $50~60 나온다. 우버와 사설 셔틀도 이용 가능.

시내로 나가는 교통수단 한눈에 보기

구분	NJ 트랜짓	뉴어크 익스프레스	택시
특징	—	공항과 맨해튼을 오가는 버스. 연중무휴(05:00~01:00) 운행	가장 편리한 교통수단
요금	$15.75	편도 $18, 왕복 $30	$50~60
시간	약 30분	약 1시간	약 30분
이용 방법	•홈페이지에서 운행 일정 확인 www.njtransit.com	**승하차 정류장** •터미널 A 레벨 1번·5번 정류장→그랜드 센트럴 터미널 •터미널 B 레벨 1번·2번 정류장→브라이언트 파크 •터미널 C 레벨 1번·5번·6번 정류장→포트 오소리티	•24인치 이상 캐리어 요금 추가, 카드 결제 수수료 있음 •평일 06:00~09:00, 16:00~19:00, 주말 12:00~20:00 뉴어크 리버티 국제공항-맨해튼 이동 시 추가 요금 부과

뉴욕
시내 교통

지하철, 버스, 터널, 철도 등을 포함하는 뉴욕과 근교 지역의 대중교통은 MTA(교통국)가 담당한다. 홈페이지(new.mta.info)에서 실시간 운행 시간과 요금 등 최신 정보를 가장 빠르게 확인할 수 있다. 구글 맵Google Map, 뉴욕 지하철 지도New York Subway MTA Map, 시티 매퍼City Mapper, 트랜짓Transit 등의 앱을 이용해 출발점, 도착점을 입력하면 가장 빠른 교통수단과 도착 시간 등을 안내한다.

뉴요커처럼 맨해튼을 누비는 방법, 애비뉴Avenue & 스트리트Street

맨해튼 지리와 길 찾기의 시작과 끝은 애비뉴와 스트리트. 이 둘만 알면 못 갈 곳이 없다. 이름으로 부르는 몇 개의 예외적인 애비뉴(파크 애비뉴, 매디슨 애비뉴, 렉싱턴 애비뉴, 브로드웨이 등)를 제외하고는 남북은 애비뉴, 동서는 스트리트로 구분한다. 남쪽에서 북쪽으로, 동쪽에서 서쪽으로 갈수록 숫자가 높아진다. 동서를 나누는 기준은 맨해튼 중앙에 자리한 센트럴 파크. 더 알아보기 쉽게 스트리트 앞에 W(West, 서쪽), E(East, 동쪽)를 붙이기도 한다.

지하철 Subway

뉴요커들은 '더 트레인The Train'이라 부른다. 모든 역에 정차하는 로컬Local과 지하철 노선도에서 흰 동그라미로 표시된 역에만 정차하는 급행Express이 있고, 두 종류 열차를 모두 운행하는 노선도 있다. 바쁜 시간에만 로컬과 급행을 같이 운행하는 노선도 있어 타기 전에 방향과 열차 종류를 확인하도록 한다.

업타운, 다운타운은 동네를 칭하기도 하지만 현재 본인의 위치에서 윗동네로 가는지 아랫동네로 가는지를 말할 때도 사용한다. 탑승하는 역에서 상향선, 하향선을 각각 업타운, 다운타운이라고 표시한

다. 어떤 역들은 업타운과 다운타운 입구가 다르니 역 출입 전에 특별히 업타운, 다운타운 표시가 있는지 확인하도록 한다. 특별히 명시되어 있지 않으면 업타운과 다운타운 방향 모두 연결되어 있는 출구다. 24시간 운행하는 것이 최대 장점인 뉴욕의 지하철은 출퇴근 시간인 러시아워(월~금 06:30~09:30, 15:30~20:00), 낮(월~금 09:30~15:30), 저녁(월~금 20:00~24:00), 주말(토·일 06:30~24:00), 심야(매일 24:00~06:30) 이렇게 다섯 개 카테고리로 구분되어 배차 간격을 조정, 운행한다. 한국과 다른 점은 뉴욕 모든 지하철역에는 화장실이 없다는 것.

왜 뉴욕 지하철은 숫자와 알파벳을 함께 사용할까?

1900년대를 전후해 탄생한 뉴욕의 지하철은 1953년까지 IRT, BMT, IND라는 세 개의 회사가 공동 운영했다. 공식적으로는 IRT 노선을 뉴욕시 최초의 지하철로 인정하지만 사실상 운영은 다른 회사들이 먼저 했다. 알파벳으로 지정된 노선은 IRT가 운행했고, 숫자 노선들은 BMT와 IND가 담당했다.

버스 Bus

맨해튼 버스는 노선 번호 앞에 M, 브롱크스는 B, 퀸스는 Q가 붙는다. 역시 MTA가 운행한다. 지하철 노선을 보면 대부분 남북으로 시원하게 뻗어 있어, 동서로 이동하는 경우 버스가 더 편하다. 남북으로는 두세 블록마다, 동서로는 애비뉴마다 정차해 지하철에 비해 이동 거리가 짧다. 대신 교통 상황에 따라 소요 시간을 가늠하기가 어렵고 자주 정차하니 참고한다.

메트로카드 MetroCard

지하철과 버스에서 사용 가능한 교통권으로 뉴욕 여행자라면 가장 먼저 구입해야 할 것이 바로 메트로카드다. 지하철 역내 자동판매기에서 구입 후 충전할 수 있다.

종류	1회권 싱글 라이드 Single Ride	충전식 페이퍼라이드 Pay-per-ride	기간제 무제한 탑승권 언리미티드 라이드 Unlimited Ride
요금	$3	첫 구입 시 $1를 수수료로 지불하고 최소 충전 금액인 $5.50 이상 충전 시 5% 보너스 적립 가능	7일권 $33(익스프레스 버스 탑승 포함 시 $62), 30일권 $127
이용 방법	• 충전이 불가능한 카드 • 지하철-버스 환승은 불가능, 버스-버스 환승만 가능 • 첫 버스 탑승 시 환승할 것을 말해야 한다.	• 지하철과 버스 모두 1회 탑승 시 $2.75 차감 • 익스프레스 버스는 $6.75 차감 • 지하철-버스, 버스-버스 환승은 2시간 내 무료	• 하루 이동 거리를 파악할 수 없고 길을 헤맬 가능성이 많은 여행자에게 추천 • 충전식과 동일하게 요금이 차감 • 개시하면 중간에 멈출 수 없이 연속적으로 사용해야 한다.

옴니 OMNY

모바일 교통 카드의 형태로 교통 카드 기능이 있는 신용카드를 터치하면서 결제하는 방식이다. 버스, 지하철, 트램(루스벨트 아일랜드) 모두 이용 가능하다. 동일한 카드를 월요일 00:00부터 일요일 23:59까지 이용할 경우 탑승 1회부터 12회까지는 $2.90가 결제되며, 13회부터는 무료로 탑승 가능하다. 다음과 같은))) 아이콘이 있는 체크/신용카드나 애플페이, 삼성페이 등 스마트페이로 결제 가능하다.

🏠 omny.info

택시 Taxi

뉴욕의 상징과도 같은 옐로 캡Yellow Cab! 1967년 뉴욕시 당국이 무허가 택시를 근절하기 위해 노란 택시만을 허가한 것에서 비롯됐다. 뉴욕의 샛노란 택시는 길에서 손짓 후 잡아타면 된다. 가끔 연두색 택시가 보이는데, 이 택시들은 맨해튼 북쪽, 브롱크스, 브루클린, 퀸스, 스태튼 아일랜드에서만 손님을 태울 수 있다. 커브CURB라는 앱으로 택시를 부를 수도 있다. 요금은 미터기로 계산하며 기본요금 $3에 뉴욕 내 여정이면 도시세 50센트, 평일 오후 4시~8시 $1 할증, 오후 8시~오전 6시 심야 할증 50센트, 맨해튼 쪽에서 96번가 사이의 여정은 교통 체증 할증 $2.50~2.75가 추가된다. 전체 요금에 팁을 얹어 계산하며 현금, 카드 결제 모두 가능하다. 영수증 발급도 요청할 수 있다. 0.25마일마다 또는 정차 시 60초마다 50센트가 추가된다.

다운타운 커넥션 Downtown Connection

다운타운 여행자들을 위한 특별한 무료 버스! 트라이베카 쪽의 워렌 스트리트에서 다운타운 끝인 배터리 파크를 돌아 브루클린 브리지까지 다운타운의 외곽을 훑으며 이동한다. NextBus 앱이나 홈페이지에서 자세한 정류장 지도와 실시간 운행 정보를 받을 수 있다. 매일 오전 10시~오후 7시 30분 다운타운 주변의 36개 정류장에 정차하는 24인승 빨간 버스로 배차 간격은 10~15분.

🏠 www.downtownny.com

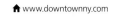

효율적인 여행을 위한
패스와 버스 투어

패스

뉴욕 패스 New York Pass

100개 이상의 명소와 투어 프로그램을 무료로 이용할 수 있는, 뉴욕 패스 중에서 가장 다채롭고 알찬 패스. 일정이 일주일 이상이고 뉴욕의 구석구석을 열심히 보고 싶다면 적극 추천한다. 최대 $400 이상을 절감할 수 있는 경제적인 티켓. 전용 앱을 다운받아 결제해 모바일 티켓으로 쉽게 입장이 가능하다. 1일권 성인 $160, 3일권 성인 $250, 10일권 성인 $401. 1, 3, 10일권 외에도 다양한 옵션이 있다.

🏠 www.newyorkpass.com

뉴욕 시티 패스 New York City Pass

9일간 열 개 명소(엠파이어 스테이트 빌딩, 자연사 박물관, MoMA, 구겐하임 미술관, 에지, 톱 오브 더 록 전망대, 리버티섬·엘리스섬 페리, 서클 라인 크루즈, 9·11 추모 박물관, 인트레피드 해양항공우주 박물관)를 약 40% 할인가에 돌아볼 수 있는 패스로 가격은 성인 $212. 뉴욕에 짧게 머무르는 경우 여섯 개 중 다섯 곳을 선택하는 패스와($138) 세 곳만 선택하는 패스($96)도 있다. 두 티켓 모두 30일간 유효하며 역시 전용 앱을 다운받아 결제해 모바일 티켓으로 쉽게 입장이 가능하다.

🏠 www.citypass.com/new-york

뉴욕 시티 익스플로러 패스 New York City Explorer Pass

100여 개 명소 중 원하는 대로 3, 4, 5, 7 또는 10개를 골라 이용할 수 있는, 여행자의 자율성이 크게 보장되는 패스. 유효 기간은 60일이며 구매 후 2년 안에 사용 가능하다. 최대 할인폭은 54%. 홈페이지, 앱에서 인기 순서대로 나열한 명소 중 원하는 것을 골라 담을 수 있다. 익스플로러 패스 (2개 명소 선택하여 사용) 성인 $90, 올인클루시브 패스 (106개 명소 중 선택하여 무제한 사용) 성인 1일권 $160, 2일권 $250, 3일권 $330. 홈페이지에서 할인가로 구입 가능.

🏠 gocity.com/new-york/en-us

사이트시잉 패스 The Sightseeing Pass

150개 이상의 명소와 투어 중 원하는 개수(2~7, 10, 12개) 또는 일정(1~7, 10일)을 골라 이용한다. 뉴욕 전망대 네 곳(엠파이어 스테이트 빌딩, 톱 오브 더 록, 에지, 원 월드 트레이드 센터)을 모두 포함하는 유일한 패스. 앱을 다운받아 모바일 티켓으로 이용한다. 다섯 개 명소 플렉스 패스 성인 $209, 2일권 성인 $254, 3일권 성인 $334.

🏠 www.sightseeingpass.com/en/new-york

버스 투어

빅 버스 Big Bus

가장 인기 있는, 전 세계적으로 운행하는 빅 버스의 뉴욕 투어 버스. 시내에 정류장이 여럿이라 자유롭게 올라타고 내릴 수 있어 이동 수단으로 쓸 수도, 가이드의 설명을 들으며 투어를 받을 수도 있다. 전체적으로 시내를 모두 돌아보는 클래식 투어, 업타운, 다운타운 등 여러 루트가 있다. 다운타운을 돌아보는 1일 디스커버 요금은 성인 $54(현장 구매 $60). 유사한 루트와 혜택으로 운행하는 여러 업체가 있다. 홈페이지에서 이벤트 가격 할인 행사를 하거나 시내에서 특별가 세일을 하는 등 혜택이 좋은 해당 업체를 이용하도록 한다.

🏠 **빅 버스 투어** www.bigbustours.com/en/new-york/new-york-bus-tours
🏠 **시티 사이트시잉** citysightseeingnewyork.com/en
🏠 **탑뷰** topviewnyc.com

라이드 The Ride

극장처럼 꾸민 버스를 타고 익살스러운 두 MC와 함께 맨해튼을 누비며 도시에 대한 재미있는 이야기를 듣고 야외 공연도 감상하는 즐거운 투어. 영어로 진행하기 때문에 언어가 통하면 더욱 즐겁지만 스트리트 댄서, 발레리나 등 공연이 재미있고 영상 정보도 계속 나와 지루하지 않다. 엔터테인먼트, 다운타운 VR, 드랙 쇼 등 여러 프로그램이 있다. 기본 The Ride는 75분, $79이며, 뉴욕 패스 소지자는 무료.

🏠 www.experiencetheride.com

업타운

미드타운

다운타운

잠들지 않는 도시

미드타운
MIDTOWN

타임스 스퀘어와 브로드웨이를 중심으로 맨해튼 관광의 핫 스폿이 집약되어 있는 미드타운! 뉴욕을 잠들지 않는 도시로 인식하게 만드는 수많은 요소가 모두 모여 있는 화려하고 신나는 동네. 블록마다 볼거리, 놀거리, 먹거리가 다양해 지루할 틈이 없다.

AREA ① 미드타운 이스트, 미드타운 웨스트
AREA ② 첼시
AREA ③ 그래머시, 스타이브슨 타운

뉴욕 여행의 하이라이트

미드타운 이스트, 미드타운 웨스트
Midtown East, Midtown West

#밀도 높은 뉴욕 관광의 핵 #타임스 스퀘어
#접근성과 교통 만점 #숙소 위치로 최적

뉴요커와 관광객들이 촘촘히 얽히고 섥혀 바삐 움직이는
모습을 구경하는 것만으로도 새롭고 즐거운, 타임스 스퀘어가
위치한 미드타운! 사실상 맨해튼 관광의 대부분을 차지한다고
해도 과언이 아닌, 랜드마크 집약적인 뉴욕의 허리. 그렇기에
늘 붐비고 시끄럽다. '잠들지 않는 도시'라는 뉴욕의 별칭은
분명 미드타운 때문에 생겨났을 것이다. 관광 밀도가 높아 명소와
랜드마크, 맛집과 나이트라이프가 밀집된 동네이기에 지도상
그리 넓어 보이지 않아도 많은 시간을 할애하게 된다.

미드타운 이스트,
미드타운 웨스트
이렇게 여행하자

재밌는 거 옆에 더 재밌는 거! 미드타운은 하루 일정을 촘촘하게 짜서 시간을 많이 할애하고 구석구석 여행해야 한다. 무작정 돌아다닐 범위가 아니기에 가볼 명소를 중심으로 스케줄을 계획하자. 뮤지컬이나 공연, 파인 다이닝 등 예약해서 찾아가야 하는 일정 앞뒤로 동선을 짜는 것이 좋다.

BTS가 공연한
그랜드 센트럴 터미널 P.110

뉴욕이 처음이라면 찾지 않을 수 없는
타임스 스퀘어 P.112

문학과 예술에 관심이 많다면
뉴욕 공립 도서관 P.111

뉴욕 대표 미술관
뉴욕 현대 미술관 P.115

지금 핫한 신상 전망대
서밋 원 밴더빌트 P.121

환상적인 도시 뷰를
감상할 수 있는
록펠러 센터 P.108

미드타운 이스트, 미드타운 웨스트
상세 지도

아르데시아 와인 바 **15**

인트레피드 해양항공우주 박물관 **16**

프레스 라운지 **11**

허드슨강

설리반 스트리트 베이커리 **23**

브리치올라 **21**

포켓 바 **29**

고담 웨스트마켓 **24**

꼬치 **02**

버드 앤 브랜치 **27**

웨스트웨이 다이너 **22**

이지 빅터 카페 **16**

마담 투소 **15**

프리드먼스 **17**

스카이락 **05**

34 St - Hudson Yards

34 St - Penn Station

Moynihan Train Hall

34 St - Penn Station

메이시스 **06**

34 St - He

34 St - Penn Station

28 St

0   100m

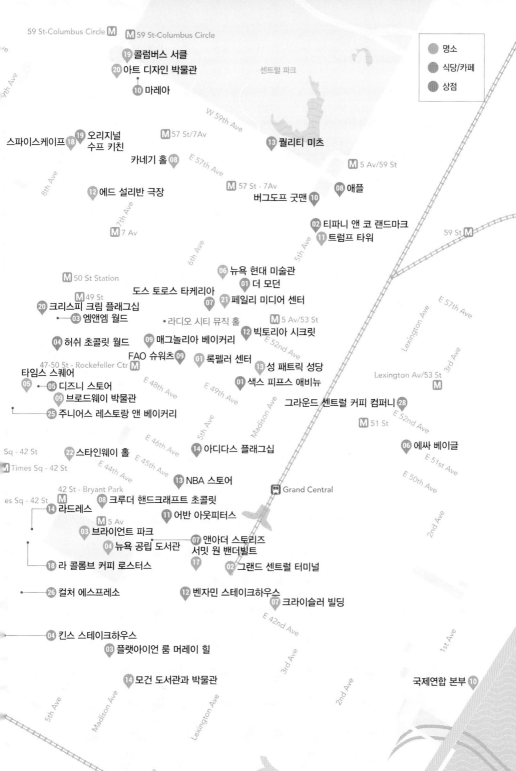

59 St-Columbus Circle Ⓜ Ⓜ 59 St-Columbus Circle

19 콜럼버스 서클
20 아트 디자인 박물관
10 마레아

센트럴 파크

W 59th Ave

13 퀄리티 미츠

57 St/7Av Ⓜ

스파이스케이프 18 19 오리지널
　　　　　　　수프 키친

E 57th Ave

카네기 홀 08

Ⓜ 5 Av/59 St

12 에드 설리반 극장

Ⓜ 57 St - 7 Av
버그도프 굿맨 10

08 애플

8th Ave

7th Ave

02 티파니 앤 코 랜드마크
11 트럼프 타워

Ⓜ 7 Av

6th Ave

5th Ave

59 St Ⓜ

Ⓜ 50 St Station

06 뉴욕 현대 미술관
01 더 모던

도스 토로스 타케리아
20 크리스피 크림 플래그십
• 03 엠앤엠 월드

Ⓜ 49 St

07 21 페일리 미디어 센터

• 라디오 시티 뮤직 홀

E 57th Ave

Lexington Ave

3rd Ave

Ⓜ 5 Av/53 St

04 허쉬 초콜릿 월드

09 매그놀리아 베이커리

12 빅토리아 시크릿

E 52nd Ave

FAO 슈워츠 09

01 록펠러 센터

13 성 패트릭 성당

Lexington Av/53 St

47-50 St - Rockefeller Ctr Ⓜ

타임스 스퀘어
05 • 05 디즈니 스토어
09 브로드웨이 박물관
25 주니어스 레스토랑 앤 베이커리

E 48th Ave

E 49th Ave

Madison Ave

01 색스 피프스 애비뉴

Ⓜ

그라운드 센트럴 커피 컴퍼니 28

Ⓜ 51 St

06 에싸 베이글

Sq - 42 St
22 스타인웨이 홀

E 46th Ave

E 45th Ave

5th Ave

E 51st Ave

Ⓜ Times Sq - 42 St

14 아디디스 플래그십

E 50th Ave

es Sq - 42 St
Ⓜ

42 St - Bryant Park

13 NBA 스토어

🅿 Grand Central

2nd Ave

14 라드레스
Ⓜ 5 Av
03 브라이언트 파크
04 뉴욕 공립 도서관
18 라 콜롬브 커피 로스터스

08 크루더 핸드크래프트 초콜릿
11 어반 아웃피터스
07 앤아더 스토리즈
서밋 원 밴더빌트
17
02 그랜드 센트럴 터미널

26 컬처 에스프레소

12 벤자민 스테이크하우스
07 크라이슬러 빌딩

E 42nd Ave

04 킨스 스테이크하우스
03 플랫아이언 룸 머레이 힐

3rd Ave

1st Ave

14 모건 도서관과 박물관

국제연합 본부 10

5th Ave

Madison Ave

Lexington Ave

2nd Ave

E 34th Ave

Ⓜ 33 St

명소
식당/카페
상점

록펠러 센터 Rockefeller Center

맨해튼 동서로 5번가에서 6번가에 위치한 20여 개의 건물. 8만9000m² 면적의 거대한 부지에 록펠러 가문의 의뢰로 1933년부터 짓기 시작한 아르데코풍 건물로 다양한 높이, 형태, 내용으로 구성되었다. 메트로폴리탄 오페라 하우스를 새로 지으려는 프로젝트를 록펠러 가문이 후원하는 것으로 출발했으나 공사를 추진하던 계획은 무산되고 가문의 이름을 붙인 상업 지구가 되었다.

센터의 핵심은 70층 높이의 컴캐스트 빌딩Comcast Building이며, 360도 파노라마 풍경으로 뉴욕을 다 가진 듯한 짜릿함을 느낄 수 있는 전망대인 톱 오브 더 록Top of the Rock이 자리한다. 엠파이어 스테이트 빌딩을 가장 예쁘게 조망할 수 있는 위치로도 유명하다. 미국의 대표 방송사인 NBC 스튜디오가 이 건물에 있고, 30 Rock이라는 번지수를 제목으로 한 드라마가 큰 인기를 끌기도 했다. 여러 프로그램의 녹화가 이곳에서 이루어지고 연예인들도 종종 볼 수 있다. 맞은편 로어 플라자에는 인터내셔널 빌딩 안뜰에 있는 아틀라스와 더불어 가장 잘 알려진 프로메테우스의 조각상이 서 있고 여름에는 카페 테라스, 겨울에는 아이스 링크로 사용된다. 성탄절이 가까워지면 뉴욕의 크리스마스 시즌을 알리는 크리스마스트리 점등식이 여기서 열린다. 해마다 나무를 전미 또는 해외에서 공수해 온다. 1층에 여러 상점과 맛집이 입점되어 있으며 그중 대형 레고Lego 상점은 꼭 들러보자.

★ 한국에서는 Rockefeller를 대부분 '록펠러'로 표기하고 있지만 실제로 발음은 '롸카펠러'에 가깝다. 현지에서 록펠러 관련 스폿을 찾을 때 유의하자.

🚶 B, D, F, M 라인 47-50 Sts-Rockefeller Ctr역 바로 앞 📍 5 Rockefeller Plaza, New York, NY 10111 🕐 톱 오브 더 록 09:00~24:00(마지막 입장 시간 23:10)
💲 톱 오브 더 록 $40 📞 +1 212-588-8601 🌐 www.rockefellercenter.com

록펠러는 누구?

John Davison Rockefeller
(1839~1937)

자본주의 그 자체라 불린, 스탠더드 오일 Standard Oil을 세운 석유왕. 사망 당시 재산을 현재 화폐 가치로 환산하면 약 500조원으로 역사상 최고 부자다. 구두쇠였으며 무자비하게 사업을 진행해 1890년 독점 금지법도 록펠러 때문에 제정되었다. 말년에는 자선 사업을 활발히 하여 덕망을 쌓았으며, 의료 사업에 막대한 기부를 하고 뉴욕 주변의 강변 경관을 보존하기 위해 뉴저지 땅 280만km²를 사들이는 등 뉴욕을 진심으로 아끼고 사랑한 인물이다. 아버지와 이름이 같아 '주니어'를 붙여 부른 존 D. 록펠러 주니어John Davison Rockefeller Jr.(1874~1960)가 바로 지금의 록펠러 센터 건립에 관여한 인물이다. 역시 탁월한 기업가이자 자선 사업가로, 특히 교육 분야에 많은 돈을 기부했다.

로켓의 신나는 공연
라디오 시티 뮤직 홀
Radio City Music Hall

역동적이고 정확한 군무, 화려한 의상으로 유명한 무용단 로켓Rockettes이 공연하는 6000석 규모의 극장. 로켓의 성탄 시즌 공연인 '크리스마스 스펙태큘러Christmas Spectacular'는 예매를 서둘러야 하는, 뉴욕에서 인기 있는 공연 중 하나다. 록펠러 센터의 일부로 아르데코풍의 인테리어가 화려한 공연 라인업에 흥을 더한다. 연극과 팝 가수, 밴드 등 다양한 장르의 공연이 열린다.

🏃 B, D, F, M 라인 47-50 Sts-Rockefeller Ctr역에서 도보 1분 📍 1260 6th Ave, New York, NY 10020
📞 +1 212-465-6000
🏠 www.msg.com/radio-city-music-hall

뉴욕 미드타운의 아이콘 ······· ②
그랜드 센트럴 터미널 Grand Central Terminal

1913년 문을 연 보자르 양식의 건축물로 당시 혁신적인 설계로 눈길을 끌었다. 뉴욕 메트로폴리탄 지역의 철도 종착역이며 북미에서 뉴욕의 펜Penn역과 토론토 유니언Union역 다음으로 바쁜 기차역이다. 열차들은 지하로 들어오며 건물은 지상 2층으로 되어 있다. 미네르바, 헤라클레스, 머큐리 조각상에 둘러싸인 티파니 유리로 만든 높이 14m의 시계와 1998년 복원한 별자리를 수놓은 듯한 아름다운 천장이 특징이다. 많은 매체에 등장해 낮이 익은 넓은 광장은 1층의 주 승강장. 플랫폼은 총 44개로 세계에서 가장 많고, 아침 출근 시간에는 열차가 58초마다 한 대씩 들어온다. 다이닝 승강장Dining Concourse 아치의 한쪽 끝에서 작게 속삭이면 반대쪽에서 그 소리를 들을 수 있는 독특한 구조로 유명한데, 위스퍼링 갤러리Whispering Gallery라 부른다. 역사가 오래된 오이스터 바Oyster Bar, 고급스러운 캠벨 바Campbell Bar, 천장과 같은 색의 도넛을 파는 도넛 플랜트Donut Plant 등 식당과 상점이 다양하게 자리하고 있다.

🚶 ④⑤⑥⑦ S 라인 Grand Central-42 St역과 연결
📍 89 E 42nd St, New York, NY 10017   📞 +1 212-340-2583
🏠 www.grandcentralterminal.com

브라이언트 파크
Bryant Park

회전목마와 산책로, 스케이트와 범퍼카 등을 탈 수 있는 아이스 링크이자 뉴욕 공립 도서관이 자리한 3만9000m² 넓이의 공원. 뉴욕 이브닝 포스트지의 편집장이었던 노예 폐지론자 윌리엄 컬런 브라이언트의 이름을 붙였다. 미국의 문학가 거트루드 스타인의 동상도 공원 내 세워져 있다. 겨울에는 특히 유럽의 크리스마스 마켓을 모델로 한, 170여 개 상점이 모이는 윈터 빌리지가 인기를 끈다. 공원 내에 그릴 레스토랑과 카페가 있으며 주변에 자리한 블루 보틀, 라 콜롬브 커피 로스터스 P.132, 가브리엘 크루더 등 카페와 식당 모두 추천할 만하다.

🚶 B, D, F, M 라인 42 St-Bryant Pk역 바로 앞　♀ New York, NY 10018
🕐 07:00~22:00　📞 +1 212-768-4242　🏠 bryantpark.org

뉴욕 공립 도서관 New York Public Library

미국에서 워싱턴 D.C.의 국회 도서관 다음으로 규모가 큰 도서관. 셰익스피어의 첫 작품집, 제퍼슨의 독립 선언문 자필 원고, 구텐베르크 성경을 포함해 53만여 건의 자료를 소장하고 있다. '인내'와 '불굴의 정신'을 상징하는 정문 앞 두 마리 수사자 석상은 도서관의 상징과도 같다. 가장 유명한 로즈 메인 리딩 룸 Rose Main Reading Room은 보자르 양식으로 꾸며진 우아하고 기품 있는 공간이다. 아동 도서관이 따로 있으며 곰돌이 푸 Winnie-the-Pooh의 오리지널 인형이 이곳에 있다. 역대 가장 많이 대출된 〈눈 오는 날 The Snowy Day〉 등 여러 서적을 도서관 내 서점에서 구매할 수 있으며 문학 작품을 주제로 한 전시도 종종 열린다.

★ 투어 참여는 홈페이지로 예약 가능

🚶 B, D, F, M 라인 42 St-Bryant Pk역에서 도보 1분
♀ 476 5th Ave, New York, NY 10018　🕐 월·목·금·토 10:00~18:00, 화·수 10:00~20:00, 로즈 메인 리딩 룸 투어 월~토 11:20, 13:30, 15:00, 도서관 전체 투어 월~토 11:00, 14:00
❌ 일요일　💲 무료　📞 +1 917-275-6975
🏠 www.nypl.org/locations/schwarzman

새해맞이를 뉴욕에서 한다면
놓치지 말아야 할 볼 드롭 Ball Drop

1908년 뉴욕 타임스 사옥 완공 기념 행사에서 처음 시작되었으며 미국을 대표하는 새해맞이 행사로 자리 잡았다. 우리가 보신각 종을 치고 이를 생중계하듯 미국 전역에서 함께 즐기며 새해 첫날을 맞이한다.

뉴욕 인기 1등 명소 ······ ⑤
타임스 스퀘어 Times Square

42번가와 7번가, 브로드웨이가 만나는 삼각 지대. 신문사 뉴욕 타임스의 옛 사옥이 위치한 곳이라 그렇게 부르게 되었다. 현재는 매일 30만 명이 찾는 뉴욕에서 가장 인기 있는 명소다. 뉴욕 관광객이 전체 여행 경비의 5분의 1을 이곳에서 사용한다. 세계에서 가장 비싼 광고판들로 사방이 둘러싸여 있으며 공연장이 매우 많고 호텔, 상점, 식당 등 놀거리, 볼거리, 먹거리도 집약되어 언제나 바쁘다. 밤에 가장 시끄럽고 번잡한 곳이기도 하다. 12월 31일 새해맞이 행사, 원 타임스 스퀘어 건물 꼭대기에 매달려 있는 대형 전광식 공이 떨어지는 볼 드롭 때는 발 디딜 틈 없을 정도로 많은 인파가 몰린다.

🚶 N, Q, R, W 라인 49 St역에서 도보 1분 / 7 라인 Times Sq-42 St역에서 도보 1분 /
B, D, F, M 라인 47-50 Sts-Rockefeller Ctr역에서 도보 3분 📍 Manhattan, NY 10036
🏠 timessquarenyc.org

브로드웨이에서 공연 보기

W 42~53번가에 이르는, 맨해튼 남쪽 끝에서 북쪽 끝을 잇는 대로로 주소를 이야기할 때보다 뉴욕 최고의 극장가를 일컫는 용어로 더 자주 사용한다. 41개 극장에서 '라이온 킹' '오페라의 유령' '위키드' 등 뮤지컬과 연극을 상연한다. 실제로 브로드웨이에 주소를 둔 극장으로는 브로드웨이 극장Broadway Theater과 팰리스 극장Palace Theater, 윈터 가든 극장Winter Garden Theater뿐이며 나머지는 주변 일대에 흩어져 있다. 유동 인구가 워낙 많아 주변 상업 시설과 식당가도 매우 붐빈다. 언제 막을 내릴지 기한이 정해지지 않은 공연을 오픈엔드 런Open-ended Run이라 하는데, 많은 인기 공연들이 이런 형태로 장기 공연 중이다. 보통 월요일에 휴관하고 화~일요일 오후 7시 또는 10시에 막을 올린다. 수요일과 토요일에는 마티네Matinée(낮에 펼쳐지는 공연) 공연을 오후 2시에, 일요일에는 오후 1시에 연다.

🚶 B, D, E 라인 7 Av역 / ① ② 라인 50 St / N, Q, R, W 라인 49 St역
📍 Broadway, New York, NY 10019 🏠 www.broadway.com

극장	주요 상영작
알 허쉬펠드 극장 Al Hirschfeld Theater	물랑 루즈 Moulin Rouge
앰배서더 극장 Ambassador Theater	시카고 Chicago
어거스트 윌슨 극장 August Wilson Theater	미인 걸스 Mean Girls
유진 오닐 극장 Eugene O'Neill Theater	북 오브 모르몬 The Book of Mormon
거슈윈 극장 Gershwin Theater	위키드 Wicked
마제스틱 극장 Majestic Theater	오페라의 유령 The Phantom of the Opera
민스코프 극장 Minskoff Theater	라이온 킹 The Lion King
뉴 암스테르담 극장 New Amsterdam Theater	알라딘 Aldadin
리처드 로저스 극장 Richard Rodgers Theater	해밀턴 Hamilton
리나 혼 극장 Lena Horne Theater	식스 더 뮤지컬 SIX The Musical
윈터 가든 극장 Winter Garden Theater	백 투더 퓨처 Back to the Future

오프 브로드웨이 &
Off Broadway
오프 오프 브로드웨이
Off Off Broadway

오프 브로드웨이는 과도하게 상업화되고 오락성을 추구하는 브로드웨이에 대한 반발로 생겨난, 좀 더 작은 규모의 새롭고 혁신적인 공연을 말한다. 보다 더 예술성을 중시하며 무언극, 행위 예술 작품처럼 난해한 공연을 주로 하는 오프 오프 브로드웨이도 있다. 오프 브로드웨이는 500석 이하, 오프 오프 브로드웨이는 100석 이하의 극장에서 공연하고 브로드웨이에 비해 공연 기간도 짧다. 이제는 너무나 잘 알려진 뮤지컬 '렌트'나 '시카고'도 오프에서 먼저 흥행해 브로드웨이에 입성한 만큼 작품 보는 안목이 있다고 자부하는 사람들은 오프와 오프 오프에서 좋은 공연을 찾아 먼저 보는 재미를 누리기도 한다.

예매 Tickets

우리가 한 번쯤 들어본 공연 외에 아직 판권이 확보되지 않아 현지에서만 볼 수 있는 양질의 공연도 많다. 브로드웨이 홈페이지(www.broadway.com) 또는 가장 많은 정보를 담고 있는 잡지 〈플레이빌Playbill〉이나 홈페이지(www.playbill.com)를 통해 어떤 공연을 볼지 정하고 티켓을 구입하는 것을 추천한다. 좋은 자리, 인기 공연은 빠르게 매진되어 온라인으로 예매하는 것이 좋다. 구매처로는 각 극장의 매표소, 홈페이지나 텔레차지(www.telecharge.com), 티켓마스터(www.ticketmaster.com), 플레이빌(www.playbill.com), 시어터마니아(www.theatermania.com) 등의 티케팅 웹사이트가 있다.

① **학생 할인** 당일 아침 매표소가 열릴 때 국제학생증이나 미국 현지 학생증을 제시하면 할인가에 구매 가능하다. 물론 물량이 제한되어 있다.

② **러시 티켓** Rush Ticket 1인당 2매 정도 제한을 두어 구매할 수 있는 티켓으로 크게 할인된 가격으로 판매한다. 러시 티켓이 있는 공연을 미리 확인하고 당일 매표소가 열리자마자 구매하도록 한다. 투데이틱스TodayTix를 통해 온라인, 모바일로 구매할 수 있는 공연도 있다.
🏠 **엔와이틱스** www.nytix.com / **투데이틱스** www.todaytix.com

③ **로터리 티켓** Lottery Ticket 원하는 공연 날짜에 티켓을 신청하면 공연 전날 오후에 당첨자를 발표한다. 그야말로 로또처럼 당첨되어야 구매가 가능해 여러 공연에 신청하는 편인데 확률이 높지는 않지만 할인율이 크니 여행 기간 동안 여러 번 시도해볼 것을 추천한다. 로터리 티켓 홈페이지 외에도 '작품명+lottery'로 검색하면 해당 작품의 로터리 홈페이지가 따로 있으니 찾아볼 것.
🏠 lottery.broadwaydirect.com

④ **TKTS** 타임스 스퀘어와 링컨 센터에 지점이 있는 매표소로 당일 티켓을 최대 50% 할인가에 구입할 수 있다. 오픈 전부터 줄을 서야 하고 원하는 자리를 예매할 확률은 낮지만 할인 폭이 커 대기줄이 항상 길다. 티켓값에 더해 서비스 요금 $4를 추가 지불한다.
🏠 www.nytix.com/tkts

⑤ **스탠딩 룸 온리** Standing Room Only 극장 맨 뒤에서 서서 보는 티켓. 모든 공연에 자리가 있는 것이 아니라 각 공연 및 극장 홈페이지에서 알아보도록 한다. 당일 오전 10시부터 박스 오피스와 인터넷으로 $25부터 판매하고, 매진된 공연에 한해서만 해당 자리가 생긴다.

⑥ **브로드웨이 위크** Broadway Week 연초에 열리는 이 행사 기간 동안에는 티켓 한 장 값으로 두 장을 살 수 있다.
🏠 www.nycgo.com/broadway-week

근대부터 현대까지 대가들의
작품이 여기 모두 ⑥

뉴욕 현대 미술관
The Museum of Modern Art(MoMA)

1929년 근대 예술을 보급하고자 세워진 전시관으로 1880년대부터 현대에 이르기까지 작품들을 소장 및 전시한다. 6층 건물 내에는 약 15만 점의 회화, 판화, 사진, 미디어 등 다양한 장르의 전시품이 있으며 주요 작품은 4층과 5층에 집약되어 있다. 앤디 워홀, 로이 리히텐슈타인, 잭슨 폴락의 현대 미술이 가장 유명하며 고흐, 고갱, 샤갈, 피카소의 작품도 볼 수 있다. 영화 갤러리, 조각 정원, 두 개의 카페와 기념품 상점, 미쉐린 레스토랑 모던P.124이 자리한다. 한국어 오디오 가이드가 있어 작품을 심도 있게 감상할 수 있다. 뉴욕 현대 미술관 바로 뒤 성 토마스 성당에는 제1차 세계대전과 9·11 테러 희생자 기념비가 있으며 일요일마다 오르간 콘서트가 열린다.

🏃 E, M 라인 5 Av-53 St역에서 도보 4분
📍 11 W 53 St, New York, NY 10019
🕐 일~금 10:30~17:30, 토 10:30~19:00
❌ 추수감사절, 크리스마스 💲 성인 $28
📞 +1 212-708-9400 🏠 www.moma.org

우아한 아르데코풍 건축물 ⑦

크라이슬러 빌딩
Chrysler Building

자동차 갑부 월터 크라이슬러의 이름을 내건 높이 319m, 77층의 크라이슬러 빌딩은 이듬해 엠파이어 스테이트 빌딩이 완공되기 전까지 세계에서 가장 높은 건물이었다. 현재는 뉴욕에서 11번째로 높다. 은빛 석재를 깔고 7층 높이 첨탑으로 마무리해 건물이 햇살에 반짝이는 모습을 미드타운에서 고개를 들어 쉽게 볼 수 있다. 내부는 로비만 평일 오픈 시간 내 들어갈 수 있으며 나머지 층은 상업 시설로 임대되어 일반인의 접근이 불가하다.

🏃 ④⑤⑥⑦ S 라인 Grand Central-42 St역에서 도보 1분 📍 405 Lexington Ave, New York, NY 10174 🕐 월~금 08:00~18:00
❌ 토·일요일 📞 +1 212-682-3070

카네기 홀 Carnegie Hall

자선 사업가 앤드루 카네기가 세운 공연장으로 그의 이름을 땄다. 세 개의 오디토리움과 총 3600여 좌석으로 이루어져 있다. 1891년 개관한 이래 차이콥스키, 드보르자크, 말러, 바톡, 조지 거슈윈, 빌리 홀리데이, 비틀스 등 세계 최고의 음악가들이 올랐던 무대로, '카네기 홀로 가는 길은 연습뿐이다'라고 했던 그 유명한 인용구의 주인공이다. 음향 시설이 훌륭하고 공연장 내부도 우아하고 아름다워 음악가들도, 관객들도 꼭 한 번 가볼 만한 곳으로 꼽힌다. 공연장 역사를 집약해 보여주는 로즈 박물관Rose Museum도 있다.

🚶 N, Q, R, W 라인 57 St역 바로 앞
📍 881 7th Ave, New York, NY 10019
📞 +1 212-247-7800
🏠 www.carnegiehall.org

브로드웨이 박물관 The Museum of Broadway

브로드웨이를 주제로 한 최초의 박물관. 2022년 11월, 수많은 뮤지컬 스타들의 축하 속에 오픈했다. 브로드웨이의 뮤지컬, 연극 제작진과 연기자들이 어떻게 한 작품을 올리는지 살펴볼 수 있고, 1700년대부터 현재까지 500여 작품이 막을 올렸던 브로드웨이의 역사를 주요 순간들의 기록과 함께 되짚어볼 수 있다. 브로드웨이 주요 작품과 관련한 행사도 종종 여는데, 최근에는 최초의 브로드웨이 한국 제작진과 캐스트 작품이었던 '케이팝 KPOP' 뮤지컬 출연진을 초청해 이야기를 나누기도 했다.

🚶 N, Q, R, W, ⑦ 라인 Times Sq-42 St역에서 도보 4분
📍 45 W 45th St, New York, NY 10036 🕐 10:00~22:00
💲 $46.82 🏠 www.themuseumofbroadway.com

국제연합 본부
United Nations Headquarters

국제연합 산하 15개 전문 기구는 따로 본부를 갖추고 있고, 총회와 안전보장이 사회가 이 건물을 사용한다. 건물 앞 회원국들의 국기는 국가명 알파벳 순서로 꽂아놓은 것으로, 태극기는 Republic of Korea가 해당되는 R에서 찾아보면 된다. 홈페이지를 통해 투어를 신청해 돌아볼 수 있으며 한국어 투어도 있다. 예약 가능 시간대가 많지 않으니 일정을 짤 때 참고하도록 한다.

🚶 E, M 라인 Lexington Av-53 St역에서 도보 13분　📍 46th St & 1st Ave, New York, NY 10017　🕐 월~금 09:00~16:45(투어 약 45분)　❌ 토·일요일　💲 $26
📞 +1 212-963-4475　🏠 visit.un.org

트럼프 타워 Trump Tower

부동산 재벌이자 미국 제45대 대통령 도널드 트럼프가 본인의 이름을 걸고 세운 높이 202m의 빌딩. 1983년 완공될 당시 뉴욕에서 가장 높은 콘크리트 구조물이었다. 1층부터 6층까지는 트럼프의 이름을 딴 아이스크림 가게, 카페, 스테이크 전문점과 쇼핑몰 등 상업 시설이 있고 그 위로는 사무실과 럭셔리한 거주 시설로 이용한다. 백악관 입성 전까지 트럼프 가족이 꼭대기 층 펜트하우스에 살았다.

🚶 F 라인 57 St역에서 도보 5분
📍 725 5th Ave, New York, NY 10022
🕐 08:00~22:00
🏠 www.trumptowerny.com

뉴욕 토크 쇼 녹화장을 방문해보자 ······ ⑫

에드 설리반 극장 Ed Sullivan Theater

1936년부터 CBS 방송국 프로그램 녹화장으로 사용되어온 극장. 엘비스 프레슬리의 두 번째, 세 번째 TV 출연이었던 '에드 설리반 쇼The Ed Sullivan Show'의 녹화장으로 그의 이름을 붙였고, 1993년부터는 심야 토크 쇼 'The Late Show'의 녹화장으로 유명하다. 데이비드 레터맨의 뒤를 이어 스티븐 콜베어가 진행하고 있으며 일반 대중을 초대해 공연 못지않은 즐거운 볼거리와 특별한 추억을 제공한다. 다른 심야 토크 쇼에 비해 극장이 화려하고 규모가 있다.

🚶 B, D, E 라인 7 Av역에서 도보 1분　📍 1697 Broadway, New York, NY 10019
🕐 공연에 따라 상이함　📞 +1 315-498-5528
🏠 www.edsullivan.com/ed-sullivan-theater

토크 쇼 테이핑

유튜브 등을 통해 이미 한국에도 꽤 알려진 유명 코미디언들이 진행하는 미국 심야 토크 쇼는 보통 할리우드와 뉴욕에서 나누어 녹화를 한다. 뉴욕에서 진행하는 쇼는 스티븐 콜베어의 'The Late Show'를 비롯해 지미 팰런이 진행하는 '투나잇 쇼The Tonight Show Starring Jimmy Fallon'와 'SNLSaturday Night Live', 세스 마이어스가 진행하는 '레이트 나이트Late Night with Seth Meyers', 트레버 노아가 진행하는 '데일리 쇼The Daily Show with Trevor'가 있다. 홈페이지(1iota.com)에서 무료 방청권을 신청할 수 있다. 추첨제라 보장은 할 수 없지만 여러 날짜에 신청해놓으면 5~6개 중 하나는 된다. 통역과 번역은 제공하지 않지만 생생한 방송 현장을 함께할 수 있고 중간중간 음악 공연도 있어 보는 재미가 있다.

뉴욕의 가톨릭 대교구 성당 ······ ⑬
성 패트릭 성당
St. Patrick's Cathedral

1878년 세워진 신고딕 가톨릭 성당으로 2012~2015년 대대적인 보수 공사를 거쳤다. 총 3000명을 수용할 수 있는 북미에서 가장 규모가 큰 성당이다. 첨탑의 높이는 100m. 세계 각국의 장인이 참여해 만든 스테인드글라스, 미켈란젤로의 피에타 조각상보다 크기가 세 배나 큰 피에타 조각상, 부조 장식의 거대한 동문, 두 개의 오르간이 눈여겨볼 특징이다. 영화 '대부' 1편의 세례식 장면을 이곳에서 촬영했다.

🚶 ④ ⑥ 라인 51 St역에서 도보 5분
📍 5th Ave, New York, NY 10022
🕐 07:00~20:30 📞 +1 212-753-2261
🏠 www.saintpatrickscathedral.org

안목 있는 재력가의 컬렉션 ······ ⑭
모건 도서관과 박물관
The Morgan Library & Museum

미국의 금융인 존 피어폰트 모건의 집과 개인 서재가 그의 유언에 따라 1924년 대중을 위한 박물관과 연구 도서관으로 개방했다. 미켈란젤로, 루벤스, 피카소 등의 작품과 세 개의 구텐베르크 성경, 아름다운 제본 기술이 돋보이는 희귀 서적, 문서, 그림 등으로 이루어진 컬렉션을 바탕으로 한다. 일반인 대출은 불가하며 다양한 주제로 전시를 연다. 꼭 들러 봐야 할 곳은 서재 공간으로 낮은 조도와 붉은빛이 감도는 고풍스러운 인테리어, 바닥부터 천장까지 가득 메우는 책장이 인상적이다.

🚶 ④ ⑥ 라인 33 St역에서 도보 6분 📍 225 Madison Ave, New York, NY 10016
🕐 화~목, 토·일 10:30~17:00, 금 10:30~19:00
❌ 월요일, 1월 1일, 추수감사절, 크리스마스 💲 $22 📞 +1 212-685-0008
🏠 https://www.themorgan.org

진짜보다 더 진짜 같은 ⑮

마담 투소 Madame Tussauds New York

유명인들의 밀랍인형을 만들어 전시하는 마담 투소의 뉴욕 지점. 단순히 유명인 옆에서 사진을 찍을 수 있도록 한 것이 아니라 할리우드, 스포츠, 브로드웨이, 뮤지컬, 콘서트 등 다양한 테마로 전시관을 나누어 세트장처럼 배경을 멋지게 꾸미고 직접 분장을 해보거나 재미있는 포즈를 취할 수 있도록 만들어놓았다. 카메라와 핸드폰은 무조건 완전 충전해 가지고 갈 것. 간단한 먹거리를 파는 곳과 기념품 상점도 있다.

🚶 ①②③⑦ 라인 Times Sq-42 St역 바로 앞 📍 234 W 42nd St, New York, NY 10036 🕐 11~3월 수~일 11:00~17:00, 4~10월 수~금 11:00~17:00, 토·일·공휴일 10:00~18:00 ❌ 월·화요일 💲 $59.99(현장가 $64.99) 📞 +1 212-512-9600 🏠 www.madametussauds.com/new-york/en/

허드슨강에 면해 있는 멋진 전시관 ⑯

인트레피드 해양항공우주 박물관
Intrepid Sea, Air & Space Museum

퇴역한 항공 모함을 개조해 만든 박물관. 1982년 개관해 미국 군사와 해양 역사를 다루며 실내 전시와 야외 전시로 구성되어 있다. 야외 전시에선 제2차 세계대전과 베트남전쟁 때 사용했던 USS 인트레피드 해군함, 미사일 잠수함, 대형 선박을 선보인다. 혼자 돌아보며 구경할 수도 있고 20분 동안 콩코드 여객기에 올라볼 수 있는 콩코드 익스피리언스Concorde Experience, 4D 시뮬레이터 탑승, 가이드 투어 등 다양한 프로그램도 마련되어 있다.

🚶 A, C, E 라인 50 St역에서 도보 16분 📍 Pier 86, W 46th St, New York, NY 10036 🕐 수~일 10:00~17:00 ❌ 월·화요일 💲 $36 📞 +1 212-245-0072 🏠 www.intrepidmuseum.org

지금 이 순간 뉴욕에서 가장 인기 있는 전망대 ⸺ ⑰

서밋 원 밴더빌트 Summit One Vanderbilt

엠파이어 스테이트 빌딩도, 록펠러 센터도, 에지Edge도 다 저리 가라고 선언한 뉴욕에서 가장 '신상'인 랜드마크. 전망대가 더 들어설 곳이 있을지, 또 이미 훌륭한 전망대들이 많아 경쟁에서 우위를 점할 수 있을지 모두가 궁금해했으나 개장과 함께 예약이 몇 개월씩 밀리는 등 인기 가도를 달리고 있다. 360도 파노라마 감상이 가능한 공간이나 거울로 시각 효과를 극대화한 공간 등 여러 구역으로 구성되어 있다. 높이 335m에서 매디슨가를 내려다볼 수 있는 전망은 압도적이다. 입장과 12층 유리 엘리베이터 탑승, 칵테일의 조합으로 티켓은 세 종류가 있는데, 일반 입장권인 서밋 익스피리언스는 통유리창 전망대와 칵테일바 입장을 포함한다.

🚶 ⑦ 라인 5 Av역에서 도보 3분 📍 45 E 42nd St, New York, NY 10017
🕐 수~월 09:00~24:00(마지막 입장 22:30) ❌ 화요일 💲 서밋 익스피리언스 $42
🏠 www.summitov.com

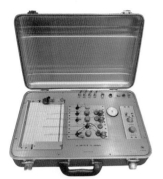

스파이의 세계로 초대합니다 ······ ⑱

스파이스케이프 Spyscape

스파이와 첩보원의 비밀스러운 세계로 안내하는, 상호 작용하는 인터랙티브한 전시관. 영어로 진행되고, 다양한 퀴즈를 풀며 모든 관문을 통과하고 전시를 마치면 본인은 어떤 성향의 스파이 활동이 잘 맞는지를 추천해준다. '제임스 본드'나 '미션 임파서블'과 같은 스파이 테마의 특별 전시도 진행한다.

🚶 N, Q, R, W 라인 57 St-7 Av역에서 도보 3분 📍 928 8th Ave, New York, NY 10019
🕐 월~토 10:00~22:00, 일 10:00~20:00 💲 $44 🏠 spyscape.com

교통 요충지이자 랜드마크 ······ ⑲

콜럼버스 서클 Columbus Circle

업타운과 미드타운의 경계에 위치한 로터리로 뉴욕에서부터 고속도로 길이를 측정할 때 기준점으로 삼는 곳이다. 정중앙에는 이름을 따온, 아메리카 대륙을 발견한 탐험가 크리스토퍼 콜럼버스Christopher Columbus의 기념상이 세워져 있다. 겨울에는 공예품과 인테리어 소품, 크리스마스 선물, 먹거리를 판매하는 홀리데이 마켓이 열린다.

🚶 A, B, C, D, ①② 라인 59 St-Columbus Circle역
📍 New York, NY 10019

아트 디자인 박물관 Museum of Arts and Design

현대 미술의 의미와 발전 ⑳

현대 공예, 미술, 디자인의 혁신사를 돌아보는 전시관. 현대인의 삶을 고취하는 데 있어 어떤 제품들과 작품들이 역할을 하는지 조명한다. 1956년 현대 미국 아티스트들의 공예 기술을 널리 알리는 목적으로 현대 공예 박물관이라는 이름으로 개관했다. 2002년 지금의 이름으로 바꾸고 규모를 세 배나 넓혀 콜럼버스 서클에 자리를 잡았다.

🚶 A, B, C, D, ①② 라인 59 St-Columbus Circle역에서 도보 1분
📍 2 Columbus Cir, New York, NY 10019 🕐 화~일 10:00~18:00
❌ 월요일, 추수감사절 💲 $20 📞 +1 212-299-7777
🏠 madmuseum.org

페일리 미디어 센터 The Paley Center for Media

미디어의 모든 것 ㉑

'텔레비전과 라디오, 방송 박물관'이라는 이름으로 개관했던 곳으로 1975년 윌리엄 페일리가 세웠다. TV와 라디오를 비롯한 미디어 플랫폼이 문화, 창의성, 사회에 미치는 영향을 살펴보고 이에 대한 토론의 장을 마련하는 것이 목적이다. VR 전시와 예전 TV, 라디오 방송 아카이브 자료를 살펴볼 수 있다. 약 15만 개의 프로그램과 광고 자료를 보유 및 전시한다.

🚶 E, M 라인 5 Av-53 St역에서 도보 3분 📍 25 W 52nd St, New York, NY 10019 🕐 수~일 12:00~18:00 ❌ 월·화요일, 1월 1일, 독립기념일, 추수감사절, 크리스마스 💲 $20
📞 +1 212-621-6600 🏠 www.paleycenter.org

스타인웨이 홀 Steinway Hall

피아노 명가 ㉒

1853년 맨해튼에 개업한, 미국 피아노 회사 스타인웨이 앤 선스Steinway and Sons의 플래그십 스토어로 3층에 걸쳐 다양한 모델의 피아노를 전시 및 판매한다. 전속 계약된 스타인웨이 아티스트들의 공연이 종종 열리기도 한다.

🚶 B, D, F, M 라인 42 St-Bryant Pk역에서 도보 1분
📍 1133 6th Ave, New York, NY 10036
🕐 월~금 09:00~18:00, 토 09:00~17:00, 일 12:00~17:00
📞 +1 212-246-1100 🏠 www.steinwayhall.com

더 모던 The Modern

프렌치 아메리칸 퓨전 요리를 선보인다. 뉴욕에서 보기 드문 노 팁No Tip 레스토랑으로 런치는 3코스와 6코스 두 가지, 디너는 6코스 한 가지다. 음식에 대한 차분하고 친절한 설명과 미술관 내 레스토랑다운 정갈하고 예쁜 식기, 맛깔난 음식 모두 흠잡을 데 없다. 정원 풍경이 예쁘니 예약할 때 창가 자리를 부탁하자. 페이스트리 셰프는 한국인 김지호 셰프다.

🚶 E, M 라인 5 Av-53 St역에서 도보 4분
📍 9 W 53rd St, New York, NY 10019
🕐 월~토 11:30~14:00, 17:00~21:00,
   일 11:30~14:00 💲 디너 6코스 $250
📞 +1 212-333-1220
🏠 www.themodernnyc.com

꼬치 Kochi

이름 그대로 꼬치를 이용한 독창적인 한식 코스 요리를 맛볼 수 있는 곳. 한국 전통 요리를 현대적으로 해석해 미국인들의 입맛도 사로잡았다. 메뉴가 영어와 한글로 표시되어 있고, 계절 식재료를 사용한 비빔밥은 물론이고 물회, 새우전, 보쌈 등 뉴요커에게 낯설고도 친숙한 다양한 한식을 선보인다.

🚶 A, C, E 라인 50 St역에서 도보 10분 📍 652 10th Ave, New York, NY 10036
🕐 월~목 17:00~21:30, 금·토 17:00~22:00, 일 17:00~21:00
💲 테이스팅 메뉴 $145, 술 페어링 $65 📞 +1 646-478-7308 🏠 kochinyc.com

라이브 재즈 공연과
함께하는 ······ ③
플랫아이언 룸
머레이 힐
The Flatiron Room Murray Hill

뛰어난 품질의 미국 요리를 선보인다. 희귀하고도 신선한 식재료를 공수하기에 자주 바뀌는 치즈와 샤퀴테리 셀렉션이 돋보인다. 시크한 실내 자리도 좋고, 야외 테이블 자리도 있다. 식사하기 전 바 자리에서 칵테일을 마시면서 공연을 감상하다 자리를 안내받을 수 있어 예약 시간보다 일찍 가는 편이 오히려 더 좋다. 층층이 초코 크림을 쌓아올린 초코 케이크가 유명하니 디저트 배를 따로 남겨 놓을 것.

🚶 ④ ⑥ 라인 33 St역에서 도보 7분 📍 9 E 37th St, New York, NY 10016
🕐 화~토 17:00~23:00, 일 11:30~15:30, 17:00~22:00 ❌ 월요일 💲 농어구이 $42,
볼로네제 $36 📞 +1 212-725-3866 🏠 https://theflatironroom.com

스테이크의 명가 ······ ④
킨스 스테이크하우스 Keens Steakhouse

런던에서 창단한 극단, 문학 클럽 매니저였던 알버트 킨이 1885년 개업했다. 남성들만 출입이 가능하던 곳이었으나 영국 여배우 릴리 랭트리가 1905년 소송 후 승소했고,

멋지게 차려입고 들어가 킨스의 대표 메뉴 머튼찹을 주문했다는 일화가 있다. 모든 고기는 USDA 프라임 등급으로 스테이크하우스에서 직접 선별해 드라이에이징한 것이다. 양고기 머튼찹, 프라임 립 등이 인기 메뉴다. 독특하게도 세계에서 가장 방대한 처치워든 파이프Churchwarden Pipe 컬렉션을 소유한 것으로도 유명하다.

🚶 B, D, F, M, N, Q, R, W 라인 34 St-Herald Sq역에서 도보 1분
📍 72 W 36th St, New York, NY 10018 🕐 월~금 11:45~
21:30, 토 12:00~21:30, 일 12:00~21:00 💲 머튼찹 $68,
프라임 립 $72 📞 +1 212-947-3636 🏠 www.keens.com

핫하고 핫한 불목, 맨해튼의 밤 ......⑤
스카이락 The Skylark

금요일 밤으로는 충분하지 않은 걸까. 뉴욕의 여러 바와 클럽, 라운지는 목요일에도 주말처럼 바쁘고 신난다. 30층의 화려한 야경 뷰와 카메라 셔터를 절로 누르게 하는 멋진 테라스, 맛있는 칵테일로 분위기가 흥겹고 트렌디한 이곳은 목요일 밤을 시작하기 딱 좋다. 테라스에 포토 타임을 위해 마련해놓은 조명이 있으니 칵테일 잔을 들고 나가보자. 시그니처 칵테일은 역시 '스카이락'.

🚶 N, Q, R, W 라인 Times Sq-42 St역에서 도보 2분 📍 200 W 39th St, New York, NY 10018 🕐 월~금 16:30~24:00 ❌ 토·일요일 💲 시그니처 칵테일 $20 📞 +1 212-257-4577 🏠 theskylarknyc.com

미드타운 대표 베이글 가게 ......⑥
에싸 베이글 Ess-a-Bagel

여러 종류의 베이글로 주문자를 고민하게 하는 베이글 가게. 대부분의 뉴욕 베이글 가게에서는 속 재료뿐만 아니라 베이글과 크림치즈 종류를 취향에 따라 선택할 수 있어 내 맘에 쏙 드는 베이글 샌드위치를 주문할 수 있다. 첫 방문이라면 가장 인기 있는 메뉴인 연어, 토마토, 양파 등이 들어간 시그니처 페이버릿Signature Favorite을 추천한다. 한입에 다 넣을 수 있는 적당한 두께로 속을 넣어주어 혼자 하나를 다 먹기에 부담스럽지 않다.

🚶 ④⑥ 라인 51 St역에서 도보 2분 / E, M 라인 Lexington Av-53 St역에서 도보 2분 📍 831 3rd Ave, New York, NY 10022 🕐 06:00~17:00 💲 시그니처 페이버릿 $16.95 📞 +1 212-980-1010 🏠 www.ess-a-bagel.com

도스 토로스 타케리아 Dos Toros Taqueria

수많은 타코 가게 중 뉴요커에게 1등으로 꼽히는 몇 안 되는 곳으로 뉴욕에 지점이 여럿 있다. 부리토 나 타코, 케사디야, 보울, 샐러드, 나초 중 하나를 고른 후 치킨, 돼지고기, 소고기, 밥과 콩 볶음 등 주가 되는 토핑을 선택하고 추가 토핑을 원하는 대로 골라 주문한다. 고기 종류, 토핑 개수에 따라 금액이 달라진다. 늘 인기가 많아 줄을 서서 기다리며 어떤 토핑을 고를지 고민하자.

🚶 E, M 라인 5 Av-53 St역에서 도보 4분 📍 52 W 52nd St, New York, NY 10019 🕐 월~금 11:00~20:00 ✖ 토·일요일 💲 카르니타스(돼지 어깨살) $8.99 📞 +1 347-305-7765 🏠 www.dostoros.com

크루더 핸드크래프트 초콜릿

Kreuther Handcrafted Chocolate

셰프의 이름을 걸고 성업 중인 미쉐린 투 스타 레스토랑 가브리엘 크루더Gabriel Kreuther 내 자리한 수제 초콜릿 브랜드. 시칠리아 피스타치오 등 세계 각지에서 최고급 재료를 공수해 작품 같은 초콜릿을 빚어낸다. 한국 출신의 수석 쇼콜라티에는 여러 미쉐린 레스토랑의 디저트를 담당해온 실력자. 초콜릿뿐만 아니라 페이스트리와 캔디류도 판매한다.

🚶 B, D, F, M ⑦ 라인 5 Av-Bryant Pk역 바로 앞 📍 41 W 42nd St, New York, NY 10036 🕐 월~금 10:00~18:00 ✖ 토·일요일 💲 크런치 크리스피 초콜릿 $20, 마카롱 12개입 박스 $42 📞 +1 212-201-1985 🏠 kreutherchocolate.com

매그놀리아 베이커리 Magnolia Bakery

1996년 오픈한 베이커리 체인으로 뉴욕에 여러 지점이 있다. 특히 여러 종류의 맛과 아이싱으로 만드는 컵케이크와 촉촉한 바나나 푸딩으로 유명하다. 케이크를 만들고 남은 반죽으로 컵케이크를 구웠던 것이 크게 인기를 끌었다. 드라마 '섹스 앤 더 시티'를 비롯해 여러 매체에 소개되어 전 세계적으로 유명해졌다. 한국에도 지점이 있다.

🚶 B, D, F, M 라인 47-50 Sts-Rockefeller Ctr역에서 도보 1분 📍 1240 6th Ave, New York, NY 10020 🕐 09:00~21:00 💲 컵케이크 $4.15 📞 +1 212-767-1123 🏠 www.magnoliabakery.com

특별한 식사를 위해 발 빠르게 예약 ⑩

마레아 Marea

이탈리아 해산물과 홈메이드 파스타를 전문으로 하는 고급 레스토랑. 예약을 서둘러야 하는 미쉐린 원 스타 레스토랑으로 현대적이고 세련된 이탈리아와 뉴욕의 조합을 목적으로 센트럴 파크 바로 앞에 문을 열었다. 신선한 재료로 만드는 파스타는 꼭 먹어봐야 하고, 생선과 육류로 이루어진 메인 요리도 모두 맛있어 혼자보다는 여럿이 함께 가서 다양하게 주문해 골고루 맛보기를 추천한다. 유럽 각지에서 엄선해 가져온 와인은 가격도 맛도 훌륭하다. 음식에 충실한 군더더기 없는 플레이팅과 센스 넘치는 서비스도 이곳 명성에 한몫한다.

🚶 A, B, C, D, ① ② 라인 59 St-Columbus Circle역에서 도보 1분 📍 240 Central Park S, New York, NY 10019 🕐 16:00~21:00 💲 굴 6조각 $27, 파스타 $38 📞 +1 212-582-5100 🏠 www.marea-nyc.com

화려한 밤을 위해 한잔 ⑪

프레스 라운지 The Press Lounge

잉크48Ink48 호텔 루프톱에 위치한 화려한 바. 360도 파노라마 뷰로 시내와 허드슨강 야경을 감상할 수 있다. 오리지널 레시피 칵테일도 훌륭하고 서비스도 전문적이다. 생각보다 넓어 다양한 느낌의 공간을 즐길 수 있다. 차려입고 멋진 밤을 보내고 싶다면 프레스 라운지를 선택해보자. 밤이 깊을수록 붐빈다.

🚶 A, C, E 라인 50 St역에서 도보 12분 📍 653 11th Ave, New York, NY 10036 🕐 수~일 17:00~24:00 ❌ 월·화요일 💲 칵테일 $21 📞 +1 212-757-2224 🏠 www.thepresslounge.com

뉴요커의 픽, 최고의 스테이크 ······⑫
벤자민 스테이크하우스 Benjamin Steakhouse

벽난로가 있어 따스함이 감도는 드라이에이징 전문 그릴 레스토랑. 스테이크하우스지만 애피타이저는 전부 해산물이며 생선으로 만든 메인 요리도 있다. 다양한 샐러드와 수프, 사이드 메뉴도 추천한다. 스테이크가 워낙 두툼하고 맛있어 한입 먹고 나면 다른 생각이 들지 않고 칼질에 매진하게 된다.

🚶 ④⑤⑥⑦ S 라인 Grand Central~42 St역에서 도보 2분 ♥ 52 E 41st St, New York, NY 10017 🕐 월~금 07:30~22:30, 토 16:00~22:30(07:30~10:30까지는 아침식사만 가능, 스테이크 메뉴 X) ❌ 일요일 ⑤ 런치 프리픽스(3코스 세트메뉴) $45 📞 +1 212-297-9177 🏠 www.benjaminsteakhouse.com

두툼한 스테이크, 낮은 조도, 맛있는 와인 ······⑬
퀄리티 미츠 Quality Meats

정직한 상호명 그대로, 품질 좋은 고기를 맛있게 구워 훌륭한 와인과 함께 선보이는 곳. 캐주얼하지도, 너무 부담스럽게 고급스럽지도 않아 그저 고기가 목적인 저녁, 제대로 된 식사를 위해 출동하기 좋다. 뉴욕을 대표하는 스테이크하우스들의 자리를 위협하는 신흥 강자. 입장하면 바로 보이는 작은 바에서 칵테일을 한잔 마시며 입맛을 돋우는 것도 좋다.

🚶 F 라인 57 St역에서 도보 1분 ♥ 57 W 58th St, New York, NY 10019 🕐 월~금 11:30~15:00, 17:00~23:00, 토·일 17:00~23:00 ⑤ 필레 미뇽 $57, 뉴욕 스트립 스테이크 $57 📞 +1 212 371-7777 🏠 www.qualitymeatsnyc.com

브라이언트 파크 앞 비스트로 명당 ········ ⑭

라드레스 L'Adresse

고급스러운 분위기의 넓고 바쁜 홀을 맛있는 냄새가 가득 채우는, 아메리칸 비스트로를 표방하는 곳이다. 말차 프렌치토스트 등 세계 각국에서 영감받은 것 같은 퓨전 느낌 물씬 나는 요리가 많다. 국적 따지지 않고 그저 맛있으면 된다는 주의라면 추천. 매우 넓은데도 빠르고 친절한 서비스가 인상적이다. 공원 전망이 좋으니 예약할 수 있다면 창가 자리를 부탁하자.

🚶 ④⑤⑥⑦ S 라인 Grand Central-42 St역에서 도보 2분 📍 1065 6th Ave, New York, NY 10018 🕐 월~수 09:00~21:00, 목~토 09:00~21:30, 일 09:00~15:30
💲 말차 프렌치토스트 $23, 트러플 버거 $39 📞 +1 212-221-2510
🏠 ladressenyc.com

매일 밤 찾고 싶은 ········ ⑮

아르데시아 와인 바
Ardesia Wine Bar

뉴요커가 알려주기 싫어하는 곳들이 있다. 너무 인기가 많아지면 아까울 정도로 좋은 가게, 이곳도 그중 하나다. 이미 만석일 때가 많지만, 발 디딜 틈 없이 정신 없지는 않다. 테이블 간격도 꽤 넓고 인테리어도 미니멀해 친밀한 분위기가 감돈다. 음식도 맛있고 합리적인 가격의 와인 셀렉션이 훌륭해 비교적 부담없이 자주 찾기 좋다. 글라스로 시킬 수 있는 와인 종류만 30가지가 넘는다.

🚶 A, C, E 라인 50 St역에서 도보 9분 📍 510 W 52nd St, New York, NY 10019
🕐 일~수 12:00~22:00, 목~토 12:00~23:00
💲 로스티드 콜리플라워 $12, 치즈와 샤퀴테리 3종 $24
📞 +1 212-247-9191 🏠 www.ardesia-ny.com

아침 일찍 문을 여는 ······ ⑯
이지 빅터 카페 Easy Victor Café

매일 직접 매장에서 빵을 구워내
고 커피 맛도 좋은, 컬러풀하고
세련된 분위기의 카페. 퀸아망,
바나나 치즈케이크, 여러 종류
의 바게트 등 여느 카페와는 차
별화된, 신경 쓴 베이커리 메뉴가 돋
보인다. 베이커리 외에 식사할 만한 음
식도 있어 간단한 점심 식사하러 찾기에 좋다. 바로 옆
에는 85개 좌석으로 이루어진 레가시 레코즈Legacy
Records 레스토랑, 와인과 칵테일을 판매하는 애다스
플레이스Ada's Place 바도 있다.

🚶 A, C, E 라인 34 St-Penn역에서 도보 12분
📍 517 W 38th St, New York, NY 10018
🕐 화~토 08:00~15:00 ❌ 월·일요일
💲 아메리카노 $4.25 📷 @easyvictorcafe

치킨과 와플, 멋진 짝꿍 ······ ⑰
프리드먼스 Friedman's

'공짜 점심이란 없다'라는 말을 한 경제학자 밀턴 프리드먼의 이
름을 붙인 현대적인 아메리칸 식당. 닭튀김과 와플로 유명하며
농부들과 직거래해 신선한 식재료를 공수해온다. 맥주와 짝을
지어 치킨을 먹어온 한국인들에게는 치킨과 와플 조합이 낯설
겠지만 미국에서는 매우 인기 있는 콤보. 특히 브런치에 자주 주
문한다. 글루텐 프리 메뉴도 많아 소화가 잘되는 한 끼를 배불
리 먹을 수 있다. 뉴욕에 여덟 개 지점이 있다.

🚶 A, C, E 라인 34 St-Penn역에서 도보 7분 📍 450 10th Ave, New
York, NY 10018 🕐 월~금 11:00~21:00, 토·일 10:00~21:00
💲 프리드먼스 버거 $20, 닭튀김과 체더 와플 $28
📞 +1 212-268-1100 🏠 www.friedmansrestaurant.com

필라델피아에 본사를 둔 로스터리 카페 ······ ⑱

라 콜롬브 커피 로스터스 La Colombe Coffee Roasters

중간 유통을 거치지 않고 커피를 직수입하는 카페로 콜드 프레스한 에스프레소와 우유로 만드는 드래프트 라테Draft Latte가 시그니처 메뉴다. 오리지널을 포함해 트리플, 바닐라, 모카 등 여러 종류가 있다. 캔으로도 판매하며 오트밀 라테, 초콜릿 밀크, 호박 스파이스 드래프트 라테 등 이곳만의 커피 종류가 많다.

🚶 B, D, F, M, ⑦ 라인 42 St-Bryant Pk역에서 도보 1분 　📍 Seven Bryant Park Building, 1045 6th Ave, New York, 10018 　🕐 08:00~15:00 　💲 드래프트 라테 캔 4팩 $12
📞 +1 917-386-0157 　🏠 www.lacolombe.com

따끈한 수프가 생각날 때 ······ ⑲

오리지널 수프 키친

The Original Soup Kitchen

"당신에게는 수프 안 줘!No soup for you!"라는 대사로 엄청나게 유명해진, 미국 드라마 '사인펠드'의 '수프 나치'라는 에피소드의 모티브가 된 가게. 방송 이후로 인기가 폭주해 뉴욕의 명물이 되었다. 랍스터 비스크, 잠발라야, 버팔로 치킨, 새우 콘 차우더, 토마토와 브로콜리 등 다양한 맛의 수프를 세 가지 사이즈로 판매한다

🚶 N, Q, R, W 라인 57 St/7Av역에서 도보 3분
📍 259 W 55th St, New York, NY 10019 　🕐 11:00~20:00
💲 수프 $6~ 　📞 +1 212-956-0900

잠들지 않는 도넛 메이커 ····· ⑳
크리스피 크림 플래그십
Krispy Kreme Flagship

24시간 따끈한 도넛을 찍어내는 크리스피 크림의 플래그십이 2020년 가을, 타임스 스퀘어에 오픈했다. 줄을 서서 기다리며 유리창 너머 도넛 만드는 모습을 볼 수 있다. 도넛이 나올 때 들어오는 빨간 'HOT NOW' 사인은 멀리서도 보이니 방금 만들어 설탕 글레이즈를 입힌 쫄깃한 크리스피가 먹고 싶다면 불이 반짝일 때 얼른 매장으로. 한국 크리스피 매장에서는 판매하지 않는 도넛 종류도 볼 수 있다. 연중무휴 24시간 운영.

🚶 N, Q, R, W 라인 49 St역에서 도보 1분 / ① ② 라인 50 St역에서 도보 1분 📍 1601 Broadway, New York, NY 10019
🕐 24시간 💲 오리지널 글레이즈드 $1.50 📞 +1 646-540-1153
🏠 krispykreme.com/location/new-york-times-square

세련된 투박함이 독특한 바 ····· ㉑
브리치올라 Briciola

이탈리아 베네치아 지역의 한입 거리 스낵을 말하는 치케티Cicchetti를 전문으로 하는 바. 종류가 다양해 이것저것 골라 와인과 곁들이기에 좋다. 파스타와 샐러드 메뉴도 있으며 치즈, 살라미, 그리고 계절 식재료로 준비하는 그날의 스페셜 메뉴도 있다. 칵테일도 맛있고 이탈리아 와인도 다양하다. 그리 넓지 않아 아늑하고 친밀한 분위기가 더욱 마음에 든다.

🚶 A, C, E 라인 50 St역에서 도보 3분 📍 370 W 51st St, New York, NY 10019
🕐 일~목 11:30~24:00, 금·토 11:30~01:00 💲 치케티 $16, 스프리츠 칵테일 $12
📞 +1 646-678-5763 🏠 www.briciolawinebar.com

진짜 뉴욕 다이너 ······ ㉒

웨스트웨이 다이너 Westway Diner

푸짐한 양과 편안하고 부담 없는 느낌의, 아침 일찍 부지런히 여는 다이너. 오전 10시 전에 주문 가능한 베스트 아침 메뉴를 번호를 붙여 모아놓았다. 방대한 선택권에 결정 내리는 것이 어렵다면 그래놀라, 콘비프, 멕시칸 오믈렛 등 다양한 선택지 중 하나를 골라보자.

🚶 A, C, E 라인 42 St-Port Authority역에서 도보 3분
📍 614 9th Ave, New York, NY 10036
🕐 07:00~22:00　💲 오늘의 수프 $3.99, 팬케이크 $8.99
📞 +1 212-582-7661　🏠 www.westwaydiner.com

신뢰받는 맛있는 빵집 ······ ㉓

설리반 스트리트 베이커리
Sullivan St. Bakery

조각을 공부하러 이탈리아에 갔다가 빵을 만난 주인의 철학이 담긴 베이커리. 1994년 오픈한 이래 꾸준히 사랑받아온 매장에는 고소한 빵 내음이 진동한다. 초콜릿, 바닐라 크림, 잼으로 속을 꽉 채운 도넛 봄볼로네Bombolone나 투박한 그레인 빵 등 다양한 품목을 아침 일찍부터 커피 등 음료와 판매한다. 앉을 자리도 있어 먹고 가도 좋다.

🚶 A, C, E 라인 50 St역에서 도보 11분　📍 533 W 47th St, New York, NY 10036　🕐 08:30~16:30　💲 봄볼로네 $3.50
📞 +1 212-265-5580　🏠 www.sullivanstreetbakery.com

메뉴 고르기가 어렵다면 ······ ㉔

고담 웨스트 마켓 Gotham West Market

여러 맛집이 모여 있어 입맛 다른 일행을 모두 만족시킬 수 있다. 캐주얼하고 밝은 분위기의 푸드코트 내에는 피시 타코, 랍스터 롤이 맛있는 시모어스Seamore's, 간식으로 적당한 슬라이스 피자를 파는 코너 슬라이스Corner Slice, 라 팔라파 타코 바La Palapa Taco Bar 등 인기 맛집들이 모여 있다.

🚶 A, C, E 라인 50 St역에서 도보 14분
📍 600 11th Ave, New York, NY 10036
🕐 11:00~21:00　💲 가게별로 상이
📞 +1 212-582-7940　🏠 gothamwestmarket.com

치즈케이크 명가 ⑤

주니어스 레스토랑 앤 베이커리
Junior's Restaurant & Bakery

브루클린 본점이 있지만 아이러니하게도 맨해튼을 대표하는 타임스 스퀘어에 자리한다. 치즈케이크가 유명하지만 바비큐, 칵테일 등 식사와 주류도 다양하다. 홀케이크로도, 조각으로도 판매해 숙소에서 먹어도 좋다. 뉴요커들은 이곳과 다운타운 에일린스 P.203의 치즈케이크를 두고 어디가 최고인지 종종 열띤 토론을 벌인다.

🚶 N, Q, R, W 라인 49 St역에서 도보 1분 📍 1515 Broadway, W 45th St, New York, NY 10036 🕐 일·월 07:00~23:00, 화~목 07:00~24:00, 금·토 07:00~01:00 💲 플레인 치즈케이크(조각) $8.95
📞 +1 212-302-2000 🏠 www.juniorscheesecake.com

커피도 빵도 잘해요 ⑥

컬처 에스프레소 Culture Espresso

작아도 있을 건 다 있다. 블렌드는 판매할 정도로 맛있으며 바리스타 솜씨도 훌륭해 커피만 후루룩 마시고 가는 정통 이탈리안 에스프레소 바 같으면서도 베이커리, 샌드위치도 맛있어 간단한 식사도 가능하다. 특히 초콜릿 칩 쿠키가 유명하다. 뉴욕 내 여러 지점이 있다.

🚶 B, D, F, M 라인 42 St-Bryant Pk역에서 도보 2분
📍 72 W 38th St, New York, NY 10018
🕐 07:00~19:00 💲 플랫 화이트 $4.25
📞 +1 212-302-0200 🏠 www.cultureespresso.com

동네 사람들이 좋아하는 편안한 카페 ⑦

버드 앤 브랜치 Bird & Branch

부부가 운영하는 친절한 카페. 깔끔하고 밝은 분위기와 맛있는 커피, 직접 만드는 베이커리가 있어 아침을 먹으러 오는 단골들이 많다. 자체 제작 상품도 한편에서 판매한다. 견과류 우유를 사용한 음료, 마시멜로, 강황 등을 넣은 시그니처 커피 메뉴도 있다.

🚶 A, C, E 라인 50 St역에서 도보 7분 📍 359 W 45th St, New York, NY 10036 🕐 월 07:00~18:00, 화~금 07:00~19:30, 토 08:00~19:30, 일 08:00~18:00 💲 아메리카노 $3.75, 아몬드 마카다미아 라테 $5.75 📞 +1 917-265-8444 🏠 birdandbranch.com

일찍 열고 일찍 닫아요 ······ 28

그라운드 센트럴 커피 컴퍼니
Ground Central Coffee Company

부지런한 아침형 인간들을 위한 출근용 카페인 충전소. 간단히 베이글과 커피로 아침 식사를 하러 오기에 안성맞춤이다. 하루를 일찍 시작했다면 천장까지 책으로 가득 채운 책장 앞 편안한 소파 자리에서 여유 있게 모닝 커피를 마실 수 있다. 뉴욕에 여러 지점이 있는데, 각 지점마다 동네의 특성을 그림으로 나타낸 벽화가 있다. 호주 아티스트 히스코의 작품이라고.

🚶 ⑥ 라인 51 St역에서 도보 1분 　📍 155 E 52nd Street, 3rd Ave, New York, NY 10022
🕐 월~금 06:30~19:00, 토·일 08:00~17:00 　💲 카푸치노 $4.75
📞 +1 646-609-3982 　🏠 www.groundcentral.com

베이비 샤크! 뚜루루뚜두 ······ 29

포켓 바 Pocket Bar

술을 주문하면 작은 아기 상어 피규어를 장식해주는 아기자기한 바. 몇 테이블 되지 않으며 바 자리도 좁아 아늑한 동네 바 느낌이 난다. 관광객은 찾아보려야 찾을 수 없고, 상그리아가 가장 인기 있다. 여러 탭에서 시원하게 바로 뽑아주는 생맥주도 맛있다. 기본 안주는 종이 박스에 듬뿍 담아주는 짭짤한 팝콘. 정체성 확실하게 깜찍한 곳이다. 바로 뒤에 있는 백 포켓 바Back Pocket Bar도 함께 운영한다.

🚶 A, C, E 라인 50 St역에서 도보 7분
📍 455 W 48th St, New York, NY 10036
🕐 일~수 16:00~00:30, 목 16:00~01:00,
금·토 16:00~24:00
💲 상그리아 $15, 로제 $16
📞 +1 646-682-9062
🏠 www.pocketbarnyc.com

뉴욕 최고의 백화점은 바로 여기 ⋯⋯⋯ ①

색스 피프스 애비뉴 Saks Fifth Avenue

앤드루 색스가 1898년 워싱턴 D.C.에서 창업해 현재 전 세계 40여 개 매장이 있
는 고급 백화점. 본점은 쇼핑 1번지인 뉴욕 5번가에 위치하고 있다. 화장품, 의류
등 최고급 브랜드만 입점하며 자체 브랜드 상품도 판매한다. 이전 시즌 상품을
좋은 가격으로 판매하기 때문에 명품 브랜드 매장에서 사는 것보다 훨씬 더 이
득이다. 이곳에서 판매되지 않은 이월 상품은 추가 할인 가격으로 아웃렛 색스
오프 피프스Saks Off Fifth(125 E 57th St, New York, NY 10022)에서 판매한다.

🚶 E, M 라인 5 Av~53 St역에서 도보 4분　📍 611 5th Ave, New York, NY 10022
🕐 월~토 11:00~19:00, 일 12:00~18:00　📞 +1 212-753-4000
🏠 www.saksfifthavenue.com/locations/s/newyork

5번가, 뉴욕 최고, 최대의 쇼핑 대로

센트럴 파크 남쪽부터 42번가까지 이어
지는 대로. 편도로 걸어서 20분 정도 소요
되지만 이 대로에 위치한 상점들을 둘러
본다면 하루 종일 쇼핑만 할 수 있을 정도.
루이 비통, 카르티에, 해리 윈스턴, 반 클
리프 앤 아펠 등 명품 브랜드 상점과 대형
백화점이 모두 이 대로에 모여 있다. 5번
가의 티파니 매장이 바로 오드리 헵번이
영화 '티파니에서 아침을'에서 커피를 한
손에 들고 크루아상을 베어 물던 장면을
촬영한 곳이다.

심장을 뛰게 하는 티파니 블루 박스 ······ ②

티파니 앤 코 랜드마크 Tiffany & Co. The Landmark

영화 '티파니에서 아침을'에서 오드리 헵번이 커피와 크루아상을 들고 한참 넋을 잃고 바라보던 장면의 바로 그곳이다. 2023년 봄 레노베이션을 마치고 랜드마크 점으로 새로이 오픈했으며 규모가 상당하다. 6층에는 '티파니 블루'라 부르는 브랜드 고유의 고급스러운 청색으로 꾸민 블루 박스 카페The Blue Box Cafe도 있다.

🚶 E, M 라인 5 Av-53 St역에서 도보 4분
📍 727 5th Ave, New York, NY 10022
🕐 월~토 10:00~20:00, 일 10:00~19:00
📞 +1 212-755-8000
🏠 www.tiffany.com

초콜릿 천국 ······ ③

엠앤엠 월드 M&M's World

들어서자마자 달콤한 초코 향이 느껴지는 초콜릿 세상. 자유의 여신상, 빅 애플 등 뉴욕을 상징하는 심벌 모양의 통에 담긴 색색의 엠앤엠이 지갑을 열게 한다. 파자마, 필기구 등 엠앤엠을 모티브로 하여 만들 수 있는 캐릭터 상품이란 상품은 모두 판매한다. 달콤하고 귀여운 기념품을 한아름 사올 수 있는 곳.

🚶 N, Q, R, W 라인 49 St역 바로 앞
📍 1600 Broadway, New York, NY 10019
🕐 10:00~22:00 📞 +1 212-295-3850
🏠 www.mms.com

초콜릿 천국 하나 더 ⋯⋯④

허쉬 초콜릿 월드
Hershey's Chocolate World

초콜릿을 사랑하는 사람에게 '초콜릿이 다 똑같지'라는 말은 어불성설. 엠앤엠이 코앞에 있지만 허쉬는 또 다른 맛, 또 다른 느낌의 황홀함이다. 더 진하고 깊은 초콜릿의 향이 진동하는 건물을 구석구석 살펴보자. 구운 마시멜로와 허쉬 초콜릿, 비스킷으로 만드는 스모어나 밀크셰이크 등 한국에서는 만날 수 없는 제품들을 찾아보는 재미도, 허쉬 브랜드를 이용한 다양한 캐릭터 제품을 쇼핑하는 재미도 쏠쏠하다. '나만의 초콜릿 만들기'가 특히 아이들에게 인기가 많다.

🚶 N, Q, R, W 라인 49 St역에서 도보 1분
📍 20 Times Square, 701 7th Ave, New York, NY 10036
🕙 10:00~24:00, 12월 24일 10:00~18:00
❌ 추수감사절, 크리스마스, 12월 31일
💲 나만의 초콜릿 만들기 $28.95(홈페이지 티켓 구매 가능)
📞 +1 212-581-9100
🏠 https://www.chocolateworld.com/locations/times-square.html

남녀노소 모두 동심이 되는 곳 ⋯⋯⑤

디즈니 스토어 Disney Store

미키 마우스와 미니 마우스 등 수많은 디즈니 캐릭터가 사랑스럽게 맞아주는 디즈니 월드. 인형은 물론이고 의류와 식기, 뉴욕을 테마로 한 자유의 여신상 미키 등 뉴욕 특별 제품도 있어 빈손으로 나올 수가 없다. 매장이지만 디즈니 영화 세트장처럼 예쁘게 꾸며놓아 대형 미키 마우스 앞에서 사진을 찍는 사람들도 많다. 매우 넓고 물건이 많아 스태프의 도움을 받으면 쇼핑이 수월하다.

🚶 ①②③⑦ S 라인 Times Sq-42 St역에서 도보 3분 📍 1540 Broadway, New York, NY 10036 🕙 09:00~21:00
📞 +1 212-626-2910
🏠 stores.shopdisney.com

세계 최대 백화점 체인 ……⑥
메이시스 Macy's

미국에 약 800개 매장이 있는, 세계에서 가장 규모가 큰 백화점. 상인 로랜드 허세이 메이시가 1858년 맨해튼에 창업했다. 메이시가 어릴 적 선원으로 일할 때 새긴 별 모양 문신을 로고에 넣었다. 캐주얼한 브랜드가 많아 부담 없는 쇼핑을 즐길 수 있다. 1902년 지은 건물을 그대로 사용해 삐거덕거리는 에스컬레이터를 타고 오르내릴 수 있다. 1924년부터 추수감사절에 대형 퍼레이드를 열기 시작해, 뉴욕의 연말 대표 행사로 자리 잡았다. 백화점 내 셀렉트 숍 스토리Story에 예쁜 디자인 상품이 많다.

🚶 B, D, F, M, N, Q, R, W 라인 34 St-Herald Sq역에서 도보 2분
📍 151 W 34th St, New York, NY 10001 🕐 월~토 10:00~21:00,
일 11:00~21:00 📞 +1 212-695-4400 🏠 https://www.macys.com/stores/ny/newyork/herald-square_3.html

한국에도 진출한 캐주얼 브랜드 ……⑦
앤아더 스토리즈 &Other Stories

H&M 그룹 소유의 브랜드로 의류, 잡화, 메이크업 제품을 판매한다. 한국에도 매장이 있으며 H&M보다 디자인과 가격대 모두 한 단계 더 높다. 그럼에도 여전히 부담없이 쇼핑할 수 있는 세미 패스트 패션 브랜드.

🚶 ⑦ 라인 5 Av-Bryant Pk역에서 도보 1분
📍 505 5th Ave, New York, NY 10017
🕐 월~토 10:00~20:00, 일 11:00~20:00
📞 +1 212-328-4012 🏠 www.stories.com

전 세계 유일 365일 24시간 오픈
애플 스토어 ……⑧
애플 Apple

24시간 열려 있는 애플 스토어. 홈페이지에서 예약하면 일대일 상담을 받으며 쇼핑할 수도 있다. 제품 판매는 물론이고 애플 제품 서비스도 이곳에서 담당한다. 운이 좋다면 아직 한국에 출시되지 않은 신제품을 미리 구입할 수 있다.

🚶 N, R, W 라인 5 Av/59 St역에서 도보 2분
📍 767 5th Ave, New York, NY 10153 🕐 24시간
📞 +1 212-336-1440 🏠 www.apple.com

동심과 소비욕을 무한 자극 ······ ⑨

FAO 슈워츠 FAO Schwarz

미국인이라면 장난감 쇼핑을 했거나 하고 싶어 했던 기억이 있을, 미국을 대표하는 고급 장난감 가게. 록펠러 센터 안에 자리한다. 어른 키만 한 인형부터 과학 실험, 맞춤 테디 베어 제작, 그리고 수천 가지의 과자와 캔디가 여러 층을 가득 채우고 있다. 어른들도 신이 나서 한참을 구경하게 되는 곳으로 아이들을 위한 선물을 찾는다면 여기가 정답이다.

🚶 B, D, F, M 라인 47-50 Sts-Rockefeller Ctr역에서 도보 2분
📍 30 Rockefeller Plaza, New York, NY 10111
🕐 10:00~20:00 📞 +1 800-326-8638
🏠 faoschwarz.com

쇼핑대로 5번가에 자리한
백화점 ······ ⑩

버그도프 굿맨

Bergdorf Goodman

1899년에 허먼 버그도프가 창업해 현재 5번가의 럭셔리 백화점 중 하나로 성업 중이다. 1914년 미국 최초로 기성복을 판매한 에드윈 굿맨의 양복점을 인수해 1928년 현재 위치로 이전했다. 서로 마주보는 두 개의 건물에서 여성관과 남성관을 구분해 운영한다. 알 만한 명품 브랜드는 모두 입점되어 있으며 내부에 스파, 카페 등도 있다.

🚶 N, R, W 라인 5 Av/59 St역에서 도보 2분
📍 754 5th Ave, New York, NY 10019
🕐 월~토 11:00~19:00, 일 11:00~18:00
📞 +1 212-753-7300
🏠 www.bergdorfgoodman.com

힙한 브랜드의 총집합 ⑪
어반 아웃피터스
Urban Outfitters

의류, 액세서리, 바이닐 레코드 음반, 서적과 화장품, 잡화 등 여러 브랜드에서 매우 다양한 품목을 선별해 판매하는 브랜드. 자체 제작 상품도 많으며, 본사는 필라델피아에 있다. 최신 유행이 무엇인지 어반 아웃피터스 매장에 들어서면 금방 알 수 있다. 젊고 캐주얼한 분위기가 압도적으로 학생과 20~30대가 주로 찾는다.

🚶 ⑦ 라인 5 Av-Bryant Pk역에서 도보 2분 📍 521 5th Ave, New York, NY 10175
🕐 10:00~21:00 📞 +1 212-867-4107 🏠 www.urbanoutfitters.com

엔젤들이 사는 곳 ⑫
빅토리아 시크릿
Victoria's Secret

속옷 쇼핑으로 하루 온종일 보낼 수 있을 것만 같다. 빅토리아 시크릿 모델을 '엔젤'이라 하는데 과연 천사들이 입을 것 같은 아름다운 디자인의 속옷으로 건물 전체가 가득하다. 좀 더 캐주얼한 자체 브랜드 핑크Pink도 함께 입점되어 있다. 입장과 동시에 전담 직원이 사이즈를 재고 피팅과 상담 등을 도와준다. 속옷뿐만 아니라 운동복, 파자마, 향수, 보디 제품도 판매한다.

🚶 E, M 라인 5 Av-53 St역에서 도보 2분
📍 640 5th Ave, New York, NY 10019
🕐 월~토 10:00~20:00, 일 11:00~19:00
📞 +1 646-495 -2867
🏠 www.victoriassecret.com/store-locator#/store/1775

농구 팬들 모여라 ····· ⑬
NBA 스토어 NBA Store

현지인도 경기 입장권은 구하기 쉽지 않다. 뉴욕에 있는 동안 뉴욕 닉스 경기를 직관할 수 있을지는 미지수지만 최소한 NBA 관련 제품은 원 없이 쇼핑할 수 있다. 각 팀의 저지부터 농구화, 공 등 농구 관련 다양한 아이템을 판매한다.

🚶 ⑦ 라인 5 Av-Bryant Pk역에서 도보 3분 📍 545 5th Ave, New York, NY 10017
🕐 일~금 10:00~20:00, 토 10:00~21:00 ❌ 일요일 📞 +1 646-440-0637
🏠 store.nba.com

마니아를 위한 공간 ····· ⑭
아디다스 플래그십 Adidas Flagship

아디다스의 뉴욕 플래그십 스토어. 플래그십답게 규모도 있고 의류, 신발, 액세서리 등 품목과 모델도 다양하다. 멋과 기능 두 가지를 모두 중시하는 아디다스의 철학은 두터운 팬층을 자랑하는데, 신상을 가장 먼저 만나볼 수 있으니 브랜드 마니아라면 꼭 들러볼 것.

🚶 ⑦ 라인 5 Av-Bryant Pk역에서 도보 5분 📍 565 5th Ave, New York, NY 10017
🕐 10:00~20:00 📞 +1 212-883-5606 🏠 www.adidas.com

뉴요커가 되어 살아보고 싶은 동네

첼시 | Chelsea

#20세기와 21세기의 뉴욕을 대표하는 랜드마크
#현대적인 건축미
#기차로 도착하면 가장 먼저 만나는 곳

관광객 비율이 압도적으로 높은 타임스 스퀘어에서 조금
내려오면 뉴요커와 관광객이 모두 사랑해 마지않는
첼시가 나타난다. 볼거리도 여전히 많고 맛집도 쇼핑 장소도
지천이지만 대부분의 첼시 건물은 주거용이라
'진짜 뉴욕' 분위기를 느낄 수 있다.

첼시
이렇게 여행하자

꼭 봐야 할 랜드마크 몇 곳을 먼저 정한다. 그리고 발걸음 닿는 대로 돌아보며 동네의 소소한 면모를 구경하는 재미를 누리자.

새로운 랜드마크인 도심 속 공원
하이 라인 P.149

쇼핑과 식사 모두 해결할 수 있는
첼시 마켓 P.157

구관이 명관인
엠파이어 스테이트 빌딩 P.148

지금 가장 핫한
베슬, 에지 P.150, P.151

**첼시
상세 지도**

02 허드슨 야드 숍 앤 레스토랑

9A

05 에지

04 베슬

495

W 36th St

W 35th St

W 34th St

W 30th St

10th Ave

34 St - Penn Ⓜ

W 29th St

W 28th St

Moynihan Train Hall
at Penn Station

01 또바 바이 주막 뉴욕

06 슬립 노 모어

매디슨 스퀘어 가든 07

11th Ave

W 26th St

W 25th St

W 29th St

W 24th St

10th Ave

8th Ave

W 23rd St

02 하이 라인

9th Ave

W 22nd St

02 엠파이어 다이너

28 St Ⓜ

FIT 박물관 03

10th Ave

W 21st St

04 르 그렌 카페

Ⓜ 23 St

W 20th St

W 19th St

9th Ave

W 18th St

8th Ave

Ⓜ 23 St

W 17th St

03 배스텁 진

람스터 플레이스

7th Ave

01 첼시 마켓

W 21st St

• 부다칸

로스 타코스
넘버 원

• 팻 위치 베이커리

W 20th St

05 스타벅스 리저브

W 19th St

Ⓜ 18 St

W 18th St

W 17th St

14 St / 8Av Ⓜ

Times Sq - 42 St

Ⓜ Times Sq - 42 St

42 St-Bryant Park

Grand Central 🚇

Times Sq - 42 St

Ⓜ 5 Av

6th Ave

W 40th St

5th Ave

E 40th St

Madison Ave

Park Ave

W 39th St

W 38th St

E 39th St

Ⓜ 34 St - Penn Station

W 37th St

E 38th St

34 St - Herald Sq Ⓜ

W 36th St

E 37th St

W 35th St

E 36th St

06 삼우정

W 34th St

33rd Street 🚇

01 엠파이어 스테이트 빌딩

가온누리 •

E 34th St

E 35th St

07 코리아타운

• 너비아니

W 32nd St

Ⓜ 33 St

코리아타운

W 31st St

Ⓜ 28 St

E 34th St

5th Ave

03 리졸리 서점

Madison Ave

Ⓜ 28 St

Lexington Ave

3rd Ave

2nd Ave

1st Ave

Park Ave

N

W — E

S 100m

0

147

Ⓜ 23 St

엠파이어 스테이트 빌딩 Empire State Building

2주일 만에 설계도를 완성했다는 미국의 국보. 전 뉴욕 주지사 알프레드 스미스가 뉴욕의 별칭인 '엠파이어 스테이트'에서 이름을 따왔다. 입장료 수입이 임대료 수입보다 높을 정도로 인기가 많은 랜드마크다. 건축 당시 뉴욕에 세계 최고층 빌딩을 세우겠다는 경쟁이 붙어 크라이슬러 빌딩과 다투었다. 1972년 세계무역센터에게 자리를 내주기 전까지 완공된 1931년부터 40여 년간 높이 443m로 세계에서 가장 높은 건물이었다. 2001년 9월 11일 테러 후 다시 뉴욕에서 가장 높은 건물이 되었다. 현대적인 아르데코풍의 건물 86층과 102층에 자리한 전망대는 360도 뉴욕 풍경을 볼 수 있는, 현재 뉴욕에서 가장 높은 전망대다. 80층에는 이 건물을 세운 3400여 명의 사람들에게 헌정한 기념 전시가 마련되어 있다. 앤디 워홀이 1964년 8시간 동안 고정된 앵글로 빌딩만 촬영해 무성 영화 '엠파이어Empire'를 만들었고, 1976년 영화 '킹콩KingKong'에서 제시카 랭이 끌려간 곳이기도 하다.

🚶 ④ ⑥ 라인 33 St역에서 도보 4분 📍 20 W 34th St, New York, NY 10001 🕐 09:00~24:00(시기별 오픈·폐관 시간 상이, 홈페이지 확인) 💲 102층 & 86층 전망대 성인 $79 📞 +1 212-736-3100 🏠 www.esbnyc.com

> 엠파이어 스테이트 빌딩은 전망대 티켓에는 해돋이 감상, 야경 감상 등 다양한 옵션의 입장권이 있어 홈페이지에서 알아보고 예매하도록 한다.

한없이 걷고 싶은 ····· ②
하이 라인 The High Line

2009년 조성된 길이 2.33km의 고가 직선 공원. 원래 철도가 깔려 있던 곳으로 기차 운행이 중단된 후 도심의 공원으로 새롭게 태어났다. 다양한 예술품이 설치, 전시되어 있고 시내를 내려다볼 수 있어 산책로로 사랑받는다. 우리나라 서울역 부근의 공중 보행로인 '서울로 7017'의 모델이기도 하다. 낮과 밤의 분위기가 확연히 달라 여러 번 찾아도 그때그때 좋은 명소. 14번가, 16번가, 17번가, 20번가, 26번가, 28번가, 30번가에는 계단이, 14번가, 23번가, 30번가에는 엘리베이터가 있어서 중간에 쉽게 내려갈 수 있다.

🚶 A, C, E 라인 23 St역에서 도보 7분
📍 New York, NY 10011
🕐 07:00~20:00 📞 +1 212-500-6035
🏠 www.thehighline.org

패션 학교 전시관 ····· ③
FIT 박물관 The Museum at FIT

명문 뉴욕 패션기술대학교Fashion Institute of Technology 내의 전시관으로 의류 및 액세서리 등 패션 관련 전시를 연다. '패션의 힘', '발레리나', '발렌시아가' 등 디자이너나 트렌드, 테마를 주제로 한 흥미로운 전시를 진행하며 학생들이 참여한 작품도 볼 수 있다. 지난 전시는 홈페이지에서 확인할 수 있다.

🚶 ①② 라인 28 St역에서 도보 1분 📍 227 W 27th St, New York, NY 10001
🕐 수~금 12:00~20:00, 토·일 10:00~17:00 ❌ 월·화요일, 1월 1일, 독립기념일, 추수감사절, 크리스마스 💲 무료 📞 +1 212-217-4558 🏠 www.fitnyc.edu/museum

베슬 Vessel

허드슨 야드 재개발 프로젝트의 일환으로 2019년 완공된 벌집 모양의 16층 구조물이며 이름은 '선박'을 의미한다. 총 2500개의 계단을 오르면 꼭대기에 이를 수 있다. 아래층의 너비는 15m지만 올라가며 46m까지 확장되는 구조. 1년 내내 볼 수 있는 크리스마스트리 느낌을 의도했고 구조물을 탐험한다는 인상을 주기도 한다. 흉물이라는 비판과 뉴욕의 에펠탑이라는 칭찬으로 호불호가 심히 갈린다. 한때는 노을을 감상하기 꽤 좋은 장소였으나 안전상의 이유로 이제는 전망대 출입을 할 수 없고 1층만 들어가 볼 수 있다. 전망대 재오픈도 불투명해 아쉬움을 남긴다.

🏃 ⑦ 라인 34 St-Hudson Yards역에서 도보 2분
📍 20 Hudson Yards, New York, NY 10001
🕐 월~토 10:00~20:00, 일 11:00~19:00
📞 +1 332-204-8500
🏠 www.hudsonyardsnewyork.com/discover/vessel/

허드슨 야드 Hudson Yards

베슬을 포함하는 11만㎡ 넓이의 부지에는 아트 센터 셰드The Shed, 허드슨 야드 숍 앤 레스토랑The Shops & Restaurants at Hudson Yards 등 볼거리와 쇼핑 장소들이 있으니 시간을 넉넉히 잡고 베슬을 방문해 허드슨 야드 곳곳을 구경해보자.

100층 높이의 아찔한 전망대 ...... ⑤

에지 Edge

2020년 팬데믹 중임에도 불구하고 오픈해 큰 인기를 끌고 있는 100층 높이의 개방형 전망대, 스카이 데크. 허드슨강, 이스트강을 포함해 뉴욕이 한눈에 들어오는 멋진 전망을 자랑하니 올라볼 만하다. 일반 입장권 외에 샴페인 추가, 포토북 포함 등의 옵션도 있다. 올라가는 것은 금방이지만 모두가 원하는 인증샷 명당인 유리벽 코너는 줄이 매우 길다. 최소 2시간은 계산하고 방문할 것. 전망대 바로 위층에는 피크Peak 카페·바·레스토랑이 있는데, 창가 자리를 요청해 앉으면 줄 서서 에지를 찾는 것보다 훨씬 편하게 뷰를 감상할 수 있다.

🚶 ⑦ 라인 34 St-Hudson Yards역에서 도보 2분 📍 30 Hudson Yards, New York, NY 10001 🕐 10:00~21:00 💲 성인 $36, 6~12세 $31, 62세 이상 $34
📞 +1 332-204-8500 🏠 www.edgenyc.com

슬립 노 모어 Sleep No More

이름은 호텔이지만 공연 목적으로 지은 5층 건물인 맥키트릭 호텔The McKittrick Hotel에서 펼쳐지는 신비하고 스릴 넘치는 무언극. 관객과 배우의 경계가 모호할 정도로 서로 상호 작용하는 인터랙티브 퍼포먼스다. 입장하면 트럼프 카드 한 장과 공연 내내 쓰고 있어야 하는 마스크를 준다. 셰익스피어의 〈맥베스〉에 기반을 둔 극으로, 발길 닿는 대로 여러 층과 방을 뛰어다니며 동시에 진행되는 여러 장면을 무작위 순서로 감상한다. 배우가 관객을 잡아 끌거나 말을 걸기도 하고(관객은 대답하거나 극에 개입할 수 없다), 인상 깊은 장면은 반복해서 볼 수도 있다. 인터넷 후기가 많으니 동선을 미리 파악하고 가면 좋다. 생각보다 이동이 잦고 모두 같은 마스크를 쓰고 있어 자칫하면 일행과 떨어질 수 있다는 점에도 유의할 것. 바도 있어서 공연 전후로 칵테일과 라이브 음악을 즐길 수 있다.

🚶 ⑦ 라인 34 St-Hudson Yards역에서 도보 9분
📍 530 W 27th St, New York, NY 10001
🕐 수~월 17:00, 19:00, 19:30부터 15분 간격 입장,
퇴장 시간은 자유, 마지막 입장 시간 22:00
✖ 화요일 💲 $160.50~ 📞 +1 212-904-1880
🏠 www.mckittrickhotel.com

매디슨 스퀘어 가든 Madison Square Garden

1879년 개관해 음악 전문 잡지 〈롤링 스톤〉이 '미국에서 가장 쿨한 아레나'라 칭한 곳으로 스포츠 경기와 음악 공연 등 다양한 행사가 열린다. 뉴욕 닉스New York Knicks 농구팀 등 명문 스포츠 팀들의 홈구장이며 1979년과 2015년 교황이 방문했다. 1962년 케네디 대통령에게 마릴린 먼로가 그 유명한 생일 축하 노래를 불렀던 곳 역시 매디슨 스퀘어 가든이다. 엘비스 프레슬리, 존 레논, 마돈나, 밥 딜런 등이 이곳에서 공연한 바 있다.

🚶 ①②③ 라인 34 St-Penn역 바로 앞 📍 4 Pennsylvania Plaza,
New York, NY 10001 📞 +1 212-465-6741
🏠 www.msg.com/madison-square-garden

유부초밥의 반격 ⋯⋯⋯ ①

또바 바이 주막 뉴욕 DDOBAR by Joomak NYC

첼시에 새로 생긴 푸드 코트, 올리 올리 마켓Olly Olly Market내 자
리한 한식당. 단연 가장 인기가 많은 곳이라 예약을 추천한다.
유부초밥을 성게알, 캐비어 등 신선하고 럭셔리한 식재료로 푸
짐하게 만들어 선보이는데, 이제껏 알던 유부초밥과는 차원이
다른 풍성한 맛에 감동하게 될 것. 13코스 테이스팅 메뉴를 추
천하나, 유부초밥만 4개, 8개 선택 주문도 가능하다.

🚶 A, C, E 라인 23St역에서 도보 10분 📍 601 W 26th St, New York,
NY 10001 🕐 월 17:30-21:00, 화~금 12:00~14:30, 17:30~20:30,
토 12:00~14:00, 17:20~21:30, 일 12:00~14:00, 17:30~20:30
💲 13코스 테이스팅 메뉴 $75 📞 +1-929-656-5777
🏠 www.ddobarnyc.com

음식도, 인테리어도 차별화 ⋯⋯⋯ ②

엠파이어 다이너 Empire Diner

편하게 들러 편한 식사를 하고 가는 콘셉트의 여느 다이너와는 다르게, 아르데
코풍 건물에 자리 잡고 구석구석에서 트렌디함을 뽐내는 곳. 대형 벽화가 눈에
띄어 멀리서도 알아볼 수 있다. 부라타 치즈 샐러드 등 일반 다이너 메뉴와 차별
되는 브런치 메뉴를 갖추고 있다. 칵테일과 커피 역시 맛있다.

🚶 A, C, E 라인 23 St역에서 도보 7분 📍 210 10th Ave, New York, NY 10011
🕐 09:00~23:00 💲 맥 앤 치즈 $16, 과일 보울 $9, 에그 베네딕트 $20
📞 +1 212-335-2277 🏠 www.empire-diner.com

분위기로 압도하는 칵테일 바 ······ ③
배스텁 진 Bathtub Gin

카페를 가장한 문과 로비를 지나 들어서면 완전히 다른 분위기의 어둑한 바가 나타난다. 한가운데 포토 존인 큰 욕조가 있다. 조도가 낮고 서비스는 신속하며 진Gin을 베이스로 한 여러 종류의 칵테일은 모두 훌륭하고 맛이 깊다. 칵테일 외에 맥주와 와인도 판매한다.

🚶 A, C, E 라인 23 St역에서 도보 8분
📍 132 9th Ave, New York, NY 10011
🕐 일~목 17:00~02:00, 금·토 17:00~03:00
💲 오리지널 칵테일 $17, 진토닉 $16
📞 +1 646-559-1671
🏠 www.bathtubginnyc.com

진짜 남프랑스 느낌, 프렌치 비스트로 ······ ④
르 그렌 카페 Le Grainne Cafe

프랑스를 잠시 여행하는 기분을 내고 싶다면 이곳으로. 창으로 햇빛이 아낌없이 들이쳐, 느긋한 주말 브런치를 하기에 특히 좋다. 깊은 맛이 나는 어니언 수프와 여러 종류로 속을 채운 크레페, 홈메이드 베샤멜소스 맛이 진한 크로크 무슈, 크로크 마담 등 프랑스식 비스트로 메뉴로 가득하다.

🚶 A, C, E 라인 23 St역에서 도보 5분 📍 183 9th Ave, New York, NY 10011 🕐 월~목·토·일 08:00~21:00, 금 09:00~21:00 💲 믹스 크레페(햄, 치즈) $17, 크로크 무슈 $16, 어니언 수프 $14
📞 +1 646-486-3000
🏠 legrainnecafe.com

매일 보는 체인 카페지만
뭔가 특별한 ⑤

스타벅스 리저브

Starbucks Reserve New York Roastery

첼시 마켓 바로 건너편에 위치한, 알아볼 수 밖에 없는 엄청난 규모의 스타벅스. 대형 로스터기가 매장 한가운데를 차지하고, 여러 종류의 블렌드가 줄을 맞추어 주인을 기다린다. 스타벅스 굿즈도 아주 많고 리저브 매장 특유의 커피색 톤의 따뜻하고도 미니멀한 인테리어가 특징. 커피를 좋아하는 사람이라면 꼭 들러봐야 할 곳이다.

🚶 A, C, E, L 라인 14 St-8 Av역에서 도보 3분
📍 61 9th Ave, New York, NY 10011
🕐 일~목 07:00~22:00, 금·토 07:00~23:00
📞 +1 212-691-0531
🏠 www.starbucksreserve.com/en-us/
locations/store/47906

밥도둑 불고기 전골 ⑥

삼우정 Samwoojung

한국에서 불고기 명가로 명성이 높은 삼우정의 뉴욕 지점. 각종 야채와 소스에 맛있게 재운 불고기를 반숙 달걀과 함께 먹을 수 있다. 정갈한 밑반찬과 사이드로 주문 가능한 간장게장, 파전, 만두도 맛있다. 막걸리, 소주 베이스 칵테일과 식혜, 수정과, 한식 재료의 특성을 잘 살린 계절 디저트도 추천한다. 여럿이 방문해 다양한 메뉴를 나눠 먹어 보자. 늘 인기가 많은 곳이라 예약하는 것이 좋다.

🚶 B, D, F, M, N, Q, R, W 라인 34 St-Herald Sq역에서 도보 2분
📍 138 W 32nd St, New York, NY 10001
🕐 월~금 11:45~14:15, 17:30~21:15, 토·일 12:00~15:15,
17:00~21:15 💲 서울불고기 400g $39, 간장게장 $31
📞 +1 212-517-1963
🏠 samwoojung1963.com

코리아타운 Koreatown

매디슨가와 6번가, 브로드웨이가 만나는, 32번가에 자리한 구역이다. 한국의 은행이나 상점 등의 지점과 한국인들이 운영하는 식당, 미용실 등이 밀집되어 있다. 21세기 초반 이 지역에 빠르게 한국인 인구가 늘어났다. 고향의 맛이 그리운 교포들과 김치 없이는 안 되는 여행자들이 즐겨 찾는다. 특히 유명한 곳은 북창동 순두부(BCD Tofu House, 5 W 32nd St, New York, NY 10001). 최근 가장 핫한 곳으로는 뉴욕타임즈에서도 극찬한 돼지국밥 전문점인 옥동식Okdongsik이 있다.

🍴 코리아타운 대표 맛집

구워 먹는 고기 맛이 그리운 사람들을 위해
너비아니 Nubiani

다양한 고기 부위와 종류를 소, 대, 특 사이즈로 구분해 솜씨 좋은 직원이 맛있게 구워 준다. 한국 주류를 비롯해 고기와 함께 곁들일 와인도 부담 없는 가격으로 글라스, 보틀로 판매한다.

🚶 ④⑥ 라인 33 St역에서 도보 3분 📍 315 5th Ave 3F, NY 10016 🕐 월~수 17:00~23:00, 목 17:00~24:00, 금 17:00~01:00, 토 12:00~01:00, 일 12:00~23:00 💲 소고기 모둠 소 $145/대 $245, 꽃등심 $54 📞 +1 917-623-0807
🏠 www.nubianinyc.com

전망 좋은 고깃집
가온누리 Gaonnuri

코리아타운 초입 건물 39층에 위치해 야경이 보이는 창가 전망이 화려하다. 코리아타운의 다른 식당들에 비해 조금 더 격식 있는 분위기이며 뉴요커와 외국인 손님이 한국인보다 훨씬 많다. 육회, 보쌈 등 전채나 사이드로 주문하는 메뉴들도 맛있다.

🚶 N, Q, R, W 라인 28 St역에서 도보 3분 📍 1250 Broadway 39F, NY 10001 🕐 월~목 17:00~23:30, 금·토 17:00~24:00, 일 17:00~23:00 💲 육회 $24, 목살 $48, 호주산 채끝 $78
📞 +1 212-917-9045 🏠 www.gaonnurinyc.com

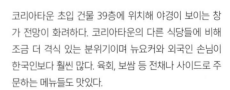

먹으러 가는 쇼핑몰 ⋯⋯ ①

첼시 마켓 Chelsea Market

공장만 있던 동네에 예술가들이 모여 살며 뉴욕에서
가장 멋스러운 문화의 중심지로 거듭났으며 첼시에서
가장 인기 있는 장소다. 오레오와 리츠로 유명한 나비
스코 쿠키 회사의 공장을 개조한 곳으로 여러 상점과
맛집이 모여 있다. 식료품부터 서점, 기념품점, 잡화점,
의류 브랜드 등 양질의 상품을 '원스톱'으로 쇼핑할 수
있다. 또 뉴욕의 소문난 맛집과 카페도 모두 만날 수 있
다. 신진 디자이너들의 힙한 공예품과 의류, 빈티지 제
품을 판매하는 아티스트 앤 플리스Artists & Fleas, 책뿐
만 아니라 귀여운 디자인 소품도 함께 판매하는 포스
맨 북스Posman Books, 좋은 브랜드를 엄선해 소개하는
유니크한 작은 백화점 네이버후드 굿즈Neighborhood
Goods는 꼭 구경해보자.

🚶 A, C, E, L 라인 14 St-8 Av역에서 도보 4분
📍 75 9th Ave, New York, NY 10011
🕐 07:00~22:00 📞 +1 212-652-2111
🏠 chelseamarket.com

샹들리에 불빛이 일렁이는
부다칸 Buddakan

아시아 요리와 칵테일로 유명하며, 대형 샹들리에로 장식한 화려하고 세련된 분위기의 고급 식당. 아시아의 평온함과 16세기 파리의 화려함이라는 이국적인 콘셉트다. 코스로 서빙되는 테이스팅 메뉴는 4인 이상 가능하다.

💲 딤섬 $18, 북경오리 $80(2인) 🕐 월~목 17:00~22:00,
금~토 15:00~22:00 📞 +1 212-989-6699
🏠 www.buddakannyc.com

뉴욕 타코 양대 산맥
로스 타코스 넘버 원 LOS TACOS No. 1

뉴욕 타코 마니아들은 도스 타코스파와 로스 타코스파로 나뉜다. 진짜 멕시코 타코 맛을 원한다면 이곳으로. 늘 붐비고, 좌석은 없지만 두 입이면 끝나는 타코를 서서 먹고 갈 수 있는 자리가 마련되어 있다.

💲 카르네 아사다(돼지고기) $4.25
🕐 월~토 11:00~22:00, 일 11:00~21:00
🏠 www.lostacos1.com

주문하면 바로 요리해주는
랍스터 플레이스 Lobster Place

초밥과 차우더, 여러 종류의 생선을 팔지만 역시 가장 인기 있는 것은 랍스터. 통통하게 살이 오른 랍스터를 바로 쪄서 내준다. 짭조름하면서도 달큰한 맛이 중독적이다.

💲 랍스터 롤 $23, 랍스터 찜 $44~
🕐 11:00~21:00 📞 +1 212-255-5672
🏠 www.lobsterplace.com

브라우니가 유명한
팻 위치 베이커리 Fat Witch Bakery

귀여운 꼬마 마녀 그림 패키지로 유명한 베이커리. 달콤하고 쫀득한 초콜릿 브라우니가 대표 메뉴. 호두, 캐러멜, 커피 등 10가지의 브라우니를 비롯해 쿠키, 커피 등과 브라우니 믹스 가루도 판매한다.

💲 브라우니 개당 $5.25 🕐 11:00~18:00
📞 +1 212-807-1335 🏠 www.fatwitch.com

또 다른 곳이
궁금하다면?

그 외에 현금만 받고 앉을 자리도 없지만 커피 맛이 좋아 언제나 바쁜 나인스 스트리트 에스프레소Ninth Street Espresso, 건강한 지중해식 요리를 파는 미즈논Miznon, 한식과 일식 국물 요리 전문점 목바Mokbar도 있다.

허드슨 야드 숍 앤 레스토랑
The Shops & Restaurants at Hudson Yards

100여 개 상점과 25개 레스토랑이 입점한 베슬을 마주보는 대형 쇼핑몰. 카르티에, 토즈, 펜디 등 명품 브랜드와 중가 브랜드가 고루 섞여 있다. 오픈할 때부터 첼시의 대표 쇼핑몰로 우뚝 선 이곳에 입점한 식당은 모두 이미 시내에서 크게 성공한 스타 셰프들의 레스토랑 지점이다. 베슬을 둘러보고 식사를 하거나 아이쇼핑을 할 수 있어 더욱 좋다.

🚶 ⑦ 라인 34 St-Hudson Yards역에서 도보 2분 📍 20 Hudson Yards, NY 10001 🕐 11:00~19:00(가게별로 상이)
📞 +1 646-954-3155 🏠 www.hudsonyardsnewyork.com

리졸리 서점 Rizzoli Bookstore

멋진 타운하우스에 자리한 대형 서점. 1964년 개점하고 1985년 현재 위치로 옮겨왔다. 60년 동안 인테리어, 패션, 사진, 요리, 미술, 문학, 외국어 서적, 유럽 잡지를 전문으로 다룬다. 영문학에 관심이 많았다면 지나칠 수 없는, 학구적인 분위기가 물씬 풍기는 이곳에 꼭 들러보자.

🚶 N, Q, R, W 라인 28 St역에서 도보 3분 📍 1133 Broadway, New York, NY 10010
🕐 월~토 11:00~20:00, 일 11:00~19:00 📞 +1 212-759-2424
🏠 www.rizzolibookstore.com

주류에서 살짝 벗어난 취향 저격

그래머시,
스타이브슨 타운
Gramercy, Stuyvesant Town

#학생들이 많이 사는 젊은 동네 #작은 공원으로 가득
#브라운스톤의 주거 단지

미드타운에서 가장 편안한 분위기의 살기 좋은 동네.
미드타운 이웃 지역이나 바로 아래 있는 다운타운의 빌리지는
번화하고 분주하기에, 상대적으로 느긋하게 구경하며
분위기를 만끽해보자.

그래머시,
스타이브슨 타운
이렇게 여행하자

미리 예약해야 하는 프렌즈 익스피리언스를 제외하고는 자유롭게
돌아볼 수 있는, 여유 넘치는 관광을 할 수 있다. 전시나 공연 관람,
랜드마크 집약적인 미드타운 내 다른 동네 일정을 먼저 계획하고
그래머시와 스타이브슨 타운을 둘러보는 것이 좋다.

다리미 모양의 웅장한
플랫아이언 빌딩 P.164

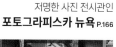

저명한 사진 전시관인
포토그라피스카 뉴욕 P.166

럭셔리한 브랜드가
모여 있는 셀렉트 숍
도버 스트리트 마켓 P.174

미드 팬이라면 꼭 가봐야 할
프렌즈 익스피리언스 P.165

편안하고 소박한
유니언 스퀘어 그린 마켓 P.174

그래머시, 스타이브슨 타운 상세 지도

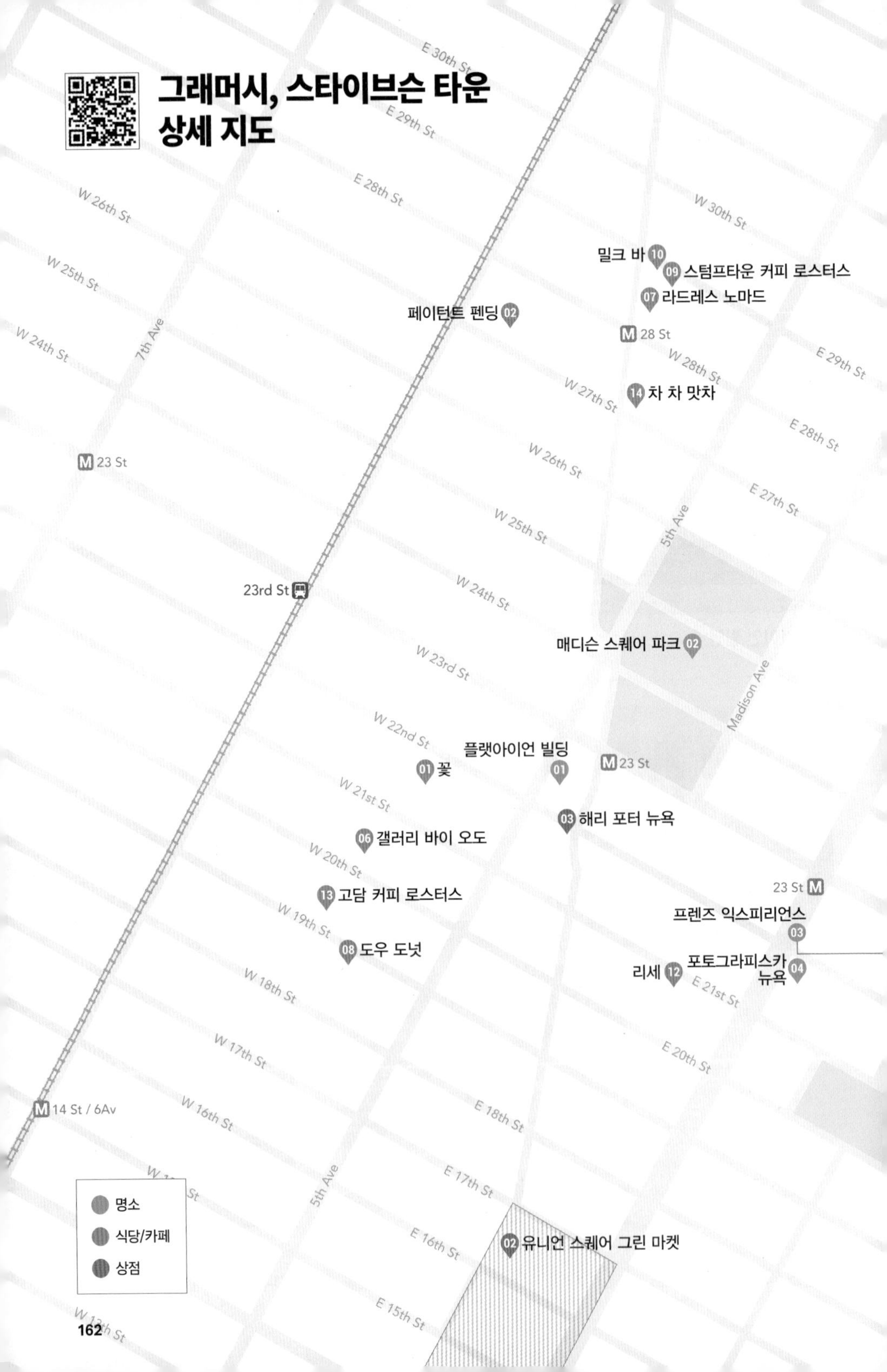

밀크 바 **10**

09 스텀프타운 커피 로스터스

07 라드레스 노마드

M 28 St

페이턴트 펜딩 **02**

14 차 차 맛차

M 23 St

23rd St 🚌

매디슨 스퀘어 파크 **02**

플랫아이언 빌딩

01 꽃

01

M 23 St

03 해리 포터 뉴욕

06 갤러리 바이 오도

13 고담 커피 로스터스

23 St **M**

프렌즈 익스피리언스

08 도우 도넛

03

리세 **12** 포토그라피스카 뉴욕

04

M 14 St / 6Av

02 유니언 스퀘어 그린 마켓

● 명소
● 식당/카페
● 상점

11 사지스 델리카테센 앤 다이너

3rd Ave

Park Ave

M 33 St

Lexington Ave

E 36th St

E 35th St

E 34th St

E 33rd St

E 32nd St

2nd Ave

03 아토믹스 01 도버 스트리트 마켓

04 아토보이

E 31st St

St

E 30th St

05 업랜드

3rd Ave

E 29th St

종합병원 H

E 28th St

1st Ave

E 27th St

E 26th St

E 25th St

종합병원 H

E 24th St

FDR Dr.

E 23rd St

2nd Ave

E 22nd St

N

E 21st St

1st Ave

W E

E 20th St

S

0 100m

삼각형 모양의 21층 마천루 ····· ①

플랫아이언 빌딩
Flatiron Building

1902년 완공된, 독특한 삼각형 모양의 건축물로 원래는 풀러 빌딩Fuller Building 이라 불렀다. 동네 주민들이 빌딩 모양을 보고 '다리미'라는 뜻의 플랫아이언이라 부르기 시작한 것이 굳어져 지금의 이름이 되었다. 높이는 86.9m로 사무 공간으로 사용하며 엠파이어 스테이트 빌딩 전망대에서 보는 경관이 매우 아름다우니 멋지게 프레임에 담아보자. 바로 뒤에 있는 매디슨 스퀘어 파크Madison Square Park를 산책하며 올려다보는 모습도 좋다. 2019년 이후 21개 층이 전부 비워졌고, 여전히 보수 공사가 진행 중이다.

🚶 N, Q, R, W 라인 23 St역 바로 앞 📍 175 5th Ave, New York, NY 10010

전망 좋은 작은 녹음 ····· ②

매디슨 스퀘어 파크
Madison Square Park

플랫아이언 빌딩이 보이는, 전망 좋은 도심 속 오아시스. 공원이라 하기 민망할 정도로 끝에서 끝이 한눈에 다 보이는 아담한 규모이지만 키 큰 나무들이 무성하고 쉬어 가기 좋은 편안한 분위기가 으뜸이다. 햄버거 매장 쉐이크 쉑의 본점이 바로 이 공원 안에 위치해, 간단한 점심을 먹으러 오는 사람들도 많다.

🚶 N, Q, R, W 라인 23 St역에서 도보 1분 📍 11 Madison Ave, New York, NY 10010 🕐 06:00~23:00
📞 +1 212-520-7600 🏠 www.madisonsquarepark.org

프렌즈 익스피리언스 The Friends Experience

미드의 원조, 최고의 미드라 일컫는 '프렌즈'를 직접 체험해볼 수 있도록 촬영 스튜디오를 그대로 재현해놓았다. 에피소드 오프닝마다 여섯 친구들이 앉는 분수대 앞 소파를 비롯해 레이첼과 모니카의 집, 챈들러와 조이네 집을 구석구석 구경할 수 있으며, 유명 에피소드에 쓰인 소품이나 의상도 설명과 함께 진열되어 있다. 무엇보다 스태프들이 곳곳에 상주해 매우 신속하고 질서 있게 기념 촬영을 할 수 있어 좋다. 개별 QR 코드가 찍힌 입장권을 건네주고 사진을 찍어 한번에 확인할 수 있으며 개인 카메라를 맡기고 사진이나 영상을 부탁해도 된다. 어떤 친구의 대사량이 가장 많았는지 등의 재미난 촬영 비하인드와 정보도 전시하고 있다. 일정, 시간을 지정해 예약해도 줄을 서서 들어가는 인기 전시 공간이니 예매는 필수.

🚶 ④ ⑥ 라인 23 St역에서 도보 2분 　📍 130 E 23rd St, New York, NY 10010
🕐 목~일 10:00~19:00 　❌ 월·화·수요일 　💲 스탠더드 티켓 $45.50
🏠 www.friendstheexperience.com

느낌 있는 사진 전시 ······ ④

포토그라피스카 뉴욕
Fotografiska New York

2010년 스톡홀름에서 창립한 사진 단체로 뉴욕에도 지점이 있다. 애니 레보비츠, 데이비드 라샤펠 등 세계적인 사진 작가들의 작품을 전시한다. 영구 전시가 없어 계속해서 다른 주제로 전시를 개최하며, 작품은 판매하지 않는다.

🚶 ④ ⑥ 라인 23 St역에서 도보 1분 📍 281 Park Ave South New York 10010 🕐 일~목 10:30~21:30, 금·토 10:30~22:30 ❌ 추수감사절, 크리스마스 💲 $28
📞 +1 212-433-3686 🏠 newyork.fotografiska.com

한글이 반가운 뉴욕 최고의 고깃집 ······ ①

꽃 COTE

드라이에이징 스테이크를 손님이 직접 구워 먹을 수 있는 한국식 그릴 하우스. 고기는 모두 미국산 소고기 등급 중 최상위인 USDA 프라임 등급을 사용한다. 다양한 부위를 취향대로 주문할 수 있으며 된장찌개, 김치찌개, 비빔국수, 깍두기 볶음밥 등 한국인이라면 으레 고기와 함께 먹어야 하는 사이드 메뉴를 갖추고 있어 더욱 반갑다.

🚶 N, Q, R, W 라인 23 St역에서 도보 4분 / F, M 라인 23 St역에서 도보 4분 📍 16 W 22nd St, New York, NY 10010 🕐 17:00~24:00
💲 스테이크 오마카세 $225(1인), 뉴욕 스트립 드라이 에이징 $56
📞 +1 212-401-7986 🏠 www.cotekoreansteakhouse.com

비밀의 문을 열고 들어가 만나는 ······ ②

페이턴트 펜딩 Patent Pending

카페 페이턴트 커피Patent Coffee의 숨겨진 문을 열고 들어가면 만날 수 있는 어둑한 스피크이지 바. 발명·전기의 천재 니콜라 테슬라가 거주하며 전파 실험을 했던 건물에 자리해 전기를 테마로 한 이름의 칵테일과 와인, 맥주를 판매한다. 안주로는 여러 종류의 그릴드 치즈와 수프, 각종 샐러드와 디저트가 있다.

🚶 N, Q, R, W 라인 28 St역에서 도보 3분 📍 49 W 27th St, New York, NY 10001 🕐 일~수 17:00~24:00, 목~토 17:00~02:00 💲 칵테일 $21 📞 +1 212-689-4002
🏠 www.patentpendingnyc.com

아토믹스 ATOMIX

한국인 부부가 운영하며, 이미 너무 유명해 소개가 필요 없을 정도로 뉴욕 파인 다이닝 랜드마크로 자리 잡았다. 본인이 사용할 젓가락을 고르는 것으로 시작해 U자 모양의 카운터 테이블에서 셰프와 요리를 매개로 공감을 나누는 특별한 파인 다이닝. 그때그때 제철 식재료를 사용해 메뉴가 수시로 바뀌니 홈페이지에서 확인해볼 것. 수제비나 죽, 조청 등 한식 명칭을 그대로 사용하며 퓨전이지만 한식 고유의 맛을 제대로 경험할 수 있어 한국 사람들도, 뉴요커들도 대만족한다. 와인이나 칵테일 페어링도 훌륭하다.

🚶 ④ ⑥ 라인 28 St역에서 도보 1분 📍 104 E 30th St, New York, NY 10016
🕐 17:30, 20:30 두 타임으로 나누어 운영하며 최소 1~2개월 전 예약 필수
💲 테이스팅 메뉴 1인 $395 🏠 www.atomixnyc.com

아토보이 ATOBOY

이름에서 알 수 있듯 아토믹스에서 운영하는 또 다른 공간. 미니멀한 인테리어와 한식의 조화가 새롭다. 테이스팅 메뉴 포맷으로 서빙되는 한정식 코스로, 여러 요리 중 하나씩 골라 3코스를 원하는 대로 조합해 주문한다. 아는 맛을 새롭게 먹어볼 수 있는 특별한 경험이기 때문에 한국에 돌아가면 매일 먹을 한식이라 여행 중에는 먹지 않겠다는 사람들에게도 추천한다. 인기가 워낙 많아 오픈 시간이 아니라면 줄을 오래 서야 해 예약이 필수.

🚶 ④⑥ 라인 28 St역에서 도보 1분 📍 43 E 28th St, New York, NY 10016 🕐 일~목 17:00~21:00, 금·토 17:00~22:00 💲 고정 3코스 메뉴 $75(메인, 스타터, 디저트에서 선택/추가 가능) 📞 +1 646-476-7217 🏠 www.atoboynyc.com

---

업랜드 Upland

높은 천장과 넓고 밝은 공간에 어울리는, 이탈리아 요리를 살짝 영향받은 캘리포니아의 건강한 메뉴를 즐길 수 있는 식당. 브런치에 특히 잘 어울리며 비즈니스 미팅이나 분위기 있는 저녁 식사 장소로도 좋다. 다양한 스테이크와 연어 요리가 인기가 많고, 디저트로는 땅콩버터 크림과 오트밀 땅콩버터 쿠키로 만든 '너터버터'가 맛있다.

🚶 ④⑥ 라인 28 St역에서 도보 1분 📍 345 Park Ave S, New York, NY 10010 🕐 월~목 11:30~15:00, 17:00~22:00 금 11:30~15:00, 17:00~23:00 토 10:00~15:00, 17:00~23:00 일 10:00~15:00, 17:00~21:00 브런치 토·일 10:00~15:00 💲 마르게리타 피자 $22, 부라타 샐러드 $22, 비프 타르타르 $22 📞 +1 212-686-1006 🏠 uplandnyc.com

갤러리와 다이닝의 멋진 만남 ⸺⸺ ⑥

갤러리 바이 오도 THE GALLERY by Odo

일식 레스토랑이라고 소개하고 있지만 사실 다양한 아시아 퓨전 요리를 로테이션하며 선보인다. 갤러리에 전시하는 작품의 테마와 맞게 티벳 공예품을 전시할 때는 티벳에서 영감을 받은 요리나 그곳에서 공수해온 식재료를 사용한다. 일관성 있으면서도 분기별로 바뀌는 메뉴 덕분에 단골들이 계속해서 찾는 곳.

🏃 N, Q, R, W 라인 23 St역에서 도보 4분 📍 17 W 20th St, New York, NY 10011
🕐 화~일 11:45~14:30, 17:00~22:30 ❌ 월요일 💲 때마다 상이
📞 +1 917-454-8095 🏠 www.odogallery.nyc

분위기가 다했다 ⸺⸺ ⑦

라드레스 노마드 L'Adresse Nomad

음식도 맛있지만 그 맛을 잊을 정도로 분위기가 최고인 레스토랑. 로맨틱한 조도 아래 반짝이는 칵테일 바와 편안한 다이닝 테이블로 구성되어 있다. 특별한 저녁 식사를 원한다면 브라이언트 파크 앞의 라드레스와는 전혀 다른 분위기의 노마드 지점을 선택하자. 칵테일과 잘 어울리는 생굴, 연어 타르타르 등의 입맛을 돋우는 생식 메뉴는 물론이고 샐러드와 스타터, 디저트 모두 맛있다.

🏃 N, Q, R, W 라인 28 St역에서 도보 1분 📍 1184 Broadway, New York, NY 10001
🕐 월~금 17:00~22:00, 토 11:00~22:00, 일 11:00~16:00 💲 뉴욕 스트립 $49, 연어 타르타르 $25, 트러플 버거 $39 📞 +1 212-221-2510 🏠 ladressenyc.com

····· ⑧
갓 튀겨낸 따끈하고 달콤한 도넛

도우 도넛 Dough Doughnuts

밀가루 반죽을 튀기고 설탕을 입혔으니 당연히 맛있겠지만 이곳 도넛은 더욱 환상적으로 쫄깃하고 또 달콤하다. 연중 내내 판매하는 도넛 이외에도 핼러윈이나 크리스마스 시즌에 맞춰 특별 도넛을 판매한다. 초콜릿, 블러드 오렌지, 키 라임 파이 등 달콤새큼한 맛이 골고루 있다. 레몬즙과 레몬 껍질을 듬뿍 넣어 만든 레몬 포피는 특별 주문으로만 구입 가능하다.

🚶 ④ ⑥ 라인 23 St역에서 도보 8분 📍 14 W 19th St, 5th Ave, New York, 10011 🕐 월~토 09:00~19:00, 일 09:00~18:00 💲 개당 $5.65 📞 +1 212-243-6844
🏠 www.doughdoughnuts.com

····· ⑨
힙하고 멋스러운 카페인 충전소

스텀프타운 커피 로스터스 Stumptown Coffee Roasters

2009년 문을 연 뉴욕 1호점으로 현재 뉴욕에 지점이 세 개 있다. 힙스터들의 성지 ACE 호텔 로비에 자리하며 카페 자체는 크지 않지만 주문한 음료를 가지고 연결되어 있는 호텔 로비에 가서 마실 수 있다. 에스프레소와 드립 커피, 콜드 브루 모두 있으며 베이커리류도 괜찮다. 고소하고 깊은 맛의 라테를 추천.

🚶 N, Q, R, W 라인 28 St역에서 도보 1분 📍 18 W 29th St, New York, NY 10001
🕐 월~금 07:00~15:00, 토·일 08:00~15:00 💲 카페라테 $5.50 📞 +1 855-711-3385
🏠 www.stumptowncoffee.com/locations/newyork/ace-nyc

밀크 바 Milk Bar

독창적인 스타일로 스타덤에 오른 페이스트리 셰프 크리스티나 토시의 디저트 가게. 시리얼을 한참 담갔다 걸러 만든 달콤한 시리얼 우유, 케이크 아이싱 등 아는 재료로 독특한 레시피를 개발해 센세이션을 일으키고 있다. 뉴욕에 여러 지점이 있고 이곳은 플래그십 스토어다.

🚶 N, Q, R, W 라인 28 St역에서 도보 1분
📍 1196 Broadway, New York, NY 10001 🕐 월·화 09:00
~24:00, 수~일 09:00~01:00 💲 시리얼 밀크 아이스크림 $7
📞 +1 347-974-4975 🏠 milkbarstore.com

사지스 델리카테센 앤 다이너
Sarge's Delicatessen and Diner

역사와 전통의 델리! 유대인이 아니어도 마초볼 수프로 속을 따뜻하게 채우고 향신료로 양념한 훈제 고기인 파스트라미를 듬뿍 넣은 샌드위치로 배부른 점심을 먹으러 오는 뉴요커들이 많다. 마초Matzo는 유대교 예배 의식 때 사용하는 누룩을 넣지 않고 구운 빵, 무교병을 말한다. 따라서 많은 뉴욕 다이너에서 마초볼 수프를 볼 수 있다. 오래된 집들이 그렇듯 무심하지만 신속하고 정확한 테이블 서비스도 눈에 띈다.

🚶 ④ ⑥ 라인 33 St역에서 도보 7분 📍 548 3rd Ave, New York, NY
10016 🕐 10:00~22:00, 12월 24일·31일 10:00~20:00, 크리스마스
12:00~20:00 ❌ 1월 1일 💲 파스트라미 버거 $23.95, 치킨 마초볼
수프 $8.95 📞 +1 212-679-0442 🏠 www.sargesdeli.com

리세 Lysée

한국과 프랑스 두 나라가 영감의 원천이라는 이은지 셰프의 디저트 숍. 하나하나 섬세하고 아름다워 눈으로 먼저 음미하게 된다. 수정과, 고구마 라테 등 한국인 입맛에 맞는 메뉴부터 배 타르트와 같이 계절 특별 메뉴, 딱 봐도 한과에서 영감을 받았을 모양의 케이크와 파리 어느 파티시에 전문점과 견주어도 좋을 마블 케이크, 쇼트 브레드, 피낭시에 등 모든 메뉴를 추천. 그중 가장 인기 있는 것은 상호명와 동일한 시그니처와 옥수수 맛이 진하게 나는, 앙증맞은 옥수수 케이크. 1층 테이블 자리가 그리 넓지 않으니 미리 예약하자. 2층에서는 디저트 구입이 가능하다.

🚶 ④ ⑥ 라인 23 St역에서 도보 2분
📍 44 East 21st Street, NY 10010
🕐 수·목 12:00~18:00, 금·토 12:00~20:00, 일 11:00~19:00 ❌ 월·화요일
💲 시그니처 브라운 라이스 음료 $9, 피칸 피낭시에 $12, 리세 $17
🏠 www.lyseenyc.com

오롯이 커피에만 집중하는
로스터리 카페 ······ ⑬

고담 커피 로스터스
Gotham Coffee Roasters

흑백 인테리어가 언뜻 차갑게 느껴지지만 막상 들어가
자리 잡고 앉으면 아늑한 기분이 가득한 트렌디한 커피
체인. 선별한 로스터리에서 가져온 커피콩을 판매한다.
페이스트리 메뉴도 먹을 만해 아침 일찍부터 바쁜 뉴요
커들로 북적인다. 앉아서 책을 보거나 다음 일정을 계획
하기 좋은 공간도 있다.

🏃 N, Q, R, W 라인 23 St역에서 도보 5분 📍 23 W 19th St,
New York, NY 10011 🕐 월~금 07:00~18:00, 토·일 09:00~
17:00 💲 핸드 브루 $5, 에스프레소 토닉 $5.50
📞 +1 212-255-2972 🏠 www.gothamroasters.com

에너지 가득한 티타임 ······ ⑭

차 차 맛차 Cha Cha Matcha

온통 경쾌한 핑크와 녹색으로 꾸민 녹차 전문점. 차분한 티 하우스가 아니라 체
인 카페처럼 시끌벅적하고 에너지 넘치는 분위기가 특징이다. 녹차를 기반으로
한 다양한 디저트와 마실 거리를 판매한다. 말차 아이스크림, 질소 커피와 섞어
만드는 나이트로Nitro 말차 라테 등 건강한 녹차를 재미있고 달콤하게 먹을 수
있다.

🏃 N, Q, R, W 라인 28 St역에서 도보 1분
📍 1158 Broadway, New York, NY 10001
🕐 월~목 07:30~20:00, 금~일 08:00~20:00
💲 말차 라테 $6 📞 +1 646-895-9484
🏠 chachamatcha.com

힙하고 영한 명품 셀렉트 숍 .... ①

도버 스트리트 마켓
Dover Street Market

런던에 본사가 있는 멀티 브랜드 숍. 뉴욕을 비롯해 도쿄, 싱가포르, 베이징과 LA에도 지점이 있다. 패션 브랜드 꼼데가르송에서 젊은 디자이너들의 작품과 명품을 큐레이션해 판매하는 것을 목적으로 만들었다. 남다른 취향의 바이어들이 여러 브랜드에서 가장 멋진 제품만 쏙쏙 골라 와 매장에 있는 모든 걸 갖고 싶다는 욕심이 단점이라면 단점. 여느 명품 셀렉트 숍과 달리 스트리트, 어반 브랜드 비중이 높아 젊은 층에게 인기가 많다.

🚶 ④⑥ 라인 28 St역에서 도보 4분
📍 160 Lexington Ave, New York, NY 10016
🕐 월~수 11:00~18:00, 목~토 11:00~19:00,
일 12:00~18:00 📞 +1 646-837-7750
🏠 newyork.doverstreetmarket.com

광장을 가득 메우는 푸른 시장 .... ②

유니언 스퀘어 그린 마켓
Union Square Green Market

유니언 스퀘어는 만남의 광장으로 인기가 많지만 무엇보다 신선한 계절 식재료를 판매하는 그린 마켓 때문에 인파가 더욱 몰린다. 꽃과 빵, 치즈, 와인 등이 한자리에 모여 구경하는 재미도 충분히 좋은 곳. 유명 셰프들이 요리해 팔기도 하고, 쿠킹 시연 쇼나 팝업 스토어, 책 사인회 등 다양한 이벤트도 종종 열린다. 1976년 시작해 점점 더 규모가 커지는 중. 크리스마스 시즌에는 성탄절 테마의 홀리데이 마켓이 열린다.

🚶 ④⑤⑥ L, N, Q, R, W 라인 14 St-Union Sq역 바로 앞
📍 Union Square W &, E 17th St, New York, 10003
🕐 월·수·금·토 08:00~18:00 ❌ 화·목·일요일 📞 +1 212-788-7900
🏠 www.grownyc.org/unionsquaregreenmarket

탄소 자원에 관한 시계가 광장에?

광장에서 볼 수 있는 원 유니언 스퀘어 사우스One Union Square South 빌딩 외부에 설치된 메트로놈Metronome 시계는 2020년부터 기후 위기에 대한 경각심을 불러일으키고자 탄소 자원을 모두 소진하는 시점까지 카운트다운하는 시계로 바뀌었다. 시장을 돌아보고 의미 깊은 이 시계도 한번 올려다보자.

호그와트 친구들 모두 모여라 ③
해리 포터 뉴욕
Harry Potter New York

뉴욕에 상륙한 영화 '해리 포터' 상점. 전 세계 최대 규모의 해리 포터 관련 상품을 판매하는 곳으로, 영화와 책에서 보았던 거의 모든 것을 만날 수 있다. 호그와트 마법 학교 교복과 퀴디치용품, 문구류, 책, 지팡이, 사탕, 인테리어 소품 등 대량 구매하기 좋은 기념품부터 꽤 정교하게 잘 만든 기념품까지 종류도, 가격대도 다양하다. 버터 비어 바와 VR 체험 존도 있어서 쇼핑 목적이 아닌 해리 포터 팬들도 찾아온다.

🚶 N, Q, R, W 라인 23 St역에서 도보 1분　📍 935 Broadway, New York, NY 10010
🕐 월~토 09:00~21:00, 일 09:00~19:00　🏠 www.harrypotterstore.com

업타운

미드타운

다운타운

다운타운
DOWNTOWN

영화나 드라마에 나오는 타운 하우스들이 어깨를 나란히 하고 서 있는 힙하고 트렌디한 다운타운. 맨해튼의 멋과 맛, 쇼핑, 금융과 행정 시설까지 밀집해 있다. 14번가로 미드타운과 구분되며 양옆으로는 허드슨강과 이스트강, 남쪽으로는 뉴욕항이 있어 운치 있는 강변 경치로 둘러싸여 있다.

AREA ① 빌리지(웨스트·그리니치·이스트)
AREA ② 소호, 리틀 이탈리아, 트라이베카
AREA ③ 로어이스트사이드, 월가, 차이나타운

창작의 영감이 솟구치는 동네

빌리지(웨스트·
그리니치·이스트)

Village(West·Greenwich·East)

**#현대 미술 전시 #재즈 #쇼핑 #이탤리언 식당
#미드 촬영지**

아티스트들이 사랑하는, 뉴욕에서도 가장 예술적인 동네로
이름난 곳. 20세기부터 보헤미안들의 수도,
LGBT 인권 운동의 요람 역할을 해왔다. 1960년대 반체제
운동의 중심지이기도 했으며, 뉴욕대학교가 자리해
한결 젊고 역동적인 느낌이다. 동서로 나누어 이스트빌리지,
웨스트빌리지로도 부른다.

빌리지(웨스트·
그리니치·이스트)
이렇게 여행하자

골목 하나도 그냥 지나치기 아까운, 매력이 속속들이 배어 있는 동네. 교통수단을 이용하기보다는 걸어서 돌아보자. 휘트니 미술관에서 시작해 서에서 동으로 횡단하며 드라마 '프렌즈', '섹스 앤 더 시티' 촬영지 구경과 블리커 스트리트의 쇼핑 사이사이에 식당과 카페를 찾는 것을 추천한다. 전시 관람을 즐기는 여행자라면 휘트니 미술관 일정을 맨 앞에 두는 것이 좋다.

가장 미국적인 전시를 선보이는
휘트니 미술관 P.182

드라마 속 그곳
프렌즈 아파트 P.185, **캐리 브래드쇼 아파트** P.185

서점 자체가 하나의 브랜드인
스트랜드 서점 P.195

전설적인 재즈 클럽인
블루 노트 재즈 클럽 P.191

뉴욕 대표 피자 가게
조스 피자 P.186

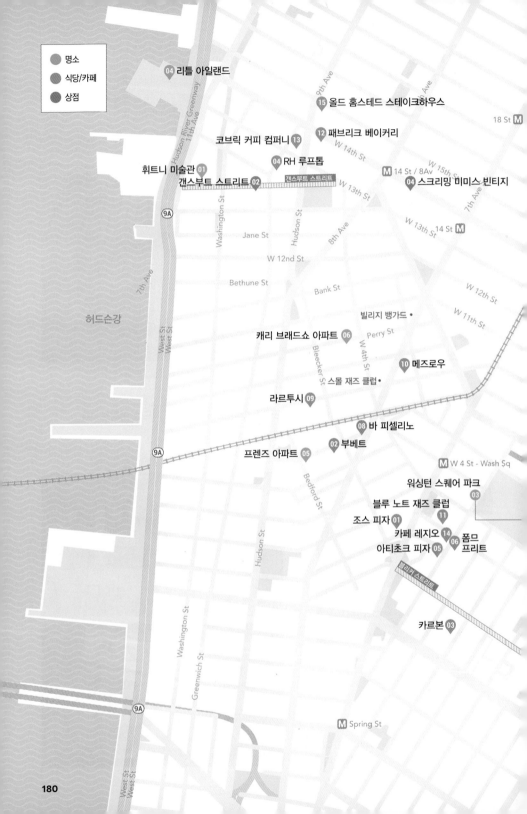

명소
식당/카페
상점

04 리틀 아일랜드

15 올드 홈스테드 스테이크하우스

18 St Ⓜ

12 패브리크 베이커리

코브릭 커피 컴퍼니 13

04 RH 루프톱

Ⓜ 14 St / 8Av

휘트니 미술관 01

갠스부트 스트리트 02 갠스부트 스트리트

04 스크리밍 미미스 빈티지

14 St Ⓜ

Jane St

W 12nd St

Bethune St

Bank St

W 12th St

빌리지 뱅가드 •

W 11th St

캐리 브래드쇼 아파트 06 Perry St

10 메즈로우

스몰 재즈 클럽 •

라르투시 09

08 바 피셀리노

02 부베트

프렌즈 아파트 05

Ⓜ W 4 St - Wash Sq

워싱턴 스퀘어 파크 03

블루 노트 재즈 클럽 11

조스 피자 01

카페 레지오 14 폼므 06
아티초크 피자 05 프리트

블리커 스트리트

카르본 03

Ⓜ Spring St

180

빌리지(웨스트·그리니치·이스트)
상세 지도

6th Ave

E 23rd St

3rd Ave

Lexington Ave

M 23 St

5th Ave

E 23rd St

3-d Ave

Irving Pl

2nd Ave

1st Ave

E 20th St

E 13th St

맥스 브레너
07 M 14 St - Unior Sq

E 12th St

Broadway

03 스트랜드 서점

M 3 Av

E 16th St

E 15th St

E 14th St

M 1 Av

E 13th St

E 12th St

E 11th St

02 뉴욕대학교

E 10th St

3-d Ave

E 9th St

E 8th St

2nd Ave

E 7th St

1st Ave

E 6th St

01 블리커 스트리트
M Bleecker St

E 5th St

E 4th St

E 3rd St

E 2nd St

E 1st St

N
W ✦ E
S

0   100m

휘트니 미술관 Whitney Museum of American Art

1930년 개관해 2015년 현재의 위치로 이전했다. 부유한 사교계의 명사이자 조각가, 예술품 수집가였던 거트루드 밴더빌트 휘트니Gertrude Vanderbilt Whitney가 설립한 미술관. 미국의 근현대 작품을 중심으로 2만5000여 점의 회화, 조각, 사진, 영상 등을 소장, 전시한다. 마크 로스코, 앤디 워홀, 조지아 오키프, 키스 해링, 잭슨 폴록, 만 레이 등 걸출한 현대 미술 작가들의 작품이 층층이 걸려 있다. 한국 미디어 아티스트 백남준 작품이 전시되어 있는 곳으로도 유명하다. 살아 있는 아티스트의 작품은 판매하지 않는 것을 원칙으로 하며, 2년마다 국제 미술 쇼 비엔날레를 주최한다.

🚶 A, C, E, L 라인 14 St-8 Av역에서 도보 8분 📍 99 Gansevoort St, New York, NY 10014 🕐 월·수·목·토·일 10:00~18:00, 금 10:30~22:00 ❌ 화요일 💲 성인 $30, 65세 이상·학생 $24, 18세 미만 무료 📞 +1 212-570-3600 🏠 whitney.org

도심 속 활기 넘치는 캠퍼스 ····· ②

뉴욕대학교 New York University

라틴어 'Perstare Et Praestare(인내하고 뛰어나게)'를 모토로, 1831년 개교한 사립 대학교. 노벨상 수상자 36명, 퓰리처상 수상자 16명 등을 배출한 명문대다. 뉴욕 중심에 위치해 캠퍼스 라이프가 활기 넘치며 인기도 매우 높다. 특히 스턴 경영학부Stern School of Business, 로스쿨, 의학 부문과 티시 예술대학Tisch School of the Arts이 유명하다. 캠퍼스는 워싱턴 스퀘어 파크 앤 아치Washington Square Park & Arch를 중심으로 여러 건물로 이루어져 공원은 언제나 학생들로 붐빈다.

피아노 치는 남자는 누구?

그랜드 피아노를 가지고 다니며 버스킹을 하는, 클래식 피아니스트 '피아노 남자Piano Guy(@howdidyougetthepianohere)'가 종종 워싱턴 스퀘어 파크에서 즉흥 공연을 펼친다. 본명은 콜린 허긴스로 15년 넘게 뉴욕에서 연주를 해오고 있다.

🚶 N, Q, R, W 라인 8 St-NYU역에서 도보 1분
📍 New York, NY 10003
📞 +1 212-998-1212 🏠 www.nyu.edu

뉴욕대 학생들의 만남의 광장 ····· ③

워싱턴 스퀘어 파크

Washington Square Park

뉴욕대 바로 앞에 위치해 유독 젊은 에너지와 싱그러움이 가득한 공원. 야외 퍼포먼스, 버스킹 등 볼거리가 늘 있다. 나무가 많아 뉴욕의 계절이 바뀌는 것을 가장 먼저 알 수 있는 곳이기도 하다. 눈이 내리면 눈싸움을, 해가 나면 피크닉을 하러 나오는 사람들로 사계절 늘 바쁘고 사교적인 공간.

🚶 A, B, C, D, E, F, M 라인 W 4 St-Wash Sq역에서 도보 4분
📍 Washington Square, New York, NY 10012
🕐 06:00~24:00 🏠 www.nycgovparks.org/parks/washington-square-park

뉴요커를 매료시킨 인공 섬 ······ ④

리틀 아일랜드 Little Island

허드슨강에 맞닿은 인공 섬으로, 허드슨 리버 파크 안에 조성되었다. 북쪽 다리와 남쪽 다리를 통해 맨해튼과 연결되며 수백 종의 식물을 만날 수 있는 산책로와 다양한 이벤트가 열리는 공연장, 햇살과 피크닉을 즐길 수 있는 잔디 구역 등으로 이루어져 있다. 뉴욕을 사랑하는 디자이너 다이앤 본 퍼스텐버그와 그녀의 남편이 추진한 프로젝트로 자연과 예술을 호흡하며 그 소중함을 느끼는 것을 목적으로 만들어진 도심 속 오아시스. 강변에 위치해 녹음과 물가를 모두 감상할 수 있다. 극단과 안무가, 연출가 등 리틀 아일랜드의 공연 문화에 관련된 사람들과 프로그램 내용을 홈페이지에서 자세히 볼 수 있으며, 조경 담당 건축가가 직접 녹음한 40분짜리 오디오 가이드도 지도와 함께 홈페이지에서 제공한다.

🚶 A, C, E, L 라인 14 St-8 Av역에서 도보 8분 📍 Pier 55 at Hudson River Park Hudson River Greenway, NY 10014 🕐 9월 5일~11월 13일 06:00~23:00, 11월 14일~3월 12일 06:00~21:00, 3월 13일~9월 4일 06:00~24:00 💲 무료(공연장에서 하는 이벤트는 유료) 🏠 littleisland.org

프렌즈 아파트 Friends Apartment

미드 '프렌즈' 팬이라면 모니카의 아파트 앞에 서는 것만으로도 가슴이 뛸 것이다. 장면이 바뀔 때마다 트랜지션으로 넣어주던 아파트 외관을 직접 보게 되다니! 카메라를 들고 서성이는 동지들과 눈웃음을 주고받으며, 10개 시즌 동안 즐거운 기억을 만들어준 미드의 전설을 추억해보자. 직접 들어가 볼 수는 없다.

🚶 ① ② 라인 Christopher St역에서 도보 3분
📍 90 Bedford St, New York, NY 10014

프렌즈 Friends
NBC에서 1994~2004년 10개 시즌으로 방영된 미국의 시트콤. 뉴욕을 배경으로 한 여섯 남녀가 겪는 일상적인 이야기로 역대 가장 큰 사랑을 받은 시트콤으로 꼽힌다. 영어 공부를 하기에도 적합해 우리나라에서도 인기가 대단하다. 종영 후 한참 시간이 지났음에도 OTT 플랫폼에서 여전히 수요가 많은 콘텐츠로 기록을 세우고 있을 정도.

캐리 브래드쇼 아파트
Carrie Bradshaw's Apartment

마놀로 블라닉을 신고 경쾌하게 뛰어 내려오던 그녀의 발걸음 소리가 들리는 듯한 워크업 스타일의 아파트. 사유지이기 때문에 들어갈 수 없고 계단을 오르는 것도 금지되어 있다. 하지만 여전히 그 앞을 서성이는 드라마 팬들이 있다.

🚶 ① ② 라인 Christopher St역에서 도보 3분
📍 66 Perry St, New York, NY 10014

섹스 앤 더 시티 Sex and the City
캔디스 부시넬의 1997년 동명 소설을 바탕으로 만들어진 시트콤으로 HBO의 최대 히트작. 1998~2004년 6개 시즌으로 만들어졌다. 뉴요커 여성 네 명의 일과 사랑, 우정을 다룬다. 가감 없는 표현과 멋진 패션으로 대중과 평단에게 모두 큰 호평을 받았다.

미드 팬들을 위한 미드 투어

★ 모두 영어로 진행

· **프렌즈 Friends 투어** NYC TV & Movie 투어에 프렌즈가 포함되어 있다. 모니카와 챈들러의 결혼 장소, 오프닝 크레딧 촬영 분수, 챈들러의 직장, 조이가 향수 판매원으로 일하던 백화점 등을 돌아본다.

🏠 onlocationtours.com/locations/friends ⑤ $61

· **섹스 앤 더 시티 Sex and the City 투어** 구두 가게, 에이단의 가구 상점, 컵케이크로 유명한 매그놀리아 컵케이크 등의 장소를 돌아본다.

🏠 러빙 뉴욕 loving-newyork.com/sex-and-the-city-tour-in-new-york
🏠 온로케이션 투어 onlocationtours.com/new-york-tv-and-movie-tours/sex-and-the-city-hotspots-tour ⑤ $66

· **가십걸 Gossip Girl 투어** 촬영 장소 30곳 이상을 방문한다. 뉴욕에 사는 출연진들에 대한 비하인드 등 재미난 이야기도 많이 풀어놓는다.

🏠 loving-newyork.com/gossip-girl-tour-nyc ⑤ $66

뉴욕 피자를 대표하는 ⋯⋯ ①
조스 피자 Joe's Pizza

이탈리아 나폴리 출신의 조 포추올리가 1975년 창업한, 뉴요커들에게 가장 많이 사랑받는 피제리아. 치즈 토핑 하나로 클래식한 뉴욕 슬라이스의 전형을 선보이고, 수많은 매체에서 뉴욕 최고의 피자로 꼽힌다. 이곳이 본점으로 조가 여전히 직접 오븐을 살핀다. 뉴욕에 지점이 총 6개 있으며 피자 맛은 모두 두말할 것 없다. 한 조각으로는 어림없고, 새벽에 다운타운에서 신나게 놀다 들어가기 전에 먹을 때 가장 맛있다.

🚶 A, B, C, D, E, F, M 라인 W 4 St-Wash Sq역에서 도보 1분
📍 7 Carmine St, New York, NY 10014
🕐 일~목 10:00~03:00, 금·토 10:00~05:00
💲 치즈 피자 $4 📞 +1 212-366-1182
🏠 www.joespizzanyc.com

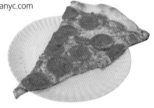

사랑스러운 브런치 가게 ⋯⋯ ②
부베트 Buvette

프렌치 스타일의 브런치 메뉴를 선보인다. 햇살이 잘 들어오는 바 자리도, 테이블 자리도 좋다. 갓 짠 신선한 주스, 고소한 커피와 잘 어울리는 토스트로 다운타운에서의 멋진 하루를 시작하기 좋은 곳. 적당한 말소리와 접시 달그락거리는 소리가 기분 좋다. 서비스도 빠르고 친절하다.

🚶 ①② 라인 Christopher St역에서 도보 2분 📍 42 Grove St, New York, NY 10014
🕐 08:00~24:00 💲 카푸치노 $6.50, 크로크 무슈 $18 📞 +1 212-255-3590
🏠 www.ilovebuvette.com

예약을 서둘러야 하는
인기 만점 핫 플레이스 ⋯⋯⋯ ③

카르본 Carbone

20세기 중반 뉴욕에서 크게 인기를 끌었던 이탤리언
식당을 모델로 삼아 클래식하게 꾸민 곳. 시그니처인
스파이시 리가토니 보드카 Spicy Rigatoni Vodka 는 전혀
맵지 않다. 요리명에 '보드카'가 들어가는 이유는 실제
로 보드카 술이 소스에 들어가기 때문. 하지만 요리 중
알코올은 모두 날아가고 토마토소스를 더욱 부드럽게
하기 때문에 취할 걱정은 없다. 살짝 매콤한데 감칠맛
이 대단하다. 파스타 메뉴와 메인인 육류, 생선 요리 모
두 훌륭하며 글라스로 판매하는 와인도 요리와 잘 어
울린다. 세심하고 유쾌한 서비스도 나무랄 데 없다.

🚶 ① ② 라인 Houston St역에서 도보 6분
📍 181 Thompson St, New York, NY 10012
🕐 월 17:00~23:30, 화~일 11:30~14:00, 17:00~23:30
💲 스파이시 리가토니 보드카 $34
📞 +1 212-254-3000 🏠 carbonenewyork.com

인기 최고의 루프톱 식당 ⋯⋯⋯ ④

RH 루프톱 RH Rooftop

지금 미트패킹 디스트릭트 Meatpacking District 동네에서 가장 인기 있는 식당으
로, 미국의 고급 가구 브랜드 레스토레이션 하드웨어 Restoration Hardware 갤러리
매장 꼭대기층에 자리한다. 대형 샹들리에와 통유리창을 통해 들이치는 햇살로
더욱 환하고 반짝이는 곳. 클래식한 아메리칸·이탤리언 메뉴를 선보이며 브런치
를 먹으러 아침에 오기에도, 무드 있는 저녁을 보내기에도 모두 좋다.

🚶 A, C, E, L 라인 14 St-8 Av역에서 도보 5분 📍 9 9th Ave, New York, NY 10014
🕐 10:00~21:00 💲 RH 버거 $22, 아보카도 토스트 $20 📞 +1 212-217-2210
🏠 rh.com/us/en/newyork/restaurant

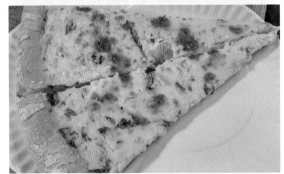

새벽까지 열려 있는 피자 가게 ⋯⋯ ⑤
아티초크 피자 Artichoke Pizza

우리에게는 생소한 아티초크를 주인공으로 한 피자라니⋯ 4대째 요식업에 종사하는 가문의 두 친구가 마음을 맞춰 2008년 오픈한 피제리아. 대표 메뉴는 아티초크 피자. 아티초크와 시금치, 크림소스, 모차렐라, 페코리노 로마노 치즈를 올려 굽는다. 그 외 미트볼, 크랩 등 이곳만의 메뉴가 여럿이니 새로운 맛이 궁금한 피자 애호가라면 주저 없이 주문해보자.

🚶 A, B, C, D, E, F, M 라인 W 4 St-Wash Sq역에서 도보 2분 📍 111 MacDougal St, New York, NY 10012 🕐 일~목 11:00~23:00, 금·토 11:00~04:00 💲 아티초크 피자 슬라이스 $6.95 📞 +1 646-278-6100 🏠 www.artichokepizza.com

감자튀김으로만 한 끼 가능 ⋯⋯ ⑥
폼므 프리트 Pommes Frite

감자튀김의 원조인 벨기에식 감자튀김 하나로 다운타운을 평정했다. 이제껏 먹어온, 체인 햄버거 가게의 감자튀김과는 격이 다르다. 작은 사이즈(레귤러)도 푸짐해 꽤 든든하다. 주문할 때마다 수많은 종류의 소스 중 몇 가지만 고를 수 있어 고민. 갓 튀겨 뜨거운 감자튀김을 매콤 새콤달콤한 소스와 기본 케첩, 마요네즈에 찍어 먹는 재미에 어느새 한 통을 다 해치우게 된다.

🚶 A, B, C, D, E, F, M 라인 W 4 St-Wash Sq역에서 도보 2분 📍 128 MacDougal St, New York, NY 10012 🕐 일~수 11:00~24:00, 목 11:00~01:00, 금·토 11:00~02:00 💲 레귤러 $8.50 📞 +1 212-674-1234 🏠 www.pommesfritesnyc.com

깊고 진한 초콜릿 ······· ⑦
맥스 브레너 Max Brenner

진하고 매콤한, 고추가 들어간 멕시칸 핫 초콜릿으로 유명한 곳. 그 외에도 마시멜로, 땅콩버터, 오레오, 솔티드 캐러멜, 오리지널 등 핫 초콜릿 종류만 여럿이다. 초콜릿 먹기 전에 배를 채우고 싶은 사람들을 위한 식사 메뉴도 크레페, 버거, 샐러드, 샥슈카, 피자 등 다양하다. 초콜릿은 바, 박스로도 판매한다.

🚶 ④⑤⑥ L, N, Q, R, W 라인 14 St-Union Sq역에서 도보 1분 📍 841 Broadway, New York, NY 10003 🕐 월~목 09:00~01:00, 금·토 09:00~02:00, 일 09:00~24:00
💲 멕시칸 스파이시 핫 초콜릿 $6
📞 +1 646-467-8803 🏠 maxbrenner.com

하루 중 언제 찾아도 좋은 ······· ⑧
바 피셀리노 Bar Pisellino

뉴욕에서 가장 분위기 좋은 카페 겸 바. 크림으로 속을 채운 작은 이탈리언 도넛 봄볼로네와 함께 이탈리언 커피를 마시며 아침 식사를 해도 좋다. 저녁 식사 전 가볍게 식전주와 한입 거리를 먹으러 가기에도, 식사 시간에 맞추어 방문하기에도 역시 좋다. 최근 한국에 지점을 연 브런치 카페 부베트Buvette의 대표가 운영한다. 그리 넓지 않아 대기하다 들어갈 수 있지만 충분히 그럴 만한, 대체 불가한 공간. 예약은 받지 않는다.

🚶 ①② 라인 Christopher St역에서 도보 1분
📍 52 Grove St, New York, NY 10014
🕐 일~목 08:00~23:00, 금·토 08:00~24:00
💲 아페롤 스프리츠 $16, 봄볼로네 $5
🏠 www.barpisellino.com

189

캐주얼과 파인 다이닝 그 사이 ······ ⑨
라르투시 L'artusi

맛있는 요리와 아늑하면서도 고급스러운 분위기, 친절하지만 과하지 않은 서비스 등 중도의 정도를 걷는 식당. 이탈리아 요리를 전면에 내세우는 만큼 생면 파스타가 맛있으며, 미국 대표 요리라 할 수 있는 로스트 치킨도 괜찮다. 사이드도 메인 못지않게 맛이 좋으니 꼭 시켜서 배불리 먹어보자. 예약이 쉽지 않으니 미리미리 할 것.

🚶 ①②라인 Christopher St역에서 도보 3분 📍 228 W 10th St, New York, NY 10014 🕐 월~목 12:00~14:30, 17:00~23:00, 금 12:00~14:30, 17:00~24:00, 토·일 11:00~14:30, 17:00~24:00 💲 로스트 치킨 $34, 부카티니 $23
📞 +1 212-255-5757 🏠 www.lartusi.com

재즈 피아노 한 대로 충분한 공간 ······ ⑩
메즈로우 Mezzrow

빅 밴드 공연도 좋지만 나와 재즈 선율만 세상에 남은 듯한 기분으로 충만하게 해주는 작고 어두운 재즈 바가 더 뉴욕답다. 블루 노트 재즈 클럽이 브로드웨이 공연처럼 관광객을 위한 곳이라면 뉴요커들은 재즈가 필요한 밤, 이곳을 찾는다. 하루 2회 오후 7시 30분과 9시 공연이 있다.

🚶 ①②라인 Christopher St역에서 도보 1분
📍 163 W 10th St, New York, NY 10014
🕐 19:00~00:30 💲 커버 차지 $25~
🏠 www.smallslive.com/mezzrow

전설적인 뉴욕 재즈 바 ······ ⑪

블루 노트 재즈 클럽 Blue Note Jazz Club

1981년 문을 연 이래 뉴욕에서 가장 유명한 재즈 클럽이 되었다. 밤마다 그리니치빌리지를 재지한 선율로 가득 채운다. 실력 있는 뮤지션들로만 프로그램을 구성하니 홈페이지에서 미리 확인하고 예약할 것을 추천한다. 예약했더라도 선착순으로 자리가 배정되니 공연 최소 1시간 30분 전에는 도착해야 좋은 자리를 안내받을 수 있다. 간단한 음식이나 음료를 주문해 기다릴 가치가 있을 정도로 공연 퀄리티가 뛰어나니 부지런히 갈 것. 바로 옆에 있는 빌리지 언더그라운드 Village Underground도 추천할 만한 재즈 공연장이다.

🏃 A, B, C, D, E, F, M 라인 W 4 St-Wash Sq역에서 도보 1분
📍 131 W 3rd St, New York, NY 10012 🕐 18:00~ (공연 시간은 홈페이지 참고)
💲 입장료는 공연별로 다름, 칵테일 $17~ 📞 +1 212-475-8592
🏠 www.bluenotejazz.com

━━ 🎵 함께 둘러보면 좋은 곳 ━━

뉴욕에서 가장 역사가 오래된 재즈 클럽
빌리지 뱅가드 Village Vanguard

최고의 재즈 아티스트 마일스 데이비스와 존 콜트레인이 자주 연주하던, 1960년대부터 뉴욕 재즈의 전설로 군림해온 공연장. 1935년 오픈하고 포크 음악과 비트Beat 세대(1950년대 미국의 경제적 풍요가 낳은 부작용에 반발하고 산업화 이전의 전원적이고 인간적인 면모를 중시하던 젊은 세대)의 시 낭독을 무대에 올렸지만 곧 재즈에만 집중했다.

🏃 178 7th Ave S, New York, NY 10014
🏠 www.villagevanguard.com

라이브 재즈와 잼 세션
스몰 재즈 클럽 Smalls Jazz Club

1994년 오픈해 뉴욕의 신예 재즈 아티스트를 키워온 클럽. 아직 잘 알려지지 않았지만 실력이 대단한 아티스트들을 발굴하는 곳으로 유명하다. 모던 비밥과 하드 밥 장르에 특히 강하며 60여 명을 수용하는, 작지만 개성 강한 공연장이다.

🏃 183 W 10th St, New York, NY 10014
🏠 www.smallslive.com

스웨덴에서 왔어요 ⋯⋯⋯⑫

패브리크 베이커리 Fabrique Bakery

유럽 전역에 지점을 두고 있는 유명한 스웨덴 베이커리의 뉴욕 지점. 뉴요커에게 는 생소한 북유럽식 빵도 많아 아는 맛, 모르는 맛을 골라 먹는 재미가 있다. 쫄 깃한 식감의 카다몬 번과 시나몬 번이 가장 인기가 많다.

🚶 A, C, E, L 라인 14 St-8 Av역에서 도보 2분
📍 348 W 14th St, New York, NY 10014
🕐 월~금 07:00~19:00, 토·일 08:00~19:00
💲 시나몬 번 $5.50 📞 +1 917-261-2476
🏠 fabriquebakery.com

간단한 식사와 맛있는 커피 ⋯⋯⋯⑬

코브릭 커피 컴퍼니 Kobrick Coffee Co.

여러 종류의 토스트와 베이커리가 있고 칵테일과 샤퀴테 리, 디저트 등을 갖추었다. 하지만 무엇보다 커피가 맛있 어 거듭 찾게 되는 곳으로 빈티지한 분위기의 아늑한 공 간이다. 작은 사이즈의 카페라테인 코르타도를 추천.

🚶 A, C, E, L 라인 14 St-8 Av역에서 도보 4분
📍 24 9th Ave, New York, NY 10014
🕐 07:00~22:00 💲 코르타도 $4.25, 라테 $4.50
📞 +1 212-255-5588 🏠 www.kobricks.com

카페 레지오 Caffe Reggio

1927년부터 영업 중인 진짜배기 이탈리언 에스프레소 바. 미국에서 가장 먼저 카푸치노를 서빙했다. 새벽까지 시끌시끌한 빌리지 사람들을 위해 늦은 시각에도 운영한다. 파니니, 부르스케타, 수프 등 먹거리도 판매한다.

🏃 A, B, C, D, E, F, M 라인 W 4 St-Wash Sq역에서 도보 2분 📍 119 MacDougal St, New York, NY 10012
🕐 일~목 09:00~03:00, 금·토 09:00~04:30
💲 카푸치노 $5 📞 +1 212-475-9557
🏠 www.caffereggio.com

올드 홈스테드 스테이크하우스 Old Homestead Steakhouse

tvN '백종원의 스트리트 푸드 파이터' 뉴욕 편에도 소개된 바 있는 스테이크 맛집. 150년 동안 그 자리에서 쭉 영업해온 첼시 터줏대감이다. 지금은 흔적을 찾아볼 수 없지만 수십 년 전에는 식당 주변에 정육점, 도살장들이 많았다고. 다른 스테이크하우스에 비해 고기 본연의 맛을 더욱 살려 육향이 진하게 나는 것이 특징이다.

🏃 A, C, E, L 라인 14 St-8 Av역에서 도보 3분
📍 56 9th Ave, New York, NY 10011
🕐 화~금 17:00~21:00, 토 17:00~22:00, 일 16:00~21:00 ❌ 월요일 💲 센터컷 등심 16oz $69, 필레 미뇽 10oz $59, 2인용 프라임 포터하우스 $158 📞 +1 212-242-9040
🏠 www.theoldhomesteadsteakhouse.com

멋진 상점이 모두 모여 있어요 ······ ①
블리커 스트리트
Bleecker Street

🚶 ④ ⑥ 라인 Bleecker St역
📍 Bleecker Street, New York, NY

대표 쇼핑 거리를 꼽기 어려울 정도로 다운타운은 사방에 멋진 상점들이 늘어서 있지만 특히 이곳에는 눈에 띄는 매장이 많다. 나란히 위치한 상점들을 차례로 들어가 쇼핑할 수 있어 백화점과는 또 다른 재미가 있다. 모자 브랜드 구린 브로스 외에도 마크 제이콥스의 편집 숍 북마크 Bookmarc, 한국에서도 인기가 많은 니치 향수 브랜드 딥티크 Diptique, 폴 스미스 Paul Smith, 이솝 Aesop 등 다양한 브랜드 매장들이 양옆으로 즐비하다. 쇼핑 대로 머서 스트리트 Mercer Street와 브로드웨이가 교차하고 있으니 이 거리도 함께 거닐며 아이쇼핑을 즐겨보자. 낮에는 쇼핑하러 오는 사람들로 붐비지만 작은 공연장이 많은 거리로도 유명해 밤에는 재즈나 스탠드업 코미디 공연을 보러 찾는 이들로 바쁘다.

미트패킹 지역의 쇼핑 대로 ······ ②
갠스부트 스트리트 Gansevoort Street

길지 않지만 보고 싶은 상점들은 여기 다 있다. 휘트니 미술관 관람 앞뒤로 아이쇼핑할 시간을 꼭 만들어 둘 것. 크리스찬 루부탱 Christian Louboutin, 헬무트 랭 Helmut Lang, 빈스 Vince, 에르메스 Hermès가 있고 두 블록 뒤에는 세포라 Sephora 매장도 있다. 현재 이곳 다운타운 패션을 선도하는 모습에서는 상상할 수 없지만 과거 미군 요새가 있던 자리다. 이 거리를 중심으로 한 동네를 미트패킹 디스트릭트 Meatpacking District라 부르는데, 21세기가 시작되자마자 갑자기 인기가 많아져 부동산 가격이 급등하기도 했다. 한번 불이 붙은 인기는 사그라지지 않아, 여러 패션 브랜드가 계속해서 들어서는 중이다.

🚶 A, C, E, L 라인 14 St-8 Av역에서 도보 3분
📍 Gansevoort St, New York, NY 10014

뉴욕을 대표하는 서점 ⸺ ③

스트랜드 서점 Strand Bookstore

1927년 인디 서점으로 문을 연 이래로 뉴욕에서 가장 사랑받는 서점이 되었다. 단순히 책을 파는 곳이라 치부하기엔 볼거리가 너무나 많은 매력적인 공간. 스트랜드 자체가 하나의 큰 브랜드가 되어 자체 굿즈도 다양하고 인기가 있어 기념품을 사러 오는 손님도 많다. 방대한 수량의 신간과 중고 서적을 취급하며 전체 약 250만 권 정도 보유하고 있다고. 희귀 서적도 많아 책 욕심이 있다면 하루 종일 앉아 보물찾기를 할 수도 있다. 3층에 초판본, 저자가 서명한 책 등을 모아두었다. 낡고 해진 책들을 모아 $1에 판매하는 매대도 따로 있다.

🚶 ④ ⑤ ⑥ L, N, Q, R, W 라인 14 St-Union Sq역에서 도보 3분 📍 828 Broadway, New York, NY 10003
🕐 10:00~20:00 📞 +1 212-473-1452
🏠 www.strandbooks.com

빈티지도 다 같은 빈티지가 아니다 ⸺ ④

스크리밍 미미스 빈티지 Screaming Mimis Vintage

강렬한 인상을 남길 의상을 찾는다면 여기로! 옷을 산더미처럼 쌓아놓은 매대를 뒤지는 빈티지 쇼핑이 아니다. 디자이너 브랜드 또는 정말 독특한 의상 중 상태 좋은 제품들만 골라 가져다 놓은 상점. 홈페이지에서 미리 옷을 살펴보고 갈 수 있어 편리하다.

🚶 A, C, E, L 라인 14 St-8 Av역에서 도보 1분
📍 240 W 14th St, New York, NY 10011
🕐 월~토 12:00~20:00, 일 13:00~19:00
📞 +1 212-677-6464
🏠 www.screamingmimis.com

맛과 멋이 넘쳐나는 곳

소호, 리틀 이탈리아, 트라이베카

Soho, Little Italy, Tribeca

#쇼핑 천국 #독특한 전시 #다양한 장르를 아우르는 맛집

휴스턴가 남쪽South of Houston Street에서 따온 소호SoHo와 이탈리아
이민자들이 자리 잡은 리틀 이탈리아는 다운타운에서 유난히
개성이 뚜렷한 동네. 소호는 기품 있는 주철 건축물이 특히 많기로
유명한 곳으로 뉴요커 중에서도 스타일리시한 젊은 층이
모여 살며, 리틀 이탈리아는 '작은 이탈리아'라는 이름값을 톡톡히
하는 뉴욕 속의 작은 이탈리아다. 커낼가 아래의
삼각 지대Triangle below Canal Street의 약자인 트라이베카Tribeca는
원래 농장이었다가 시장으로, 예술가들의 본거지로 여러 번
개발을 거쳐 현재 맨해튼에서 가장 비싼 동네가 되었다.

소호, 리틀 이탈리아, 트라이베카
이렇게 여행하자

양손 가볍게 도착해 묵직하게, 배고프게 도착해 배부르게 떠나야 하는 동네들이다. 전시나 명소보다 쇼핑과 식도락 비중이 매우 높으니 신나게 즐기자. 상대적으로 면적이 좁아 걸어서 다니기에도 부담 없다. 큼직한 랜드마크 대신 동네 분위기와 맛집을 찾아가는 재미가 크니 편하게 돌아보자.

★ 리틀 이탈리아에서는 나폴리의 수호 성인 산 제나로와 이탈리아 문화를 기념하는 산 제나로의 축제(Feast of San Gennaro)를 매년 9월에 11일간 성대하게 연다.

재미있는 신생 전시관인
컬러 팩토리 P.200,
아이스크림 박물관 P.201

소호의 메인 쇼핑 대로
프린스 스트리트 P.207

이탈리아 가정집 같은
일 코랄로 트라토리아 P.202

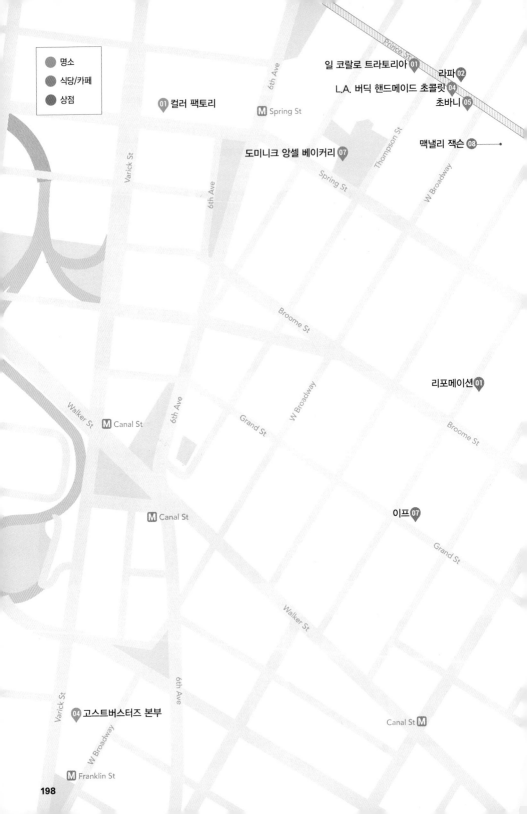

일 코랄로 트라토리아 01
라파 02
L.A. 버딕 핸드메이드 초콜릿 04
초바니 05

맥낼리 잭슨 08

● 명소
● 식당/카페
● 상점

01 컬러 팩토리

Ⓜ Spring St

도미니크 앙셀 베이커리 07

6th Ave

Thompson St

Spring St

W Broadway

6th Ave

Varick St

Broome St

리포메이션 01

Walker St

Ⓜ Canal St

6th Ave

Grand St

W Broadway

Broome St

Ⓜ Canal St

이프 07

Grand St

Walker St

Varick St

04 고스트버스터즈 본부

W Broadway

Canal St Ⓜ

Ⓜ Franklin St

소호, 리틀 이탈리아, 트라이베카 상세 지도

Ⓜ Bleecker St

Ⓜ Broadway-Lafayette St

W Houston St

Broadway

Crosby St

E Houston St

Bowery

02 아이스크림 박물관

Broadway

Lafayette St

Prince St

03 모마 디자인 스토어

Mulberry St

05 에버레인

프린스 스트리트

04 글로시에

Crosby St

Ⓜ Spring St

06 루비스

Mott St

Elizabeth St

에일린스 스페셜 치즈케이크
03

02 롬바르디스

Kenmare St

Spring St

06 새터데이스 NYC

Lafayette St

Centre St

09 페이퍼소스 소호

Bowery

Ⓜ Bowery

Broome St

N
W   E
S

03 중국인 박물관

Centre St

Mott St

0   100m

199

형형색색 오감 만족 포토 존 ······ ①

컬러 팩토리 Color Factory

'색'을 주제로 하는 경험적인 미술 전시로 2017년 샌프란시스코에서 시작했던 것이 인기를 끌어 뉴욕에도 문을 열었다. 색이 미치는 영향과 색을 통해 알아보는 기분과 성향 등 단계별로 직접 참여하며 전시를 관람하는 방식이 독특하고, 또 전시에 완전히 집중하게 만든다. 좋아하는 색의 마카롱을 골라 먹고 성격 테스트로 어울리는 색을 추천받는 등 한시도 몰입에서 빠져나올 수 없는, 오감을 자극하는 활동이 계속된다. 아이들도 좋아할 공간이라 가족 방문객도 많다. 여러 아티스트들과 협업해 전시의 각 단계를 구성했다. 맨 마지막, 온통 하늘색인 볼풀에서는 꼭 사진을 남기도록.

🚶 A, C, E 라인 Spring St역에서 도보 1분
📍 251 Spring St, New York, NY 10013 🕐 월·화·목
10:00~18:00, 수 10:00~20:00, 금 10:00~19:00,
토·일 09:00~20:00 💲 성인 $48 📞 +1 347-378-4071
🏠 www.colorfactory.co

달콤시원한 전시 ······②

아이스크림 박물관 Museum of Icecream

온통 핑크로 단장한 3층 건물 은 아이스크림만을 이야기한 다. 직접 참여해 즐길 수 있는, 아이스크림과 잘 어울리는 인 터랙티브한 전시가 마련되어 아이스크림에 대한 정보도 얻 고 무엇보다 신나고 즐거운 시 간을 보낼 수 있다. 당연히 아 이스크림도 판매하고, 귀여운 관련 굿즈도 다양하게 준비되

어 있다. 3층에서 슬라이드를 타고 내려오는 재미도 놓치 지 말자.

🚶 N, Q, R, W 라인 Prince St역에서 도보 1분
📍 558 Broadway, New York, NY 10012
🕐 월·수·목 11:00~ 19:00, 금 11:00~ 20:30, 토 10:00~20:30,
일 10:00~19:30 ❌ 화요일 💲 $34~44(요일/시간대별 예약
상황에 따라 요금이 조금씩 다르다.) 📞 +1 301-246-2113
🏠 www.museumoficecream.com

중국 이민자들의
역사와 문화 ······③

중국인 박물관

Museum of Chinese in America,
MOCA

다운타운에 위치한 차이나타운은 뉴욕으로 건너온 중국 이민자들이 형성한 동 네. 이들이 언제, 어떤 연유로 넘어와 어떤 모습으로 살아왔는지에 대한 일대기 를 기록한 박물관이다. 회화, 사진, 영화 등 미국 내 중국인들의 작품 활동을 특 별 전시로 선보이기도 한다.

🚶 ④⑥ J, Z, N, Q, R, W Canal St역에서 도보 3분 📍 215 Centre St, New York,
NY 10013 🕐 수·금·토 11:00~18:00, 목 14:00~21:00, 일 11:00~16:00 ❌ 월·화요일
💲 성인 $12, 65세 이상·학생 $8 📞 +1 855-955-6622 🏠 www.mocanyc.org

유령을 잡아 해치우는 ⋯⋯ ④
고스트버스터즈 본부
Ghostbusters Headquarters

언제든 빨간 문이 드르륵 열리고 방역복을 입고 무기를 든 고스트버스터들이 뛰어나올 것 같은, 인기 시리즈 영화 '고스트버스터즈'의 촬영지로 유명한 곳이다. 영화가 워낙 흥행해 이곳에서 기념 촬영을 하는 사람들도 자연스레 많아졌다. 실제 소방서이며, 운 좋게 문이 열려 있다. 그 안에 걸려 있는 고스터버스터 사인을 볼 수 있다.

🏃 ①② 라인 Franklin St역에서 도보 1분
📍 14 N Moore St, New York, NY 10013

정통 이탤리언 ⋯⋯ ①
일 코랄로 트라토리아 Il Corallo Trattoria

파스타가 주인공인, 종류가 아주 다양한 이탤리언 식당. 들어서는 순간 이탈리아 가정집 같은 분위기가 느껴져, 진짜 이탈리아 사람이 하는 제대로 된 이탈리아 식당이라는 것을 알 수 있다. 양이 푸짐하고 전채 요리도 훌륭하다. 파스타는 클래식, 해산물, 라비올리, 비건 등 여러 카테고리로 분류되고 그 안에서도 종류가 여럿으로 나뉘어 누구의 취향도 맞출 수 있을 듯.

🏃 A, C, E 라인 Spring St역에서 도보 3분   📍 176 Prince St, New York, NY 10012
🕐 일~목 12:00~21:00, 금·토 12:00~22:00   💲 봉골레 $22   📞 +1 212-941-7119
🏠 www.ilcorallotrattoria.com

롬바르디스 Lombardi's

바삭한 네오폴리탄 피자 크러스트가 특징인 이탈리아 피제리아. 도우와 크러스트가 유독 바삭해 호불호가 갈릴 수 있으나 보통은 좋아하는 쫄깃하고 바삭한 피자다. 흐물흐물하고 얇은 뉴욕 슬라이스에 익숙해지면 당황스러울 수 있으니 참고할 것. 이탈리아어가 사방에서 오가는 정겹고 흥 많은 분위기도 1905년부터 성업해온 이곳만의 특징이다.

🚶 J, Z 라인 Bowery역에서 도보 3분 📍 32 Spring Street, NY 10012 🕐 일~목 12:00~21:45, 금·토 12:00~23:45(금·토 저녁이 가장 붐비는 시간) 💲 오리지널 마르게리타 $23, 칼조네 $17 📞 +1 212-941-7994 🏠 www.firstpizza.com

에일린스 스페셜 치즈케이크

Eileen's Special Cheesecake

입을 크게 벌리면 한입에 쏙 넣을 수 있을 듯한 귀여운 치즈케이크. 작아서 다행이다. 모든 맛을 다 먹어보고 싶을 정도로 촉촉한 베이스와 부드럽고 입안에서 사르르 녹는 치즈의 조화가 남다르기 때문에. 언제 찾아도 줄이 길고 매장은 협소하지만 그래도 일부러 찾아갈 만한 엄청난 맛이다. 토핑 없는 플레인과 솔티드 캐러멜, 딸기, 체리, 초코 카푸치노 등 종류가 정말 많다.

🚶 ④ ⑥ 라인 Spring St역에서 도보 1분 📍 17 Cleveland Pl, New York, NY 10012 🕐 일~목 11:00~19:00, 금·토 11:00~20:00 💲 치즈케이크 개당 $6 📞 +1 212-966-5585 🏠 www.eileenscheesecake.com

고급스러운 수제 초콜릿 ⋯⋯ ④

L.A. 버딕 핸드메이드 초콜릿
L.A. Burdick Handmade Chocolates

수제 초콜릿으로 유명한 카페로 커피와 초콜릿 음료, 페이스트리도 판매한다. 선물하기 좋은 예쁘게 포장된 제품도 많고, 작고 쫄깃한 마카롱 룩셈버걸리Luxembergerli도 있다. 넓지는 않지만 앉아서 먹고 갈 자리도 있다.

🚶 A, C, E 라인 Spring St역에서 도보 4분　📍 156 Prince St, New York, NY 10012　🕐 월~목 08:00~18:00, 금·토 08:00~20:00, 일 10:00~20:00　💲 핫 초콜릿 스몰 $5, 룩셈버걸리 $1　📞 +1 212-796-0143　🏠 www.burdickchocolate.com

건강하고 맛있는 요거트 ⋯⋯ ⑤

초바니 Chobani

잠깐일 줄 알았던 웰빙 트렌드가 오래 지속되며 그릭 요거트 대유행도 계속되고 있다. 꾸덕꾸덕한 그릭 요거트 베이스에 다양한 토핑을 올려 먹는 건강하고 달큰한 맛이 왜 이리 중독적인지. 그릭 요거트 브랜드는 정말 많지만 초바니를 먹어본 사람은 다른 것은 먹지 못한다. 마트에서도 판매하지만 카페에서 직접 토핑을 골라 먹는 재미가 있다. 그래놀라, 과일 등을 듬뿍 올려 간단한 식사 대용으로도 좋다.

🚶 A, C, E 라인 Spring St역에서 도보 4분　📍 152 Prince St, New York, NY 10012　🕐 08:00~17:00　💲 다양한 요거트+토핑 메뉴는 일괄 $9.75~　📞 +1 212-364-3970　🏠 www.chobani.com/chobani-cafe/

루비스 Ruby's

호주의 국민 잼인 베지마이트Vegemite 토스트로 정체
성을 숨기지 않는 호주 카페. 아침이나 브런치에 적당
한 메뉴가 많고 파스타와 버거도 있어 식사하러 들르
기에 좋다. 호주 카페답게 커피 맛은 말할 것도 없이 훌
륭하다. 바삐 걸어야 알차게 구경할 수 있는 소호를 여
행하다 루비스를 만나면 얼른 들어가 다리를 쉬며 당
과 카페인을 충전하자.

🚶 ④ ⑥ 라인 Spring St역에서 도보 1분
📍 219 Mulberry St A, New York, NY 10012
🕐 09:00~23:00 💲 바나나 브레드 $8, 에그샌드위치 $14
📞 +1 212-925-5755
🏠 www.rubyscafe.com

도미니크 앙셀 베이커리 Dominique Ansel Bakery

크루아상 같은 반죽을 도넛처럼 튀긴 크로넛으로 새벽부터 미국 전역에서 달려
와 줄을 서게 만든 베이커리. 크로넛 외에도 다양한 베이커리가 모두 맛있고 내
부도 예쁘 자리가 있다면 먹고 갈 것을 권한다. 최근에는 샷 글라스처럼 생긴 모
양의 초콜릿 칩 쿠키인 쿠키 샷Cookie Shot이 인기 품목이다. 그 안에 마카다미아
바닐라 밀크를 채워주는데 쿠키와 어우러지는 맛이 가히 환상이다. 쿠키 샷은
오후 3시부터 판매한다.

🚶 A, C, E 라인 Spring St역에서 도보 1분
📍 189 Spring St, New York, NY 10012
🕐 08:00~19:00
💲 크로넛 $7(1인 2개 구매 제한), 쿠키 샷 $5
📞 +1 212-219-2773
🏠 www.dominiqueanselny.com

SNS에서 가장 많이 보이는 그 브랜드 ⋯⋯ ①

리포메이션 Reformation

인플루언서, 셀레브리티들이 너도나도 입어 유명해진 빈티지 의류에서 영감을 받은 디자인의 의류 브랜드. 해외 직구로도 이미 한국 쇼퍼들에게 인기가 있지만 직접 입어볼 수 있는 매장에서의 쇼핑은 놓칠 수 없다.

🚶 ④ ⑥ J, Z, N, Q, R, W 라인 Canal St역에서 도보 7분
📍 62 Greene St, New York, NY 10013　🕐 월~토 11:00~20:00, 일 11:00~18:00
📞 +1 332-208-5937　🏠 www.thereformation.com

더 신나는 라이딩을 위해 ⋯⋯ ②

라파 Rapha

사이클링 브랜드 라파의 클럽하우스. 브랜드 제품들을 판매하고 작은 카페도 운영한다. 라이딩 크루를 모집해 함께 자전거를 가지고 나가기도 하고, 워크숍이나 토론회 등 사이클링을 주제로 하는 이벤트도 종종 열린다.

🚶 A, C, E 라인 Spring St역에서 도보 4분　📍 159 Prince St, New York, NY 10012
🕐 월~목 10:00~18:00, 금·토 10:00~19:00, 일 10:00~17:00　📞 +1 332-330-3071
🏠 www.rapha.cc/kr/ko/clubhouses/newyork

모마 디자인 스토어 MoMA Design Store

미드타운의 모마(뉴욕 현대 미술관)에 있는 기념품 상점에
들르지 못해 아쉬운 여행자들을 위한 다운타운 가게. 독특
하고 세련된 디자인 관련 제품, 아트 서적 등을 판매하며 인
테리어 소품이 특히 많다. 진행 중인 전시 관련 도록은 물론
이고 역대 모마의 중요 전시 상품과 뉴욕시를 기념할 만한
제품 등이 다양하게 준비되어 있다.

🏃 ④ ⑥ 라인 Spring St역에서 도보 1분 📍 81 Spring St A,
New York, NY 10012 🕐 월~토 10:00~19:00, 일 11:00~19:00
📞 +1 646-613-1367 🏠 store.moma.org

글로시에 Glossier

파스텔톤의 감각적인 패키징, 합리적인 가격의 좋은 제품으로
브랜드 론칭과 동시에 세계적인 열풍을 불러온 화장품 브랜
드. 플래그십 스토어로 매장이 포토제닉해 제품 테스팅과 포
토 타임 일석이조를 노리고 찾는 손님들로 늘 북적인다. 립과
브로 등 특히 색조 제품의 인기가 많다. 온라인으로 미리 주문
하고 픽업만 하는 데는 그리 오래 걸리지 않으나 매장에서의
쇼핑 경험 자체가 즐거워 찬찬히 둘러보는 것을 추천한다.

🏃 ④ ⑥ J, Z, N, Q, R, W Canal St역에서 도보 1분
📍 72 Spring St, New York, NY 10013 🕐 월~토 10:00~ 20:00,
일 10:00~19:00 🏠 www.glossier.com

프린스 스트리트 Prince Street

프린스 스트리트는 소호의 메인 쇼핑 대로 중 하나. 사실 소호 자체
가 쇼핑 구역이라고 할 수 있을 정도로 상점이 많으며 이 거리만 해
도 빅토리아 시크릿, 아장 프로보카퇴르, 라 펄라, 코치, 세포라, 클
락스 등 구경할 곳이 많다.

에버레인 Everlane

아는 사람은 안다. 오래 입을 좋은 옷을 사려면 에버레인으로 가야 한다는 것을. 한국에도 점점 그 이름이 알려져 해외 직구로도 팬층이 점차 늘어나고 있다. 윤리적인 공정, 최고의 원재료를 고집하는 브랜드로 캐시미어 스웨터, 이탈리아 가죽 구두가 베스트셀러이며 그 외 티셔츠도 오래 입을 수 있고 청바지 핏도 좋다.

🚶 ④ ⑥ 라인 Spring St역에서 도보 4분 📍 28 Prince St, New York, NY 10012
🕐 월~토 10:00~20:00, 일 11:00~19:00 📞 +1 917-275-7943
🏠 www.everlane.com

새터데이스 NYC Saturdays NYC

서핑보드부터 옷, 액세서리, 서퍼의 라이프스타일에 어울릴 듯한 소품까지 판매하는 쿨하고 시원한 느낌의 브랜드. 독특하게 헤어 제품도 함께 판매하며 작은 커피 바도 갖추고 있다. 이름처럼 뉴욕의 어느 토요일 같은 느낌.

🚶 ④ ⑥ J, Z, N, Q, R, W 라인 Canal St역에서 도보 4분 📍 31 Crosby St, New York, NY 10013 🕐 월~금 08:00~19:00, 토 09:00~19:00, 일 09:00~18:00
📞 +1 347-449-1668 🏠 www.saturdaysnyc.com

⑦

뉴욕 패션 트렌드를 선도하는 …… ⑦

이프 If

1978년 소호에 세 남매가 오픈한 브랜드이자 당시 패션
과는 거리가 아주 멀었던 소호에 일찌감치 자리 잡은 토
박이 편집 매장이다. 이프의 대담함이 인상 깊었던 앤디
워홀이 공짜로 그의 잡지 뒷면에 광고를 실어주기도 했다
고. 장 폴 고티에, 모스키노, 그리고 브랜드 자체 디자인으
로 출발해 점점 규모를 키웠으며 여전히 마틴 마르지엘라,
드리스 반 노튼 등 최고의 브랜드를 소개하고 있다.

🚶 N, Q, R, W 라인 Canal St역에서 도보 3분 📍 94 Grand St,
New York, NY 10013 🕐 월~토 12:00~19:00, 일 12:00~
18:00 📞 +1 212-334-4964 🏠 ifsohonewyork.com

책과 커피, 환상의 짝꿍 …… ⑧

맥낼리 잭슨 McNally Jackson

사방이 책이고 커피 냄새가 은은히 풍기는, 진짜 독서광들의
공간임을 들어서자마자 느낄 수 있다. 크게 호평을 받은 영국
드라마 '플리백Fleabag'의 대본집이나 작가 사인본 등 희귀 책
과 독립 출판물 등 책을 좋아하는 사람이라면 탐이 날 서적들
을 찾아볼 수 있다. 책벌레 스태프들이 직접 읽고 추천하는 코
너가 따로 마련되어 있고 책 관련 이벤트도 종종 열린다.

🚶 ④ ⑥ 라인 Spring St역에서 도보 3분 / N, Q, R, W 라인 Prince
St역에서 도보 2분 📍 134 Prince St, New York, NY 10012
🕐 10:00~20:00 📞 +1 212-274-1160
🏠 www.mcnallyjackson.com

문구 덕후를 위한 상점 …… ⑨

페이퍼소스 소호 Papersource Soho

다양한 공예 관련 소품과 재료, 포장지, 카드, 문구류와
독특한 선물을 판매하는 체인 브랜드의 소호 지점. 커스
텀 문구류도 제작 판매한다. 핼러윈이나 크리스마스, 추
수감사절 등 큰 행사나 기념일에 맞춘 테마 상품들을 볼
수 있다.

🚶 ④ ⑥ 라인 Spring St역에서 도보 3분 📍 237 Centre St,
New York, NY 10013 🕐 월~금 07:30~18:00,
토·일 08:00~18:00 📞 +1 646-484-5764
🏠 www.papersource.com/locator/ny-nyc-soho/

AREA ····③

옛 뉴욕과 21세기 뉴욕의 공존

로어이스트사이드,
월가, 차이나타운
Lower Eastside, Wall Street, China Town

**#세계 금융의 중심 #9·11 테러 추모의 공간
#빠른 변화와 불변의 매력이 공존**

세계 금융의 심장 역할을 하는 다운타운의 끄트머리에 1624년
무역항을 설립, 뉴욕이라 부르기 시작했다. 하루를 바쁘게 보내는
월가와 뉴욕항에 맞닿은 배터리 파크, 이민자와 노동자들이
주로 살던 차이나타운의 대조가 특징적이다.

맛있는 중국 음식과 뉴욕 속의 또 다른 문화권을 여행하고 싶다면
모험해볼 것. 새로운 맛집이나 기획 전시 등 다채로운 변화가
매일같이 일어나면서도 오랜만에 다시 찾으면 여전히 그 자리를
지키고 있는 맛집과 랜드마크를 볼 수 있다.

로어이스트사이드, 월가, 차이나타운
이렇게 여행하자

이 지역은 규모가 상당하고 주의 깊게 돌아볼 전시관이 많으니 하루에 다 돌아보는 것은 추천하지 않는다. 특히 테너먼트 박물관은 관람자가 매우 많으니 홈페이지에서 예매한 후 나머지 일정을 계획하도록 한다.

★ 크루즈를 타고 자유의 여신상 P.224까지 다녀올 계획이라면 속도를 올려 바쁘게 돌아보자.

이민자들의 삶을 다채로운 테마로 관람할 수 있는
테너먼트 박물관 P.214

존재감 확실한
차이나타운 P.215

뉴욕의 아픈 역사를 품은
9·11 추모 박물관 P.217

하루의 마무리는 석양이 아름다운
배터리 파크 P.221

유대인들의 자취를 볼 수 있는
엘드리지가 박물관 P.216

로어이스트사이드, 월가, 차이나타운
상세 지도

M Spring St

Canal St

Hidson St

Varick St

Canal St

Canal St M

Franklin St M

뮤우지우움 06 Canal S

Broadway

Rockfeller Park

Church St

Chambers St

Chambers St M

M City Hall

Chambers St M

브룩필드 플레이스 05

09 원 월드 트레이드 센터

9·11 추모 박물관 07

M World Trade Center

04 오큘러스

WTC Cortlandt

M Cortlandt St

Church St

M Fulton St

Nassau St

FDNY 추모의 벽 08

South End Ave

레드 큐브 12

M Fulton Street Subway

17 트리니티 교회

Pearl St

Rector St M

뉴욕증권거래소 10 13 용감한 소녀상

Fulton St

사우스 스트리트 04
시포트 박물관

15 유대인 문화유산 박물관

Battery Pl

Church St

New St

Broad St

M Wall St

Wall St

Water St

16 스카이스크레이퍼 박물관

Bowling Green M

11 황소상

엘리스섬

자유의 여신상

State St

12 카페 그럼피

14 배터리 파크

11 프라운세스 태번과 박물관

Water St

Broad St

South Ferry M

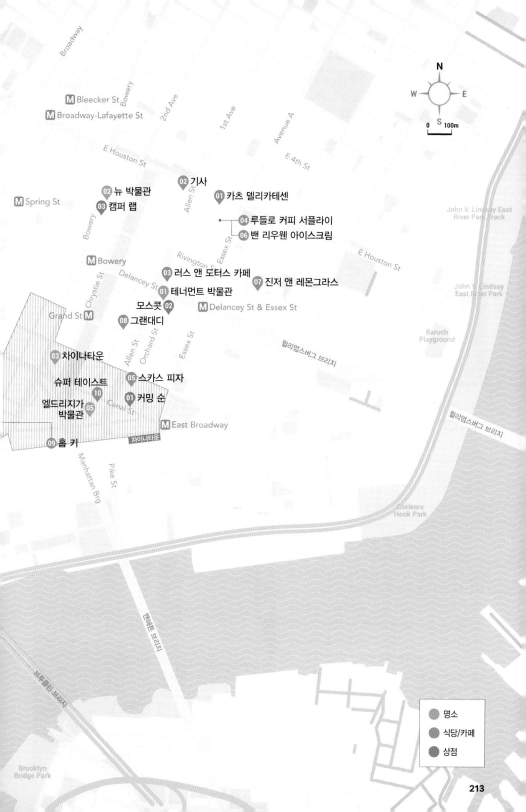

N
W   E
S
0   100m

Broadway

M Bleecker St
M Broadway-Lafayette St

2nd Ave

1st Ave

Avenue A

E 4th St

E Houston St

M Spring St

Bowery

02 뉴 박물관
03 캠퍼 랩

02 기사

01 카츠 델리카테센

04 루들로 커피 서플라이
06 밴 리우웬 아이스크림

Allen St

Essex St

E Houston St

John V. Lindsay East
River Park Track

M Bowery

Christie St

Delancey St

03 러스 앤 도터스 카페

01 테너먼트 박물관

07 진저 앤 레몬그라스

John V. Lindsay
East River Park

Rivington St

Grand St M

모스콧

02

M Delancey St & Essex St

08 그랜대디

Allen St

Orchard St

Essex St

Baruch
Playground

윌리엄스버그 브리지

03 차이나타운

슈퍼 테이스트
10
엘드리지가 05
박물관

Canal St

05 스카스 피자

01 커밍 순

09 홉 키

차이나타운

M East Broadway

윌리엄스버그 브리지

Manhattan Brg

Pike St

Corlears
Hook Park

맨해튼 브리지

브루클린 브리지

명소

식당/카페

상점

Brooklyn
Bridge Park

213

가감 없는 이민자의 삶 기록 ⋯⋯ ①

테너먼트 박물관 Tenement Museum

테너먼트는 '다세대 주택'을 뜻하며, 이 지역에 살았던 이민자들의 삶을 기록하는 곳이다. 19세기 후반부터 약 150년간 세계 각지에서 뉴욕을 찾아온 1만 5000여 명의 사람들이 살았던 건물을 박물관으로 꾸몄다. 가이드 투어로만 돌아볼 수 있으며, 97 오차드 스트리트에 살았던 이민자들의 삶, 동네를 돌아보는 워킹 투어, 아일랜드 이민자, 함께 살아가는 삶 등 시대별, 테마별 투어가 다양하고 각각 시간과 요금이 다르니 홈페이지에서 특징을 살펴보고 예매한다. 이민자 거주 관련한 법과 이민자들의 일상, 세입자와 건물주와의 관계 등 당시 생활상을 잘 보존해 교육적인 가치가 뛰어난 전시를 보여준다. 오픈 시간에 방문해도 줄이 긴 경우가 많으니 홈페이지 예매 추천.

★ 전시 중에는 사진 촬영 금지, 물 이외 식음료 반입 금지, 라커가 따로 있어 짐 보관 가능

🚶 F, M, J, Z 라인 Delancey St-Essex St역에서 도보 2분
📍 103 Orchard St, New York, NY 10002
🕐 월~목 10:00~17:00, 금~일 10:00~18:00 ⓢ 성인 $30
📞 +1 877-975-3786 🏠 www.tenement.org

매끄러운 흰 빌딩에 자리한 현대 미술관 ⋯⋯ ②

뉴 박물관 New Museum

이름처럼 새롭고 낯선 것으로 가득하다. 세계 여러 아티스트와 협업해 다문화적인 대화, 공감, 이해를 목적으로 하는 현대 미술관이다. 층별로 주제가 있는 전시를 진행하며 꼭대기 7층에는 주말에만 개방하는 스카이 룸 옥상 테라스가 있다. 입장권 소지자에 한해 무료 투어를 진행하기도 하니 홈페이지 또는 방문 시 스케줄을 확인해 참여해도 좋다. 현재는 확장 공사로 임시 휴관 상태다.

🚶 F 라인 2 Av역에서 도보 7분 　📍 235 Bowery, New York, NY 10002
🕐 수·금~일 11:00~18:00, 목 11:00~21:00 　❌ 월·화요일
💲 성인 $22, 65세 이상 $19, 학생 $16, 18세 미만 무료
📞 +1 212-219-1222 　🏠 www.newmuseum.org

뉴욕을 잊을 정도로 느낌 확실한 중국 동네 ⋯⋯ ③

차이나타운 Chinatown

이탈리아 이민자들의 동네 리틀 이탈리아와 맞닿은 뉴욕 내 중국인 이민자 타운이다. 정확한 경계는 없지만 구글 지도에 차이나타운을 검색하면 그려지는 경계로 보통 인식한다. 약 10만 명이 살고 있으며 전 세계 차이나타운 중에서도 규모가 크고 유동인구가 많다. 중심 거리에는 식료품점, 노점, 슈퍼마켓, 식당 등이 있고 온통 중국어 간판으로 중국풍을 느낄 수 있다. 보바를 넣은 빵이나 셀 수 없이 많은 종류의 딤섬 등 한국에서 먹던 중식과는 또 다른 요리를 맛볼 수 있다. 식사 시간에 맞춰 돌아보자. 뉴욕의 다른 지역에 비해 물가도 싼 편이다.

🚶 ④⑥ J, Z 라인 Canal St역 / F 라인 East Broadway역

사우스 스트리트 시포트 박물관
South Street Seaport Museum

1967년 개관했으며, 시포트 역사 구역에 첫 항구가 생겨났을 무렵인 17세기 초부터의 지역 개발사를 다룬다. 선박 모형과 그림, 문헌, 조각 등의 전시품과 도서관, 타이타닉 기념 등대 등이 있고 외부에는 빈티지 선박들이 놓여있다.

🚶 ②③ 라인 Fulton St역에서 도보 5분 📍 12 Fulton St, New York, NY 10038 🕐 수~일 11:00~17:00 ❌ 월·화요일 💲 무료 📞 +1 212-748-8600 🏠 southstreetseaportmuseum.org

엘드리지가 박물관 Museum at Eldridge Street

뉴욕 인구의 약 13%를 차지하는 유대인들의 뉴욕살이 역사와 그들의 문화에 대한 기록. 1887년 문을 연 이 시너고그는 동유럽에서 미국으로 건너온 최초의 유대인들의 유대교 회당이며, 현재는 박물관으로 운영 중이다. 유대인, 유대교와 관련한 다양한 교육, 투어 프로그램을 진행한다.

🚶 F 라인 East Broadway역에서 도보 5분 📍 12 Eldridge St, New York, NY 10002 🕐 일~금 10:00~17:00 ❌ 토요일 💲 성인 $15('Pay as you wish' 월·금요일에는 입장료를 원하는 만큼 내고 들어갈 수 있다) 📞 +1 212-219-0302 🏠 www.eldridgestreet.org

뮤우지우움 Mmuseumm

'주관적인 저널리즘'을 표방하며 영화 감독 사프디 형제가 참여해 개관한 박물관. 현대 세상을 설명할 수 있는 오브젝트들을 전시한다. 처음에는 엘리베이터 안에 자리를 잡았다가 2015년 이전했다. 작은 문구멍을 통해 24시간 개방된 전시를 언제든 들여다볼 수 있다. 예전 전시들은 모두 홈페이지에 기록해 비용을 지불하면 1년간 두 명이서 온라인 아카이브를 무제한 감상할 수 있다.

🚶 J, Z, ④⑥ 라인 Canal St역에서 도보 4분 📍 4 Cortlandt Alley, New York, NY 10013 🕐 24시간 📞 +1 888-763-8839 🏠 mmuseumm.com

9·11 추모 박물관

National September 11 Memorial & Museum

1993년 2월 26일과 2001년 9월 11일 세계무역센터 테러에 희생된 3000여 명의 넋을 기리는 추모 공원. 9·11 테러로 미국 경제의 상징이었던 세계무역센터가 무너진 바로 그 자리에 세워졌다. 대형 광장과 박물관, 전시 등으로 이루어져 있다. 테러의 기록으로 남은 약 6만 개의 물품을 전시하고 희생자들을 기리는 영상, 사진, 글귀 등을 함께 보여준다. 아픈 역사를 잊지 않고 기억하겠다는 의지가 굳건히 보이는, 숙연한 마음으로 돌아보게 되는 곳. 바깥 광장에는 유독 물질 흡입으로 목숨을 잃은 사람들을 기리는 공터 9·11 메모리얼 글레이드Memorial Glade, 테러로 불에 타고 부러지는 등 심각하게 훼손되었으나 끝내 살아내 끈기와 생명력을 보여준 서양배나무 서바이버 트리Survivor Tree 등이 있다. 광장에는 희생자들의 이름이 새겨져 있으며, 생일에는 이름 위에 꽃을 올린다.

🏃 ① 라인 WTC Cortlandt역 바로 앞 📍 180 Greenwich St, New York, NY 10007
🕐 수~월 09:00~19:00(예외적으로 화요일에 개장하는 경우도 있으니 홈페이지 확인)
❌ 화요일 💲 성인 $33, 7~12세 $21, 13~17세·대학생·65세 이상 $27, 6세 미만 무료(얼리 액세스, 가족 티켓, 메모리얼과 박물관 투어 등 추가 옵션 티켓이 다양하니 홈페이지에서 확인) 📞 +1 212-312-8800 🏠 www.911memorial.org

숭고한 정신을 기리는 작은 공간

9·11 테러 당시 구조 작업 중 순직한 사람들의 이야기를 다루는 9·11 헌사 박물관(9·11 Tribute Museum, 92 Greenwich St, New York, NY 10006)도 추천한다. 두세 블록 아래 위치하며 설명과 함께 워킹 투어를 진행한다.

343명의 용감한 소방관들을 기억하며 ...... ⑧
FDNY 추모의 벽 FDNY Memorial Wall

9·11 테러 당시 구조 작업을 하다 목숨을 잃은 소방관들
을 추모하는 공간이다. 동에 부조로 이름과 그들의 모습
을 새겨놓았다. 9·11 추모 박물관에서 도보로 3분이면 찾
을 수 있어 함께 돌아보기에 좋다.

🚶 ① 라인 WTC Cortlandt역에서 도보 1분
📍 141 Greenwich St, New York, NY 10006
🏠 www.fdnytenhouse.com/fdnywall

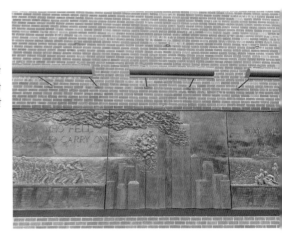

100층 전망대 뷰가 훌륭한 ...... ⑨
원 월드 트레이드 센터
One World Trade Center

프리덤 타워Freedom Tower라고도 불리는, 총 높이 541.3m로
2013년 완공 이래 미국에서 가장 높은 건물이며 세계에서는
여섯 번째로 높다. 100~102층은 전망대로 사용하고 있다.
동서남북 사면 모두 문이 나 있고 건물을 상업, 사무 용도로
사용하는 이들은 관람객들과 다른 문을 사용한다.

🚶 ① 라인 WTC Cortlandt역에서 도보 2분 📍 117 West St,
New York, NY 10006 ⏰ 09:00~22:00, 전망대 09:00~21:00
(시즌별로 시간 상이) 💲 전망대 $48 📞 +1 844-696-1776
🏠 www.wtc.com/about/buildings/1-world-trade-center

세계 경제를 쥐락펴락하는 ...... ⑩
뉴욕증권거래소 NY Stock Exchange

1792년 24명의 중개인으로 설립한, 세계 최대 규모의 증
권 거래소. 세계 증시 현황을 한눈에 볼 수 있어 '빅 보드
Big Board'라는 애칭으로 불리기도 한다. 주말과 공휴일에
는 휴장하고, 매일 오전 9시 10분~오후 4시 장이 열린다.
외부인은 출입할 수 없지만 증권 거래에 관심이 있는 사
람이라면 이곳을 지나쳐 보고 싶을 것이다.

🚶 ④ ⑤ 라인 Wall St역에서 도보 1분 / J 라인 Broad St역
바로 앞 📍 20 Broad St, New York, NY 10005
📞 +1 212-656-3000 🏠 www.nyse.com

월가의 상징 ⋯⋯⋯ ⑪
황소상 Charging Bull

무게 3200kg, 높이 3.4m, 길이 4.9m의 성난 황소 동상. 금융의 과격한 긍정주의와 번영을 상징한다. 시칠리아 출신 조각가 아르투로 디 모디카의 작품. 1987년 전 세계 주가가 대폭락한 '블랙 먼데이'에서 영감을 받아 제작했고 당국의 허가 없이 뉴욕증권거래소 앞에 설치했다. 경찰이 철거해 다른 곳으로 옮겼으나 인기를 끌자 영구적으로 지금의 장소에 자리 잡게 되었다.

🚶 ④⑤ 라인 Bowling Green역에서 도보 2분 ● Bowling Green, New York, NY 10004

월가 Wall Street

월가 또는 월스트리트는 여덟 블록에 이르는, 금융 지구의 중심 대로. 이민 온 네덜란드인들이 인디언을 막기 위해 쌓은 벽에서 유래한 이름으로, 현재 세계 금융 시장의 심장부 역할을 하고 있다. 세계에서 가장 큰 증권 거래소인 뉴욕증권거래소와 나스닥을 비롯해 여러 금융 회사, 은행 건물들이 모여 있다. 뉴욕 시청도 이곳에 자리한다.

🚶 ②③④⑤ 라인 Wall St역 / J 라인 Broad St역 ● Wall St, New York, NY 10005

금융가 한가운데 자리한 붉은 정육면체 ······ ⑫

레드 큐브 Red Cube

1968년 설치한, 일본계 미국인 아티스트 이사무 노구치의 설치 미술품. 이름은 정육면체지만 한쪽이 더 길다. 주변의 무채색 마천루와 대조를 이루어 붉은색이 더욱 선명해 보이는 작품. 운명, 기회를 뜻하는 굴러가는 주사위를 상징한다는 해석도 있다.

🚶 ④ ⑤ 라인 Fulton St역에서 도보 1분
📍 140 Broadway, New York, NY 10006

소녀여 용기를 내라! ······ ⑬

용감한 소녀상 Fearless Girl Statue

2017년 3월 7일 세계 여성의 날을 기념해 당찬 표정의 키 130cm 소녀상이 세워졌다. 조각가 크리스틴 비스발의 작품으로 성 불평등과 여성 차별에 대한 항의를 표현하고자 투자 회사 스테이트 스트리트 글로벌 어드바이저(SSGA)가 전액 제작 지원했다. 임시로 세워놓았다 철거할 예정이었으나 시민들의 반응이 뜨거워 영구 설치하기로 결정되었다. 본래 황소상 바로 맞은편에 있었으나 황소상의 조각가 아르투로 디 모디카가 항의해 뉴욕증권거래소 앞 지금의 자리로 옮겼다.

🚶 J, Z 라인 Broad St역 바로 앞
📍 2-26 road St, New York, NY 10004

맨해튼 남쪽의 유일한 공원 ······ ⑭

배터리 파크 Battery Park

엘리스섬과 자유의 여신상이 보이는 맨해튼 최남단에
조성된 공원으로 9·11 테러로 무너진 세계무역센터를
지을 때 파낸 흙을 매립해 조성했다. 17세기 후반 이곳
에 자리한 대포 포열에서 이름을 따와 배터리라 부르
게 되었다. 해저에서 빙그르르 도는 것처럼 푸르고 반
짝이게 꾸며놓은 회전목마 시 글라스 카루셀Sea Glass
Carousel, 한국전쟁 기념비Korean War Memorial 등이 있
고 엘리스섬과 자유의 여신상이 자리한 리버티섬으로
가는 페리도 여기에서 탈 수 있다. 노을이 특히 아름다
워 주변의 전시관을 돌아보고 이곳에서 해가 지는 강
가 하늘을 감상하는 것을 추천한다. 센트럴 파크나 브
라이언트 파크에 비해 훨씬 조용해 더욱 정적인 휴식
을 즐길 수 있다.

🚶 ④ ⑤ 라인 Bowling Green역 바로 앞 / ① 라인 South
Ferry역 바로 앞 📍 State Street and Battery Place New
York, NY 10004 🕐 06:00~24:00 💲 무료
📞 +1 212-344-3491 🏠 www.thebattery.org

홀로코스트를 기억하는 이유 ⋯⋯⋯ ⑮

유대인 문화유산 박물관
Museum of Jewish Heritage – A Living Memorial to the Holocaust

1997년 개관해 약 200만 명이 다녀간, 홀로코스트 희생자들을 기리는 박물관. 홀로코스트 전, 당시, 홀로코스트 후 20~21세기 유대인의 삶에 대한 전시도 하고 있다. 홀로코스트와 관련된 4만여 점의 기록과 전시품들이 있고 영구 전시 외에 특정한 희생자나 주제로 특별전도 열린다. 주제가 주제인 만큼 뉴욕의 다른 전시관보다 엄숙하다. 배터리 파크에 위치하고 있으며, 건물에서 보이는 강 뷰가 아름다워 박물관에서 마주하는 처참했던 역사의 단편과 큰 대조를 이룬다. 마음도, 걸음도 무겁지만 꼭 들러보았으면 하는 곳이다. 홈페이지에서 예약을 권장한다.

🚶 ④⑤ 라인 Bowling Green역에서 도보 5분
📍 36 Battery Pl, New York, NY 10280
🕐 수·일 10:00~17:00, 목 10:00~20:00, 금 10:00~15:00 ❌ 월·화·토요일
💲 성인 $18, 학생 $12, 12세 미만 무료 / 목 16:00~20:00 무료(홈페이지에서 무료 일정 지정해 예매 후 방문) 📞 +1 646-437-4202
🏠 mjhnyc.org

뉴욕 마천루가 궁금하다면 ⋯⋯ ⑯

스카이스크레이퍼 박물관
The Skyscraper Museum

세련된 아트 갤러리 같은 건물에 들어선 마천루 전시관. 뉴욕 건축의 역사를 돌아본다. 건축 설계와 기술, 과정, 투자 등 관련된 모든 면모를 살펴볼 수 있으며 단순한 키 재기와 전망대로 인식되는 높이 솟은 건물들에 대한 사고 전환의 계기를 마련해준다.

🚶 ④ ⑤ 라인 Bowling Green역에서 도보 5분 📍 39 Battery Pl, New York, NY 10280 🕐 수~토 12:00~18:00 ✖ 일·월·화요일 💲 무료
📞 + 1 212-968-1961 🏠 skyscraper.org

뉴욕에서 가장 오래된 교회 ⋯⋯ ⑰

트리니티 교회 Trinity Church

1846년 세워진 트리니티 교회는 뉴욕시 최초의 교회로, 역사가 오래된 만큼 재건도 불가피하여 현재 건물은 세 번째 버전이다. 미국 헌법 제정자인 존 제이와 알렉산더 해밀턴도 이 교회의 교구 주민이었으며 해밀턴은 뒤뜰의 묘지에 묻혀 있다. 1976년 엘리자베스 2세 여왕과 필립공이 방문한 역사 깊은 곳.

🚶 ④ ⑤ 라인 Wall St역 바로 앞 📍 89 Broadway, New York, NY 10006
🕐 08:00~18:00 🏠 www.trinitywallstreet.org

배터리 파크에서 페리로 가는
자유의 여신상 Statue of Liberty

1886년부터 뉴욕을 상징하는 키 93.5m, 무게 204톤의 푸른빛 여신상으로 리버티섬Liberty Island에 자리한다.
공식 이름은 '세계를 밝히는 자유Liberty Enlightening the World'이며, 로마 신화에 나오는 자유의 여신
리베르타스Libertas를 모델로 했다. 여신상은 오른손에는 횃불을, 왼손에는 미국의 독립기념일인 1776년 7월 4일이
로마 숫자로 쓰인 독립선언서를 들고 있으며, 기단부에는 에마 라저러스의 소네트 '새로운 거상The New Colossus'(1883)이
새겨져 있다. 여신상 왕관의 뾰족한 부분들은 각각 아시아, 유럽, 아프리카, 북아메리카, 남아메리카, 오세아니아,
남극을 상징한다. 미국의 독립 100주년을 축하하고 두 나라의 우정을 기념해 프랑스가 선물한 동상으로, 에펠탑을 설계한
귀스타브 에펠이 내부 설계를 맡았다. 조립식 구조물로 프랑스에서 임시로 완성했으나 배에 선적하기 위해 해체해
미국에서 다시 조립해 완성했다. 구리로 만들었기 때문에 처음에는 붉은빛을 띠고 있었으며 시간이 지나면서
구리가 산화하는 특성으로 지금의 푸른빛을 띠게 되었다. 1985년 수리 과정에서 횃불은 도금 처리를 하여 횃불만
금빛으로 빛난다. 약 3시간 정도 걸려 왕관까지 올라가면 전망대에서 맨해튼과 강 뷰를 관람할 수 있다.
뉴욕, 심지어 미국의 상징으로 오래 알려져 왔지만 큰 기대를 품고 가서인지 실제로 보면 실망하는 경우가 많다.
전망대 티켓도 일찍 예매해야 하며 페리를 타고 찾아가는 수고에 비해 사실 볼 것은 그리 많지 않기 때문.

엘리스섬 Ellis Island

한때 미국에서 가장 분주했던 입국장으로, 자유의 여신상을 보러 갈 때 만나게 된다. 11만m²의 작은 섬으로 볼거리가 많지는 않다. 1892~1924년 약 120만 명의 이민자들이 이곳에서 입국 심사를 받고 뉴욕항을 통해 미국에 도착했다. 엘리스섬으로 입국한 첫 이민자로는 아일랜드에서 온 소녀 애니 무어가 기록되어 있다. 때문에 '아메리칸 드림'을 향해 내딛는 첫걸음이라는 상징성이 크다. 이러한 역사를 자세히 설명하고 있는 국립이민박물관National Immigration Museum이 엘리스섬의 유일한 명소. 자유의 여신상 페리 티켓 소지자는 여신상이 있는 리버티섬과 엘리스섬, 그리고 국립이민박물관 모두 관광 가능하다.

🏠 www.statueofliberty.org

스태튜 크루즈 Statue Cruise

페리 티켓은 배터리 파크의 탑승장 매표소나 온라인으로 구입할 수 있다.

💲 성인 $24~ 🏠 www.cityexperiences.com/new-york/city-cruises/statue/

카츠 델리카테센 Katz's Delicatessen

뉴욕에서 파스트라미(양념 훈제 소고기) 샌드위치를 딱 한 번 먹을 수 있다면 바로 이곳이다. 매주 4500kg의 파스트라미를 판매하고, 자체 저장고에서 30일간 염장, 숙성한 고기를 즉석에서 카빙해 육즙이 가득하다. 영화 '해리가 샐리를 만났을 때'의 배경으로 주목받았다. 우리나라로 치면 '욕쟁이 할머니' 같은 투박한 서비스로도 소문이 났는데, 모르고 가면 알아차리지 못할 정도다. 입장하면 번호표를 받고 주문하는 자체 시스템이 있다. 내부가 매우 넓고 벽에는 이곳에 다녀간 유명인들의 사진이 걸려 있다.

🚶 F 라인 2 Av역에서 도보 2분 📍 205 E Houston St, New York, NY 10002
🕐 08:00~22:45 💲 파스트라미 샌드위치 $27.45 📞 +1 212-254-2246
🏠 katzsdelicatessen.com

기사 Kisa

가장 바쁜 저녁 시간에는 두 시간까지도 줄을 서야 들어갈 수 있는 곳. 한국의 기사식당을 콘셉트로 하여 1인당 한상차림처럼 스테인리스 쟁반에 반찬과 메인 요리(제육, 불고기, 오징어볶음, 비빔밥 중 하나를 선택)가 담겨 푸짐한 백반 한상이 나온다. 맛은 물론이고 레트로한 분위기가 멋들어져 인기 폭발. 식사를 마치면 자판기에서 커피나 율무차를 뽑아 마실 수 있도록 동전을 영수증과 함께 주니 잊지 말고 후식도 챙기도록.

🚶 F 라인 2 Av역에서 도보 1분 📍 205 Allen St, New York, NY 10002 🕐 화~토 17:00~23:00 ❌ 일요일 💲 1인 $32
🏠 kisaus.com

한낮의 캐비아 브런치 ⋯⋯ ③
러스 앤 도터스 카페
Russ & Daughters Café

1914년부터 한 세기가 넘도록 러스 가문
이 4대째 운영한다. 베이글과 연어를 파
는 델리로 시작해 예쁜 카페도 열었다.
신선한 캐비아도 유명하며 오이, 레몬 라
임, 크림, 커피, 생강 등 다양한 맛을 첨
가하는 소다 음료도 추천. 블랙 앤 화이
트 쿠키 같은 유대식 음식을 주로 판매하
는 델리(Appetizers)도 운영한다(179 E
Houston St, New York, NY 10002).

🚶 F, M, J, Z 라인 Delancey St-Essex St역에
서 도보 3분 📍 127 Orchard St, New York,
NY 10002 🕐 월~목 08:30~14:30, 금~일
08:30~15:30 💲 에그 베네딕트 $26,
스크램블드에그와 캐비아 $135
📞 +1 212-475-4880
🏠 www.russanddaughters.com

부지런히 문을 여는 카페 ⋯⋯ ④
루들로 커피 서플라이 Ludlow Coffee Supply

널찍하고 편안한 내부가 오래 머물게 하는 카페. 창가, 소파, 안쪽 테이블 등 구
석구석 분위기가 다르다. 우유 옵션이 다양해 체질과 취향에 따라 고를 수 있는
커피 메뉴가 훌륭하고 토스트, 그래놀라, 크루아상, 머핀, 스콘 등 간단한 먹을
거리도 있다. 시그니처 커피는 버번 바닐라, 모카, 메이플, 그리고 솔티드 캐러멜.
특이하게 베트남 커피도 판매한다. 아보카도 토스트, 달걀 요리 등 가벼운 식사
를 하기에도 좋다.

🚶 F 라인 2 Av역에서 도보 3분 📍 176 Ludlow St, New York, NY 10002
🕐 08:00~20:00 💲 카푸치노 $3.75 🏠 www.ludlowcoffeesupply.com

레트로 느낌 가득 피제리아 ⋯⋯ ⑤

스카스 피자 Scarr's Pizza

줄을 서는 경우도 많지만 인기가 맛을 보장한다. 토핑은 간단하고 도우는 바삭하고 쫄깃하며 서비스도 좋다. 밀을 석조 분쇄기를 이용해 제분하는, 전통적인 석조 제분 방식으로 만든 밀가루만 사용해 도우의 풍미가 더욱 깊다. 시칠리아 스타일 피자도 따로 있다.

🚶 F 라인 East Broadway역에서 도보 3분 📍 35 Orchard St, New York, NY 10002 🕐 일~목 12:00~23:00, 금·토 12:00~01:00
💲 오리지널 파이 $24, 슬라이스 1토핑 $1~2.50
📞 +1 212-334-3481 🏠 www.scarrspizza.com

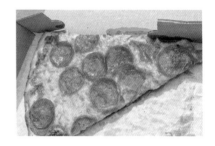

뉴요커가 가장 사랑하는
아이스크림 맛집 ⋯⋯ ⑥

밴 리우웬 아이스크림

Van Leeuwen Ice Cream

2008년 아이스크림 트럭으로 시작해 시내 여러 곳에 매장을 두고 있다. '행복한 것이 건강한 것이다'라며 맛있는 행복을 추구한다. 비건 메뉴도 개발해 여럿 선보이고, 오트 밀크로 만든 아이스크림도 있어 부담없이 여러 스쿱 주문해도 좋다. 클래식한 맛부터 호박 치즈 케이크, 시나몬 롤 등 독특한 옵션도 있다.

🚶 F 라인 2 Av역에서 도보 3분
📍 172 Ludlow St, New York, NY 10002
🕐 일~목 12:00~24:00, 금·토 12:00~01:00
💲 1스쿱 $5.50 📞 +1 646-869-2746
🏠 vanleeuwenicecream.com

시원한 쌀국수 국물이 필요할 때 ...... ⑦

진저 앤 레몬그라스
Ginger and Lemongrass

베트남 요리 잘하는 집. 노란색,
연두색으로 꾸며놓은 동남아
스러운 인테리어가 눈길을 끌
고, 차분한 분위기와 향긋한
베트남 음식의 조화가 돋보인
다. 속도, 지갑도 편안한 한 끼가 필
요할 때 부담없이 들를 수 있다. 평일 오후 3시 30분까
지 주문 가능한 런치 스페셜도 좋은 가격에 판매한다.
여러 종류의 롤과 커리, 쌀국수가 대표 요리. 퀸스에도
지점이 있다.

🚶 F, M, J, Z 라인 Delancey St-Essex St역에서 도보 3분
📍 153 Rivington St, New York, NY 10002
🕐 11:30~22:00 💲 평일 런치 스페셜 $15
📞 +1 646-876-1238
🏠 www.gingerandlemongrass.com

일하러, 책 읽으러, 수다 떨러 가요 ...... ⑧

그랜대디 The Grandaddy

와이파이 빠르고 서비스가 신속하고 친절하며 공간도 넓은, 미국에서 보기 드문
카페. 쾌적하고 밝은 분위기가 수다를 부르지만 일하러 오는 손님도 많다. 보통
여럿이 함께 온 손님들은 편안한 소파 자리를, 노트북을 가져온 손님들은 테이
블을 차지한다. 간단한 먹거리와 향긋한 커피도 단골이 많은 이유.

🚶 B, D 라인 Grand St역에서 도보 2분
📍 290 Grand St, New York, NY 10002
🕐 08:00~19:00 💲 그래놀라 요거트 $5,
하우스 쿠키 $1.75, 드립 커피 $3 📞 +1 917-
-388-2233 📷 @thegranddaddynyc

역사와 전통의 차이나타운 명물 ······⑨

홉 키 Hop Kee

'이서진의 뉴욕뉴욕' 등 여러 방송에서 소개된 바 있는 소문난 광둥 요리 전문 중식당. 나날이 높아져만 가는 뉴욕 물가를 그나마 덜 체감할 수 있는 착한 동네 차이나타운을 대표한다. 요리 가짓수는 많지만 메뉴에 한국어도 있어 어려움 없이 취향에 맞는 것을 골라 주문할 수 있다. 새벽까지 영업한다는 것도 큰 장점.

🚶 N, Q, R, W 라인 Canal St역에서 도보 9분 ◎ 21 Mott St, New York, NY 10013 ⏰ 일~목 11:00~01:00, 금·토 11:00~04:00 💲 무슈포크 $17.95, 청경채볶음 $14.95, 오징어볶음 $24.95 📞 +1 212-964-8365 🏠 www.hop-kee-nyc.com

들어가는 순간 맛집임을 직감하는 ······⑩

슈퍼 테이스트 Super Taste

화려한 인테리어도, 과도하게 친절한 서비스도 없다. 오로지 맛있는 음식뿐. 중국 서부 지역의 수타면을 기본으로 하며 뜨끈하고 매콤새콤한 국물이 온몸을 녹아내리게 하니 해장 식당으로도 추천. 두툼한 고기를 아낌없이 넣은 육면도, 맑은 국물도, 그리고 양념한 돼지고기를 빵에 듬뿍 담아 한 끼로 든든한 바오도 맛있다.

🚶 N, Q, R, W 라인 Canal St역에서 도보 14분 ◎ 26 Eldridge St, New York, NY 10002 ⏰ 11:00~21:00 💲 돼지고기 부추 만두 $5.95, 하우스 스페셜 누들 $12.75 📞 +1 646-283-0999 🏠 www.noodle5888.com

프라운세스 태번과 박물관
Fraunces Tavern & Museum

1762년부터 당대 최고의 태번으로 운영해온 곳. 여전히 식사 때마다 바쁜, 고풍스럽고 클래식한 느낌의 태번으로 성업 중이다. 1783년 독립전쟁 당시 총사령관이었던 조지 워싱턴이 미국군에게 작별 연설을 한 곳으로도 유명하다. 역사가 매우 긴 만큼 관련된 물건과 기록을 태번 2층에 전시해 박물관으로 운영 중이다. 식사를 하지 않고 전시만 보는 것도 가능하다. 홈페이지에서 여러 종류의 투어 정보와 예약을 안내하며, 무료 투어 일정도 매달 2~3회 임의로 지정해 진행한다. 프라이빗 투어도 가능.

🚶 ① 라인 South Ferry역에서 도보 4분
📍 54 Pearl St, New York, NY 10004
🕐 식당 월~금 11:30~01:00, 토 11:00~01:00,
일 11:00~24:00, 박물관 12:00~17:00
💲 랍스터 크로크 무슈 $22, 아이리시 브렉퍼스트 $21,
아이리시 커피 $16, 박물관 $10 📞 +1 212-968-1776
🏠 www.frauncestavern.com

태번 Tavern

선술집을 뜻하며, 역사적으로는 여행자가 하숙을 하는 곳으로 우리의 옛 주막과 비슷하다. 매사추세츠주에 있는 버크맨이라는 태번에서 미국 독립 혁명의 첫 발을 쏘아 올렸다고 하며, 17세기 초부터 존재해왔기에 미국인들에게 역사적인 의미가 깊다. 미국 최초의 태번에 대해서는 의견이 분분하지만 1633년 보스턴에 생긴 태번을 시초라 인정한다. 뉴욕을 대표하는 태번은 역시 프라운세스.

카페 그럼피 Cafe Grumpy

편안하고 따스한 분위기지만 동네가 동네인 만큼 서비스는 빠르고 확실하다. 바쁜 하루 중 짬을 내어 잠깐의 여유와 맛있는 커피가 필요한 사람들, 지친 다리를 쉬어 가는 여행자들 모두 이곳 커피 맛에는 대만족. 간단한 베이커리도 판매한다. 뉴욕에 아홉 개 지점이 있다.

🚶 ④ ⑤ 라인 Bowling Green역에서 도보 3분 / ② ③ 라인 Wall St역에서 도보 5분 📍 20 Stone St, New York, NY 10004 🕐 월~금 07:00~17:00, 토·일 08:00~15:00 💲 콜드 브루 $4.75, 플랫 화이트 $5
📞 +1 646-838-9306 🏠 www.cafegrumpy.com

형형색색의 재미난 상점 ······ ①

커밍 순 Coming Soon

디자이너 브랜드의 인테리어 소품과 가구를 전시, 판매한다. 빈티지 가구와 독창적인 아이템들도 있고 하나뿐인 기념품을 찾는다면 여기서 뭔가 찾아낼 수도… 유니크한, 개성 넘치는 쇼퍼들에게 추천한다. 홈페이지에 카탈로그를 잘 만들어두어 미리 물건을 확인해볼 수 있다.

🚶 F 라인 East Broadway역에서 도보 3분 📍 53 Canal St, New York, NY 10002 🕐 월~금 12:00~19:00, 토·일 11:00~19:00 📞 +1 212-226-4548
🏠 comingsoonnewyork.com

안경 장인 ······ ②

모스콧 Moscot

1915년부터 5대가 이어 좋은 품질의 안경을 판매하는 안경의 장인이자 달인이 운영. 4대부터 우연히 라이브 음악 공연을 하게 되어 주기적으로 여러 음악가들과 컬래버레이션을 하고 있다. 오랜 세월 영업해온 기록을 매장 곳곳에 진열해 박물관을 구경하는 듯한 재미도 있다. 친절하고 세심한 서비스와 탐이 나는 디자인의 안경들이 있어 천천히 구경할 것을 추천한다.

🚶 F, M, J, Z 라인 Delancey St-Essex St역에서 도보 2분
📍 94 Orchard St, New York, NY 10002 🕐 월~토 10:00~18:00, 일 12:00~18:00 📞 +1 212-777-1609 🏠 www.moscot.com

캐주얼한 스페인 신발 브랜드 ······ ③

캠퍼 랩 Camper Lab

반스 매장 바로 옆에 자리한 신발 브랜드. 스포츠와 스마트의 경계를 허무는, 언제 어디서든 신을 수 있는 신발을 만든다는 콘셉트로 탄생했다. 미니멀한 인테리어의 이 지점은 '연구소'라는 명칭을 붙였다.

🚶 J, Z 라인 Bowery역에서 도보 3분
📍 221 Bowery, New York, NY 10002
🕐 월~토 11:00~19:00, 일 12:00~18:00
📞 +1 646-301-5997 🏠 www.camper.com

세계무역센터역 내 대형 쇼핑몰 ····· ④
오큘러스 The Oculus

라틴어로 '눈'이라는 뜻의 오큘러스. 거대한 아치를 그리는
곡선형 외관이 인상적이다. 지하철 역을 겸하고 있는 건물
인데, 두 개 층을 웨스트필드 쇼핑몰이 차지한다. 스페인
건축가이자 엔지니어, 조각가, 화가인 산티아고 칼라트라
바의 작품이다. 날개를 활짝 편 천사의 형상이라고도 하고
멀리서 보면 바다로 뛰어드는 흰 고래의 꼬리처럼 보이기
도 하는 등 건축미에 대한 평도 다양하다. 디올, 케이트 스
페이드, 앤아더스토리즈 등 여러 상점이 입점되어 있다.

🚶 ① 라인 WTC Cortlandt역 바로 앞 📍 185 Greenwhich St,
New York, NY 10006 🕐 상점별로 상이

허드슨강을 바라보는 대형 쇼핑몰 ····· ⑤
브룩필드 플레이스 Brookfield Place

아이스 링크까지 갖춘 대형 쇼핑몰로 남성복을 비롯해 여성복과 아동복 브랜드,
전자 기기, 건강과 라이프스타일 관련 매장, 정원, 식당가로 이루어져 있다. 컨시
어지 서비스와 신발 수선점, 이발소도 있다. 강변 뷰도 훌륭하고 계절 행사나 공
휴일 행사, 브랜드 협업 이벤트 등 늘 볼거리, 즐길 거리가 많다.

🚶 ① 라인 WTC Cortlandt역에서 도보 2분
📍 230 Vesey St, New York, NY 10281
🕐 월~토 10:00~20:00, 일 11:00~18:00
📞 +1 212-978-1673 🏠 bfplny.com

●

뉴욕의 젖줄, 허드슨강과 이스트강

맨해튼을 지나는 대표적인 두 강은 바로 허드슨강과 이스트강이다. 허드슨강은 뉴욕주 동부를
남북으로 관통하며 교통로로 이용되었다. 또한 뉴욕은 허드슨강과 대서양이 만나는
지점에 있어, 허드슨강이 뉴욕의 발전에 큰 역할을 했다고 할 수 있다. 이스트강의 경우는
이스트강을 사이에 두고 롱아일랜드(퀸스·브루클린 자치구 등)와 브롱크스, 맨해튼이 있다.
우리 책에서 소개하는 뉴욕의 다양한 다리도 두 강과 떼려야 뗄 수 없는 사이이다.

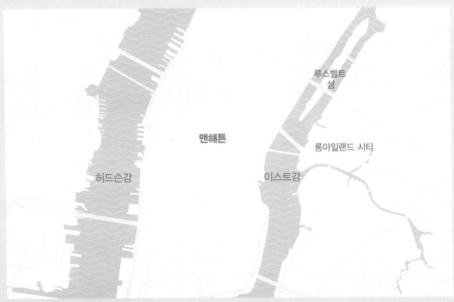

허드슨강 Hudson River

뉴욕주 동부에서 동남부를 거쳐 대서양으로 흐르는 길이 507km의 강. 최초로 이 강을 탐험한 영국인 헨리 허드슨의 이름에서 따왔으며, 맨해튼은 허드슨강의 하구에 자리하고 있다. 2009년 US 에어웨이스 1549편이 허드슨강에 불시착한 내용을 다룬 영화 '설리: 허드슨강의 기적'으로 이름이 회자되기도 했다. 맨해튼 에서는 조지 워싱턴 브리지, 링컨 터널, 1927년 개통한 세계 최초의 자동차 전용 터널인 홀랜드 터널이 허드슨강을 가로지른다. 강가 뷰가 아름다워 강을 따라 리 버사이드 파크와 배터리 파크P.221, 포트 워싱턴 파크, 리버사이드 스테이트 파 크, 리버사이드 파크 사우스, 록펠러 파크 등이 있다.

허드슨강 크루즈

강을 돌아보는 크루즈 업체가 여러 개 있는데 혼블로워와 서 클라인 사이트시잉 크루즈가 유명하다. 식사를 하면서 구경하 는 다이닝 크루즈, 강가 명소들을 돌아보는 투어 등 다양한 프 로그램이 있다. 좀 더 개인적이고 특별한 경험을 원한다면 보트 를 빌리자. 세일 선셋Sail Sunset, 맨해튼 어드벤처 보트 라이드 Manhattan Adventure Boat Ride, 세일링 요트 벤투라Sailing Yacht Ventura 등의 업체를 통해 여러 명이 함께하는 프로그램이 아닌, 맞춤형 프라이빗 보트 놀이를 즐길 수 있다.

🏠 혼블로워Hornblower Cruises & Events Pier 40
www.hornblower.com/new-york/
🏠 서클라인 사이트시잉 크루즈Circle Line Sightseeing Cruises
www.circleline.com

허드슨강 액티비티

추운 겨울을 제외하고는 보통 강 위에서 하는 카약이나 패들보드 등의 워터 액티비티가 활발하다. 이른 봄이나 늦가을에는 날씨에 따라 좀 더 늦거나 일찍 시즌을 시작하고 종료할 수 있으니 반드시 영업 여부를 확인하고 계획하도록 하자. 여러 워터 스포츠 업체가 다양한 프로그램을 제공해 혼자서도, 여럿이서도 즐길 수 있다. 맑은 날 패들보드나 카약을 빌려 강을 따라 여행하는 것도 이색적인 추억이 될 것이다.

페리

허드슨강과 이스트강에는 관광 목적인 크루즈 외에 페리도 있다. 메트로나 도보와는 다른 매력을 느낄 수 있는 뉴욕의 페리. 무엇보다 강에서 바라보는 도시의 전경이 아름다워 출퇴근 시간(일출/일몰 시간) 즈음에 타는 여행객들도 많다. 각 노선별로 출·도착지 선착장이 다르니 확인하고 탑승하도록. 대부분 브루클린과 맨해튼을 잇고 있어, 브루클린 일정이 있는 날 탑승해보는 것도 좋다. 티켓은 보통 홈페이지에서 미리 구매하여 사용하는데, 이 경우 티켓 사용은 뉴욕 페리 앱을 통해서만 가능하니 앱을 다운받아 탑승 시 표를 제시하도록 한다. 선착장에서 티켓 머신으로 현장 구매하는 경우 현금/카드 사용이 가능하다 (메트로카드, 옴니 불가).

맨해튼 카약 Manhattan Kayak

카약과 패들보드를 대여하고 관련 투어 프로그램을 운영한다. 겨울은 폐장하며 홈페이지로 해마다 변동되는 오픈 일정을 공지하고 예매도 안내한다.

🏠 www.manhattankayak.com

다운타운 보트하우스
Downtown Boathouse

5~10월에만 운영하는 세계 최대 규모의 무료 카약 하우스. 뉴욕의 강을 최대한 많은 사람들이 즐겼으면 하는 바람으로 1994년 개장했다. 자원봉사자와 기부금으로 선하게 운영되는 단체.

🏠 www.downtownboathouse.org

서머 온 더 허드슨 축제(5~9월)
Summer on the Hudson

허드슨강 리버사이드 파크에서 열리는 강변 축제로 무료 콘서트, 공연, 해질녘 야외 요가, 별 구경, 영화 상영, 가라오케 나이트, 연 날리기, 대형 체스 놀이 등 다양한 볼거리를 제공한다.

🏠 www.nycgo.com/events/summer-on-the-hudson

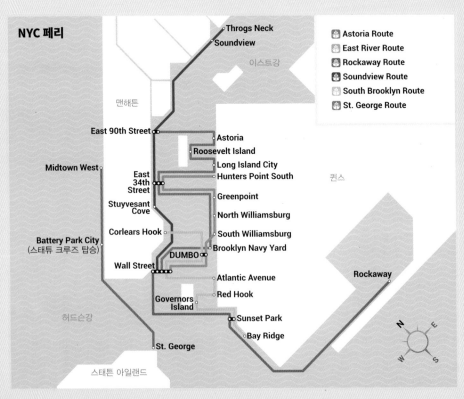

NYC 페리

- 🚩 Astoria Route
- 🚩 East River Route
- 🚩 Rockaway Route
- 🚩 Soundview Route
- 🚩 South Brooklyn Route
- 🚩 St. George Route

이스트강

맨해튼

퀸스

Throgs Neck
Soundview
East 90th Street
Astoria
Roosevelt Island
Long Island City
Midtown West
East 34th Street
Hunters Point South
Greenpoint
Stuyvesant Cove
North Williamsburg
South Williamsburg
Corlears Hook
Brooklyn Navy Yard
Battery Park City (스태튜 크루즈 탑승)
DUMBO
Wall Street
Atlantic Avenue
Red Hook
Rockaway
Governors Island
Sunset Park
Bay Ridge
허드슨강
St. George
스태튼 아일랜드

이스트강 East River

총길이 26km의 이스트강은 이름 그대로 맨해튼 동쪽을 흐르는 해협으로, 엄밀히 말하면 강은 아니다. 1883년 완공된 세계 최초의 현수교인 총길이 1.8km의 브루클린 브리지를 비롯해 맨해튼 브리지, 윌리엄스버그 브리지, 에드 코호 퀸스보로 브리지, 로버트 F. 케네디 브리지, 퀸스 미드타운 터널, 휴 L 캐리 터널 등 허드슨강에 비해 다리와 터널이 더 많다.

이스트강 크루즈

승하차를 자유롭게 할 수 있는 홉 온 홉 오프Hop on Hop Off 투어를 비롯해 강가의 면면을 알차게 돌아볼 수 있는 크루즈가 여럿 있다. 이스트강에서도 허드슨강과 마찬가지로 혼블로워를 가장 애용한다. 크루즈 선박보다 좀 더 작은 NYC 페리 보트도 혼블로워에서 운항한다. 메트로카드를 이용해 탑승할 수 있으며 맨해튼, 퀸스와 브루클린까지 감상할 수 있다. 닻을 올린 보트를 타고 좀 더 기분을 내고 싶다면 맨해튼 바이 세일에서 운항하는 스쿠너Schooner를 타보자.

🏠 혼블로워 크루즈 앤 이벤트 뉴욕 Hornblower Cruises & Events New York-Pier 15
www.hornblower.com/new-york

🏠 맨해튼 바이 세일 Manhattan by Sail
www.manhattanbysail.com

237

업타운

미드타운

다운타운

흑인 문화의 발상지, 올드 뉴욕

업타운
UPTOWN

랜드마크로 유명하기보다는 뉴요커들의 실제 일상을 엿볼 수 있는, 로컬의 동네인 업타운. 재즈와 소울 음악을 기반으로 한 뉴욕 흑인 문화의 발상지이며 컬럼비아대학교가 있어 젊음과 활기도 넘친다. 북적이고 소란스러운 미드타운, 다운타운을 뒤로하고 진짜 뉴욕, 올드 뉴욕을 느끼고 싶다면 업타운을 여행하자.

뉴욕의 진한 멋과 맛은 이 동네에

할렘,
모닝사이드 하이츠

Harlem, Morningside Heights

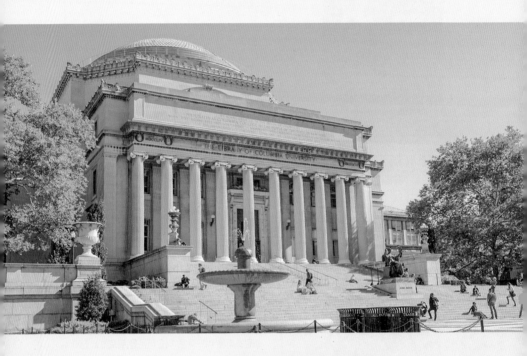

#재즈 #소울 푸드 #가식 없는 진짜 뉴욕

할렘을 여행하고 나면 이곳을 제대로 소화하고 이해할 시간이 필요하다.
다운타운, 미드타운에 비해 명소들이 상대적으로 띄엄띄엄 자리하고
규모 있는 공원도 많다. 또 자유롭고 소울이 넘치는 스트리트
분위기와 상반된 느낌의 멧 클로이스터스처럼 반나절을 할애할 수 있는
여유롭고 우아한 곳도 있다. 새로움에 자극받을 준비를 단단히 하자.

할렘, 모닝사이드 하이츠
이렇게 여행하자

할렘의 치안은 많이 나아지고 있지만 다른 동네에 비해서는 여전히 만만치 않다. 낮에는 큰 차이가 없지만 밤에는 확실히 조심해야 한다. 많은 사람들의 선입견 속 그 모습이 여전해, 가고 싶은 곳을 콕 찍어 다녀오는 것을 추천한다. 밤의 할렘은 추천하지 않는다.

뉴욕 관련 전시를 자주 업데이트하는
뉴욕시 박물관 P.243

학구적이고 밝은 분위기를 보여주는
컬럼비아대학교 P.246

소울 푸드를 만날 수 있는
실비아스 레스토랑 P.248

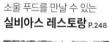

해마다 130만 명이 찾는
아폴로 극장 P.246

꼭 가봐야 할 아름다운 곳
멧 클로이스터스 P.247

할렘, 모닝사이드 하이츠 상세 지도

허드슨강

- 명소
- 식당/카페
- 상점

Ⓜ 137 St - City College

멧 클로이스터스 07

Ⓜ 135 St

Ⓜ 125 St

06 리버사이드 파크

135 St Ⓜ

03 아폴로 극장

할렘 국립 재즈 박물관

실비아스 레스토랑 01
레드 루스터 02 W 126th St

05 컬럼비아대학교

06 몬델 초콜릿

01 할렘 해버대셔리

05 톰스 레스토랑

Cathedral Parkway (110 St) Ⓜ

Ⓜ 116 St

04 세인트 존
디바인 대성당

Ⓜ 116 St

03 앱솔루트 베이글스

W 110th St

Ⓜ Cathedral Pkwy (110 St)

Ⓜ 103 St

Central Park N

04 브로드웨이 베이글

Ⓜ Central Park North (110 St)

Ⓜ 116 St

Ⓜ 103 St

W 110th St

Ⓜ 96 St

Ⓜ 110 St

센트럴 파크

01 뉴욕시 박물관

Ⓜ 96 St

97th St Transverse

Ⓜ 103 St

W 102 St

02 비컨 극장

N
W — E
S

0   100m

Ⓜ 96 St

뉴욕시 박물관 Museum of the City of New York

16세기 뉴욕이 처음 생겨났을 때부터 현재까지의 도시와 거주민들의 역사를 보여주는 곳. 비영리 사설 기관으로 정부 보조를 받아 운영되는 전시관이다. 뉴욕을 애정 어린 시선으로 그려내 잡지 〈뉴요커〉 표지를 여러 번 장식한 만화가 사울 스타인버그의 작품이나 뉴욕을 대표하는 아이콘과 같은 인물들, 기념비적인 사건 등에 관한 사진, 지도, 의복, 도서, 영상 등 다양한 매개를 이용해 영어가 낯설어도 어느 정도 이해할 수 있다.

🚶 ④ ⑥ 라인 103 St역에서 도보 7분 / ② ③ 라인 110 St Station Central Park North역에서 도보 11분 ♀ 1220 5th Ave, New York, NY 10029 ⏰ 목~월 10:00~17:00(수시로 변경되어 홈페이지에서 확인 후 방문) ✖ 화·수요일, 1월 1일, 추수감사절, 크리스마스 💲 $20(온라인 예매 추천) 📞 +1 212-534-1672 🏠 www.mcny.org

비컨 극장 The Beacon Theatre

2894석의 대형 극장. 1929년 영화관과 보드빌Vaudeville(프랑스에서 탄생한 노래와 무용극으로 20세기 초 뉴욕에서 유행) 공연장으로 개관해 매디슨 스퀘어 가든 컴퍼니가 관리한다. 매년 브로드웨이 우수작에게 수여하는 권위 있는 토니상Tony Awards 시상식을 이곳에서 세 차례 열기도 했다.

🚶 ① ② 라인 79 St역에서 도보 5분 ♀ 2124 Broadway, New York, NY 10023
📞 +1 212-465-6000 🏠 www.msg.com/beacon-theatre/

뉴욕과 재즈

다음의 재즈 아티스트들을 알고 가면 재즈 박물관이나 재즈 바의 관람이 더욱 즐겁다.
뉴욕에서 쉽게 볼 수 있는 재즈 바 중 어디를 가더라도, 들어본 곡이 흘러나오는 즐거움 역시 느낄 수 있다.

듀크 엘링턴
Duke Ellington
1899~1974

워싱턴 D.C. 출신이지만 뉴욕에서 맹활약했으며 'Take the A Train'과 같은 맨해튼 헌정 곡을 만들었다. 당시 재즈 열풍의 주역이던 시카고가 아닌 뉴욕에서 활동하기로 한 엘링턴의 결정으로 지금의 뉴욕 재즈 신Scene이 형성되었다 해도 과언이 아니다. 뉴욕의 전설적인 코튼 클럽 Cotton Club에서 성공해 이름을 날렸고, 오케스트라와 함께하는 자신만의 독창적인 연주 스타일을 '아메리칸 뮤직'이라 칭했다.

엘라 피츠제럴드
Ella Fitzgerald
1917~1996

'재즈의 여왕' 레이디 엘라는 버지니아에서 태어나 어릴 적 뉴욕으로 이주했다. 할렘 거리에서 노래를 하다 아폴로 극장의 아마추어 나이트Amateur Nights에서 눈에 띄어 17세의 어린 나이에 데뷔했다. 3옥타브를 넘나드는 가창력에 특히 멋진 스캣으로 유명하다.

버디 리치
Buddy Rich
1917~1987

세계에서 가장 위대한 드러머. 브루클린 태생으로 18개월부터 드럼 스틱을 잡아 신동으로 불렸다. 음악 교육을 받지 않고 악보도 못 읽었지만 드럼 하나는 기가 막히게 치는 것으로 온 세상을 압도했다.

찰리 파커
Charlie Parker
1920~1955

재즈 역사에 길이 남을 환상적인 속주의 색소폰 연주자. 1940년대 미국에서 유행한 재즈 연주 스타일인 비밥Bebop의 창시자이자 작곡가로서도 높이 평가받는다. 마약 중독이 심했던 그는 결국 심장 마비로 35세의 나이에 요절.

마일스 데이비스
Miles Davis
1926~1991

10대 소년으로 뉴욕에 입성해 생의 대부분을 뉴욕에서 보냈다. 뉴욕 줄리어드 음악원에서 트럼펫을 전공하고, 비밥에 빠져 찰리 파커의 밴드에 합류해 함께 활동했다. 많은 뮤지션들과 장르의 폭을 넓히는 등 재즈계를 넘어 대중문화에 엄청난 영향을 끼친 예술가.

존 콜트레인
John Coltrane
1926~1967

재즈 바 블루 노트에서 녹음을, 카네기 홀에서 공연을 하는 등 뉴욕을 거점으로 활약했던 재즈 색소폰 연주자이자 작곡가. 즉흥 연주를 특히 잘하기로 유명했다.

빌 에반스
Bill Evans
1929~1980

뉴욕에서 나고 자라 뉴욕에서 생을 마감한, 진정한 뉴욕의 재즈 아티스트. 서정적인 피아노 연주로 재즈계의 쇼팽이라 불린다. 마일스 데이비스의 밴드에서 연주하며 커리어를 시작했다. 세련된 쿨 재즈의 시초, 위대한 앨범으로 꼽히는 데뷔작 'Kind of Blue'가 가장 잘 알려져 있다.

할렘의 소울을 더욱더 느끼고 싶다면
할렘 국립 재즈 박물관
The National Jazz Museum in Harlem

루이 암스트롱, 빌리 홀리데이, 베니 굿맨 등 재즈 뮤지션들의 음반 1000여 장을 비롯해 사진과 영상 등을 통해 할렘 재즈의 역사를 되짚어보는 작은 전시관. 저명한 피아니스트 존 바티스트가 2008년부터 박물관과 협업해 재즈 프로그램을 운영하며 게릴라 콘서트도 자주 열린다. 박물관 전시를 돌아보며 다음 공연 일정을 문의해보자.

🚶 ④ ⑥ 라인 125 St역에서 도보 4분
📍 58 W 129th St Ground Floor, 2203, New York, NY 10027
🕐 목~토 12:00~17:00 ❌ 일~수요일
💲 자유 기부금 📞 +1 212-348-8300
🏠 http://jmih.org

아폴로 극장 The Apollo Theater

제임스 브라운, 패티 라벨, 브루노 마스와 같은 프로
중의 프로와 데뷔를 목표로 하는 아마추어 모두 오르
는 무대. 1500여 석 규모로, 특히 흑인 아티스트들이
많이 공연했으며 해마다 130만 명의 관객이 찾는다.
공연 스케줄 확인과 예매는 홈페이지에서.

🏃 A, C, B, D 라인 125 St역에서 도보 4분
📍 253 W 125 St, New York, NY 10027
📞 +1 212-531-5300 🏠 www.apollotheater.org

세인트 존 디바인 대성당
The Cathedral Church of St. John the Divine

2050년 완공을 목표로 현재 절반 이상 완성한 건축
물이다. 1892년 초석을 올렸으나 비잔틴, 로마네스크
양식의 설계에서 고딕으로 변경되는 등 계속 공사가 지연. 총면적 1만1200m²,
높이 54m로 미국에서 두 번째로 큰 성당이다. 전시나 공연이 종종 열리며 뮤
지션이 콘서트를 열기도 했다. 신도석 북쪽에 있는 '시인의 자리Poets' Corner'는
에밀리 디킨슨, 워싱턴 어빙, 월트 휘트먼 등 미국 시인들을 위해 조성된 공간
이다. 내부 인원 제한이 있어 홈페이지에서 일정, 시간을 예약 후 방문.

🏃 ① 라인 Cathedral Parkway 110 St역에서 도보 5분 📍 1047 Amsterdam Ave,
New York, NY 10025 🕐 월~금 09:30~15:00, 토·일 09:30~18:00 💲 $15
📞 +1 212-316-7540 🏠 www.stjohndivine.org

컬럼비아대학교 Columbia University

1754년 설립한, 미국에서 다섯 번째로 오랜 역사의 명
문 대학교다. 과학과 의학 분야 연구에 큰 기여를 해왔
으며 세 명의 미국 대통령, 96명의 노벨상 수상자, 그
외 올림픽 메달리스트, 오스카상 수상자, 퓰리처상 수
상자를 다수 배출했다. 빛나는 눈빛의 학생들과 어깨를
나란히 하고 공원처럼 잘 조성된 캠퍼스를 돌아보자.

🏃 ① 라인 116 St Station-Columbia University역 바로 앞
📍 New York, NY 10027 📞 +1 212-854-1754
🏠 www.columbia.edu

야경이 멋진 ...... ⑥
리버사이드 파크 Riverside Park

업타운 할렘 쪽 강가의 대부분을 차지하는 공원으로 72번가에서 158번가까지 이어진다. 농구 코트, 야구장, 테니스 코트, 롤러하키장, 스케이트 파크, 핸드볼 코트, 놀이터, 선착장, 카약·카누장, 강아지 산책로, 러닝 트랙 등 시민들을 위한 다양한 시설이 있다. 18대 대통령 율리시스 S. 그랜트와 그의 부인 묘인 기념비General Grant National Memorial도 이 공원 북쪽에 자리한다.

🚶 ① 라인 103 St역, Cathedral Pkwy 110 St역, 116 St-Columbia University역에서 도보 5분 📍 W 122nd St &, Riverside Dr, New York, NY 10027 🕐 24시간 📞 +1 212-870-3070
🏠 www.nycgovparks.org/parks/riverside-park

반나절 나들이로 다녀오기 좋은 ...... ⑦
멧 클로이스터스 The Met Cloisters

메트로폴리탄 미술관의 일부로 포트 트라이온 파크Fort Tryon Park 내에 있어 업타운에서도 꽤 위쪽에 자리한다. 허드슨강 전경이 보이고 프랑스 수도원풍의 건물이 워낙 아름다워 주말마다 사람들로 북적인다. 존 D. 록펠러 주니어의 컬렉션을 바탕으로 유럽 중세 예술품을 전시한다. 세 개의 예배당과 로마네스크 홀, 도서관 등 각기 다른 매력의 공간들로 이루어져 있다. 패널 회화, 스테인드글라스, 고문서와 조각 등 전시품의 종류도 다양하다.

🚶 A 라인 Dyckman St역에서 도보 7분
📍 99 Margaret Corbin Dr, New York, NY 10040
🕐 3~10월 목~월 10:00~17:00, 11~2월 목~월 10:00~16:30 ❌ 화·수요일, 1월 1일, 추수감사절, 크리스마스
💲 $30 📞 +1 212-923-3700 🏠 www.metmuseum.org/visit/plan-your-visit/met-cloisters

진짜배기 소울 푸드 ⋯⋯⋯ ①
실비아스 레스토랑 Sylvia's Restaurant

'소울 푸드의 여왕' 실비아 우즈가 1962년 오픈한, 할렘을 대표하는 미국 남부 음식 맛집. 집처럼 편안한 이곳에 들어서면 관록에서 나오는 멋진 분위기가 압도한다. 손맛이 느껴지는 닭튀김과 옥수수죽인 그리츠, 와플 등이 인기가 좋으며 달걀 요리도 있다. 매일 스페셜 메뉴가 바뀌며, 일요일에는 가스펠 브런치가 나온다. 수요일에는 라이브 공연이 열린다.

🚶 ②③ 라인 125 St역에서 도보 1분 📍 328 Malcolm X Blvd, New York, NY 10027 🕐 월~수 11:00~20:00, 목~일 11:00~22:00(매월 영업시간 상이) 💲 치킨 & 와플 $18.50, 바비큐 립 & 닭튀김 $26
📞 +1 212-996-0660 🏠 www.sylviasrestaurant.com

할렘 일등 맛집 ⋯⋯⋯ ②

레드 루스터 Red Rooster

오바마 대통령의 첫 공식 만찬을 준비한 스타 셰프 마커스 사무엘손의 아메리칸 식당. 냇 킹 콜과 제임스 볼드윈 등 저명한 인사들이 드나들었던 할렘의 스피크이지바 이름을 따온 곳으로 아프리카, 프랑스, 스칸디나비아, 미국 남부에서 영향을 받은 메뉴는 다양하고 독특한 조화를 자랑한다. 새우 요리와 랍스터, 닭튀김 등이 대표 메뉴. 지하에는 식사, 주류와 함께 라이브 공연을 선보이는 지니스 서퍼 클럽 Ginny's Supper Club이 있다.

🚶 ②③ 라인 125 St역 바로 앞 📍 310 Malcolm X Blvd, New York, NY 10027 🕐 월~목 17:00~22:00, 금 15:00~22:00, 토·일 11:00~22:00(주말 브런치 11:00~15:00) 💲 새우 & 그리츠 $29, 랍스터 롤 $32 📞 +1 212-792-9001 🏠 redroosterharlem.com

소울 푸드 Soul Food

소울 푸드는 '소울 음악' 등과 함께 흑인들의 정체성을 대변하는 용어로 1964년 처음 사용되었다. 켄터키, 루이지애나, 뉴올리언스, 오클라호마, 텍사스 등 미국 남부 흑인들의 민족 음식에서 유래했고 아프리카와 미국 원주민들의 전통 식문화에서 큰 영향을 받은 것으로 알려져 있다. 옥수수나 오크라, 콩과 같이 값싼 식재료로 충분한 열량을 낼 수 있도록 요리한 음식들이 주

를 이루며 대표적인 메뉴는 옥수수빵, 비스킷, 허시파피, 닭튀김 등이다. 맛이 없을 수가 없는 요리들이지만 흑인 커뮤니티가 형성되어 있는 할렘 지역에 특히 맛있는 소울 푸드 식당들이 밀집해 있다.

앱솔루트 베이글스 Absolute Bagels

쫀득한 베이글을 따끈하게 토스트한 후 반으로 갈라 속을 듬뿍 넣어주는 베이글 샌드위치는 뉴요커들이 사랑하는 아침 메뉴. 이른 시간 문을 열자마자 손님들이 물밀듯 들이닥치는 곳으로 수많은 베이글 전문점 중에서도 특히 유명하다. 여러 종류의 베이글 중 하나를 고르고 고기, 생선, 버터, 잼 등 다양한 속을 고르면 즉석에서 만들어 준다. 크림치즈 종류가 다양하며, 따뜻하고 든든한 아침 식사로 오믈렛을 넣은 베이글도 인기가 많다. 출근 시간에는 손님이 많으니 줄 서 있는 동안 원하는 것을 골라 차례가 오면 바로 주문할 수 있도록 하자.

🚶 ① 라인 Cathedral Pkway 110 St역에서 도보 2분 📍 2788 Broadway, New York, NY 10025 🕐 06:00~20:00 💲 베이글 $1.75, 블루베리 크림치즈 $5.50 (현금 결제만 가능) 📞 +1 212-932-2052

브로드웨이 베이글 Broadway Bagel

앱솔루트 베이글스와 함께 업타운의 베이글 양대 산맥으로 꼽힌다. 직접 로스팅한 커피와 달걀 요리, 팬케이크, 프렌치토스트, 오믈렛, 파니니, 햄버거, 샌드위치, 머핀, 케이크, 페이스트리, 브라우니 등 메뉴가 무척 다양하다. 그래도 주인공은 베이글. 한눈에 볼 수 있도록 유리 진열장에 열을 맞추어 여러 종류의 속 재료가 통에 담겨 있다. 친절하고 빠른 서비스로 많은 단골들의 마음을 사로잡는다. 도로명 주소를 상호명으로 사용해 찾아 헤맬 걱정은 없다.

🚶 ① 라인 103 St역에서 도보 2분 📍 2658 Broadway, New York, NY 10025 🕐 06:00~20:00 💲 땅콩버터 $4.25, 노바 스코시아(Nova Scotia) 연어 $12.95 📞 +1 212-662-0231 🏠 broadwaybagelscafe.com

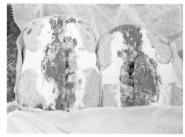

미드 '사인펠드' 촬영지로 더욱 유명한 ⑤

톰스 레스토랑 Tom's Restaurant

업타운을 대표하는 식당으로 금요일과 토요일에는 24시간 오픈. 1940년대부터 그리스에서 뉴욕으로 이주한 가족이 운영하고 있다. 수잔 베가의 유명한 팝송 '톰스 다이너'의 모티브가 된 곳이며, 미국 시트콤의 원조 '사인펠드'의 대부분 에피소드에 등장해 가게 안에 출연진들의 사진이 곳곳에 붙어 있다. 가장 중요한 음식도 합격점. 재료가 신선하고 기름지지 않아 깔끔하게 배부른 것이 장점. 수프는 매일 새로 직접 끓이며 사이드 메뉴도 다양해 허기진다면 양껏 먹어도 좋다.

🚶 ① 라인 Cathedral Pkway 110 St역에서 도보 2분
📍 2880 Broadway, New York, NY 10025
🕐 일~수 07:00~01:00, 목 07:00~24:00, 금·토 24시간
💲 럼버잭(팬케이크 2장, 달걀, 소시지, 베이컨, 토스트) $16.35
📞 +1 212-864-6137

초콜릿에만 집중! ⑥

몬델 초콜릿 Mondel Chocolates

1943년부터 초콜릿을 만들어온 작은 가게. 포장과 상점 외관에는 일절 신경 쓰지 않고 맛있는 초콜릿에만 집중한다. 반짝이는 색 포장지로 싼 하트 모양의 초콜릿이 향수를 불러일으키고, 투박한 상자에 담아주는 수제 초콜릿이 먹음직스럽다. 트러플이 대표 메뉴이며 마지팬, 술 초콜릿, 슈거프리 초콜릿 등 가게는 작지만 판매 품목이 다양하다. 작은 상자 하나 사서 바쁜 뉴욕 여행 일정 중 당이 떨어질 때 입에 쏙 넣으면 딱 좋다.

🚶 ① 라인 116 St Station-Columbia University역에서 도보 2분
📍 2913 Broadway, New York, NY 10025
🕐 화~토 11:30~18:00 ❌ 월·일요일
💲 초콜릿 하트 1/4파운드(lb) $6.25
📞 +1 212-864-2111
🏠 www.mondelchocolates.com

화려하고 예쁘고 멋진 것은
여기 모두 ⋯⋯ ①
할렘 해버대셔리
Harlem Haberdashery

음악가, 예술가, 스포츠 스타들의 의상을 맞춤으로 제작하는 5001 플레이버스 Flavors의 오프라인 매장. 스타들을 위한 디자인에서 비롯된 컬렉션이라 예사롭지 않은 컬러와 맵시의 옷, 소품들이 즐비해 사지 않아도 구경하는 재미가 상당하다. 이곳을 거쳐간 유명 인사들의 사진이 걸린 액자와 오래된 피아노, 자전거, 지구본 등의 소품으로 꾸민 매장은 마치 갤러리 같다. 세계 어디에도 없는 자체 제작 상품으로 개성을 표현하고자 하는 손님들에게 사랑받는다. 과감한 아이템부터 무난하지만 은근히 튀는 소품까지 다양하다. 자체 디자인 상품들 외에 선별해 판매하는 니치 디자이너 라인도 있다.

🚶 ②③ 라인 125 St역에서 도보 2분 📍 245 Malcolm X Blvd, New York, NY 10027
🕐 월~토 12:00~19:00 ✖ 일요일 📞 +1 646-707-0070
🏠 www.harlemhaberdashery.com

맨해튼을 대표하는
고급스럽고 활기찬 부촌

어퍼웨스트사이드
Upper Westside

#역사깊은공연장 #세계최고의전시관 #우아한건축미

할렘과 지도상으로는 그리 떨어져 있지 않지만 어퍼웨스트사이드에
진입하는 순간, 완전히 달라진 세련되고 고급스러운 분위기를
모든 감각으로 느낄 수 있다. 랜드마크보다는 허드슨강과
센트럴 파크를 양옆에 두고 천천히 걸으며 이 동네를 탐색해보자.

어퍼웨스트사이드
이렇게 여행하자

센트럴 파크의 대부분과 맞닿아 언제든지 쉽게 공원을 즐길 수 있다. 위로는 할렘, 아래로는 미드타운이 있어 일정에 따라 한꺼번에 돌아보아도 좋다. 미드타운, 다운타운에서 많이 걸어야 하니 체력 안배를 생각해 느긋하게 돌아보자. 미국 자연사 박물관이 관광의 큰 축을 차지하며 여기에서 얼마나 많은 시간을 보낼지에 따라 어퍼웨스트사이드 일정이 결정된다. 센트럴 파크로 넘어가 공원을 보며 내려갈 것이 아니라면 이동 범위 대비 명소 비율이 높지 않으니 교통 수단을 적극 이용하면 좋다.

과학관 길더 센터Gilder Center 개관으로 더욱 사랑을 받는
미국 자연사 박물관 P.256

인생 쿠키를 만날 수 있는
르베인(르뱅) 베이커리 P.258

다양한 장르의 공연이 밤을 책임지는
링컨 센터 P.255

어퍼웨스트사이드
상세 지도

허드슨강

M 86 St
06 프렌치 로스트

반스 앤 노블 01

03 카페 랄로

W 86th St
W 85th St
W 84th St
W 83rd St

Columbus Ave

86 St M

02 제이바스
05 와우

79 St M

W 82nd St
W 81st St
W 80th St
W 79th St

9A

Riverside Dr
West End Ave
Broadway

81 St - Museum df Natual History

03 미국 자연사 박물관

Amsterdam Ave

01 르베인(르뱅) 베이커리

W 74th St
W 75th St

Central Park W

W 79th St Transverse

72 St M
04 그레이스 파파야

W 73rd St
W 72nd St

W 71st St

West End Ave

04 다코타
M 72 St

The Lake

Broadway

W 65th St

M 66 St - Lincoln Center

01 링컨 센터

Amsterdam Ave

W 62nd St

Columbus Ave

센트럴 파크

W 65th St

W 60th St

디지스 클럽 02   M 59 St Columbus Circle

W 58th St

Central Park W

● 명소
● 식당/카페
● 상점

뉴욕 최고의 공연을 보고 싶다면 ····· ①

링컨 센터
Lincoln Center for the Performing Arts

메트로폴리탄 오페라와 뉴욕시 발레단, 뉴욕 필하모
닉의 공연장. 존 데이비슨 록펠러 3세를 비롯한 뉴욕
시 저명인사들의 주도로 1950~1960년대에 걸쳐 건립
했다. 30개의 관이 있으며 해마다 500만 명이 찾는 명
소로 오페라 공연장인 메트로폴리탄 오페라 하우스
Metropolitan Opera House, 발레단 공연장인 데이비드 H.
코크 극장 David H. Kock Theater, 그리고 필하모닉 공연
장인 데이비드 게펜 홀 David Geffen Hall 총 세 개의 건물
로 이루어져 있다. 극단, 뉴욕 공연예술도서관, 줄리어
드 음대 등 여러 기관이 함께 센터를 사용한다. 클래식,
무용, 재즈 등 수준 높은 공연을 선보이며 일정 확인과
예매는 홈페이지를 통해 가능하다.

🚶 ① ② 라인 66 St-Lincoln Center역 바로 앞
📍 Lincoln Center Plaza, New York, NY 10023
📞 +1 212-875-5456 🏠 www.lincolncenter.org

검증된 라인업 ····· ②
디지스 클럽 Dizzy's Club

프레데릭 P. 로즈 홀 Frederick P. Rose Hall 5층에 자리한, 링컨 센터에서 운영하
는 재즈 공연장으로 시내 다른 곳에 비해 조용하고 고급스러운 분위기다. 식사
도 가능하지만 음식 맛이 최고라고는 할 수 없어 늦은 저녁에 와서 공연과 음료
정도 즐기는 것을 추천한다. 디지스 클럽이 자리한 타임 워너 센터 Time Warner
Center의 바 마사 Bar Masa에서 식사하고, 역시 타임 워너 센터 내 여러 상점이 모
여 있는 숍스 앳 콜롬버스 서클 The Shops at Columbus Circle을 구경한 다음 공연
장으로 이동하면 좋다.

🚶 ① ② 라인 59 Columbus Circle역 바로 앞 📍 10 Columbus Cir, New York, NY 10019
🕐 19:30, 21:30 / 심야 세션은 화~토 23:30 📞 +1 212-258-9595
🏠 jazz.org/dizzys/

미국 자연사 박물관 The American Museum of Natural History

1869년 웅장한 석조 건물에 설립한 박물관으로 우리가 '자연사'를 생각하면 떠올릴 수 있는 생물학, 생태학, 동물학, 지질학뿐만 아니라 천문학과 인류학에 걸친 300만 개 이상의 방대한 표본을 소장한다. 이 중 극히 일부를 46개 전시관에 전시한다. 대규모 박물관에서 땅과 바다에서의 인류 역사를 알아보고, 4층에 있는 유명한 대형 공룡 화석 앞에서 기념사진도 남겨보자. 여러 전시관 중 특히 눈여겨볼 곳은 유리 정육면체 속에 구 모양의 천문관을 설치한 로즈 지구 우주관Rose Center for Earth and Space이다.

🏃 A, B, C 라인 81 St-Museum of Natural History역 바로 앞 📍 200 Central Park West, New York, NY 10024 🕐 10:00~17:30
❌ 추수감사절, 크리스마스 💲 일반 입장(특별전 제외) 성인 $28, 3~12세 $16, 학생·65세 이상 $22(뉴욕 내 박물관 중 특히 붐비는 편. 온라인 예매 시 입장이 더 빠르니 참고)
📞 +1 212-769-5100 🏠 www.amnh.org

다코타 The Dakota

🏃 A, B, C 라인 72 St역 바로 앞
📍 1 W 72nd St, New York, NY 10023
📞 +1 212-362-1448

존 레논이 살았던 고급 아파트. 1884년 완공된 건물로 존 레논은 1973년 이사를 왔고 1980년 이 건물 입구에서 총격을 당해 숨졌다. 센트럴 파크 바로 옆에 자리해 공원에서도 다코타의 뾰족한 상층부가 보인다. 배우 주디 갈랜드, 로렌 바콜, 무용수 루돌프 누레예프, 가수 로베타 플랙 등이 거주했지만 유명 인사라고 모두 입주가 허가되는 것은 아니다. 빌리 조엘과 진 시몬스 등은 입주민 회의를 통해 이사가 거부되기도 했다. 비틀스 팬이라면 꼭 한번 가볼 만하지만 여전히 거주지로 사용해 들어갈 수는 없다.

뉴욕의 역사, 뉴요커들

뉴욕의 하드웨어와 소프트웨어 형성에 있어서 빼놓을 수 없는 록펠러와 두 명의 루스벨트 대통령Franklin D. Roosevelt, Theodore Roosevelt, 배우 험프리 보가트, 가수 바브라 스트라이샌드, 래퍼 투팍, 작가 헨리 제임스와 허먼 멜빌, 뉴욕에서 나고 자란 배우 로버트 다우니 주니어와 스칼렛 요한슨 등 뉴욕을 사랑하고 뉴욕에 머물렀던 유명인들은 수없이 많다. 그중에서 되짚어볼 만한 뉴요커들을 소개한다.

이디스 워튼

이디스 워튼 Edith Wharton • 1862~1937

맨해튼의 부유한 가문 출신이며, 활발한 대외 활동으로 유명한 작가이자 디자이너. 〈순수의 시대The Age of Innocense〉로 최초의 여성 퓰리처상을 거머쥐었다. 〈그 겨울의 끝Ethan Frome〉과 뉴욕의 본질을 꿰뚫었다는 평을 받은 〈환락의 집The House of Mirth〉으로도 잘 알려져 있다.

도로시 파커 Dorothy Parker • 1893~1967

맨해튼 어퍼웨스트사이드에서 태어났으며, 14세에 시인으로 데뷔했다. 22세에 보그의 에디터가 되었고 잡지 〈뉴요커〉에 자주 글을 기고했으며 위트 넘치는 문학 모임인 알공퀸 라운드 테이블Algonquin Round Table을 이끌었다. 1940년대에는 할리우드에 입성해 그 유명한 영화 '스타 탄생A Star is Born'의 극본을 썼다.

조지 거슈윈 George Gershwin • 1898~1937

브루클린에서 태어났으며, 피아니스트로 활동을 시작했다. 브로드웨이 뮤지컬 작업, 파리로 건너가 관현악곡 '파리의 미국인An American in Paris'을 발표하는 등 재즈와 클래식을 넘나든 미국 음악사의 거장. 오페라와 흑인 음악 뮤지컬의 퓨전인 'Porgy and Bess'가 걸작으로 꼽히며, 빈민가의 고충을 담은 'Summertime', 어디선가 한번 들어봤을 'I Got Rhythm' 등 대표작이 많다.

루스 베이더 긴스버그
Ruth Bader Ginsburg • 1933~2020

브루클린 출신의 역사상 두 번째 여성 미국 연방대법원 대법관. 뉴욕주 코넬대학교, 컬럼비아대학교 로스쿨을 졸업하고 컬럼비아대학교 로스쿨 교수로 재직했다. 양성 평등, 여성 인권을 위해 법조계에서 고군분투한 입지전적인 인물이다.

도널드 트럼프 Donald Trump • 1946~

뉴욕 부동산 백만 장자 가문에서 태어나 맨해튼 부동산에 이른 나이부터 손을 대 크게 성공했다. 1980년 뉴욕 최초의 리모델링 건물인 그랜드 하얏트 호텔과 오늘날 도시의 랜드마크가 된 트럼프 월드 타워 건축, 센트럴 파크 울먼 링크 스케이트장 복원 등 뉴욕 부동산 개발에서 빼놓을 수 없는 인물. TV 쇼 진행자로 인지도를 높였고 그 이후엔 모두가 알고 있듯 미국 제45대 대통령이 되었다.

르베인(르뱅) 베이커리 Levain Bakery

쿠키 하나로 이렇게 센세이션을 일으킬 수 있을까? 바쁜 시간대
에 찾으면 여러 블록에 걸쳐 긴 줄이 늘어서는 이 작은 베이커리
는 촉촉하고 쫀득하고 도톰하고 바삭한, 형용할 수 없는 환상적
인 맛의 쿠키를 구워낸다. 운동을 좋아하는 두 주인이 철인 3종
경기를 준비하며 에너지를 얻을 쿠키를 개발하다 만든 것이 바
로 대표 메뉴인 초콜릿 칩 월넛 쿠키다. 차가운 흰 우유를 주문
해 함께 먹으면 바로 천국행. 머핀이나 브리오슈도 맛있지만 뭔
가 하나를 더 먹어야 한다면 쿠키를 두 개 먹으라 권하고 싶을
정도로 엄청난 맛. 차갑게 먹는
것도, 갓 구워 따뜻하게 먹는 것
도 다 맛있다.

🚶 ①②③ 라인 72 St역에서 도보
2분 📍 167 W 74 St, New York,
NY 10023 🕐 08:00~20:00
💲 쿠키 개당 $4
📞 +1 917-464-3769
🏠 www.levainbakery.com

제이바스 Zabar's

훈제 생선, 캐비아 등 고급 식료품 재료를 파는 곳으로
유명. 사서 바로 먹을 수 있는 레디 메이드 푸드도 팔아
공원으로 피크닉하러 가기 전에 간단한 먹거리를 사기
에도 좋다. 올리브만 해도 종류가 10가지가 되고 치즈
코너도 엄청나다. 뉴욕에 며칠 머물 예정이라면 숙소
에서 안주나 주전부리로 먹기 좋은 것들을 골라보자.
이미 요리가 된 메뉴를 용기에 담아 판매한다. 주방용
품도 구입할 수 있어 요리에 관심이 있다면 꼭 들러봐
야 할 곳. 가게 자체가 인기가 많아 제이바스 앞치마나
인형 등의 품목도 있다.

🚶 ①② 라인 79 St역에서 도보 2분
📍 2245 Broadway, New York, NY 10024
🕐 월~토 08:00~19:30, 일 09:00~18:00
📞 +1 212-787-2000 🏠 www.zabars.com

영화 '유브 갓 메일'의 그곳 ...... ③

카페 랄로 Cafe Lalo

현재는 임시 휴업 중이지만 멕 라이언과 톰 행크스가 만났던 낭만적인 분위기의 영화 속 카페. 타르트, 케이크 등 디저트가 달콤하고 맛있기로 유명하다. 꼬마 전구가 화려한 밤과는 다르게 아침에 찾으면 통유리창으로 들이치는 햇살이 따스하고 포근한 분위기를 자아내는 곳. 스크램블드에그와 같은 달걀 요리도 있어 아침 식사를 하러 일찍 찾아도 좋다. 오전 시간에는 조간 신문을 옆에 끼고 들어와 한참 읽다 나가거나 일기를 쓰러 오는 등 혼자 오는 손님이 많다. 바 메뉴도 다양해 저녁 식사 후 코냑이나 디저트 와인을 마시러 찾기에도 추천.

🚶 ① ② 라인 86 St역에서 도보 5분
📍 201 W 83rd St, New York, NY 10024
🕐 월~목·일 09:00~01:00, 금·토 09:00~03:00
💲 카푸치노 $5, 밀크셰이크 $12
📞 +1 212-496-6031 🏠 cafelalo.com

24시간 오픈 핫도그 가게 ...... ④

그레이스 파파야 Gray's Papaya

50센트짜리 값싼 핫도그로 인기를 끌기 시작해 뉴욕에서 가장 유명한 핫도그 가게가 되었다. 하루 종일 여행하고 밤늦게 들러 금방 만들어 주는 핫도그로 심야의 허기를 채워보자. 칠리와 치즈 토핑 추가는 각각 50센트다. 파파야 열매로 만든 음료를 함께 판매하며 상호명의 '파파야'도 여기에서 따온 것이다. 가격도 착하지만 무엇보다 맛이 좋고, 24시간 열려 있다는 것이 큰 장점. 베이글과 브렉퍼스트 롤, 도넛처럼 간단한 요깃거리도 판매한다. 새벽에 출출한데 그레이스 파파야가 지척이라면 그만한 행운이 없다.

🚶 ① ② ③ 라인 72 St역 바로 앞 📍 2090 Broadway, New York, NY 10023 🕐 일~수 08:00~22:00, 목~토 08:00~23:00 💲 케첩, 머스터드, 사워크라우트, 양파, 렐리시를 올린 핫도그 $2.95 📞 +1 212-799-0243
🏠 grayspapaya.nyc

색다른 동남아 요리 ······ ⑤
와우 Wau

스타일리시한 인테리어가 돋보이는 맛집이다. 아시아 요리를 균형 있게 미국식으로 퓨전화했다. 주변에 베이글 가게나 간단한 식사를 하기 좋은 식당이 대부분이라 더욱 돋보인다. 매콤 새콤한 국수, 밥, 국물 요리와 여러 종류의 칵테일이 있다. 랍스터와 코코넛 라이스, 새우 칩 등으로 구성된 말레이시아 서프 앤 터프와 른당 비프 커리가 시그니처 메뉴.

🚶 ① 라인 79 St역에서 도보 4분
📍 434 Amsterdam Ave, New York, NY 10024 🕐 월·수·목 12:00~15:30, 17:00~22:00, 화 12:00~15:30, 17:00~21:30, 금·토 12:00~22:30, 일 12:00~21:30
💲 나시고랭 $19, 른당 비프 커리 $30
📞 +1 917-261-5926 🏠 waunyc.com

걸치레 없는 편안하고 맛있는 식당 ······ ⑥
프렌치 로스트 French Roast

프랑스와 미국 음식의 매우 합리적인 조화. 동네 카페처럼 편안한 인테리어지만 음식은 파리의 어느 식당에서 나오는 것처럼 제대로 한다. 양파 수프와 크로크 무슈 등 전형적인 프랑스 비스트로 메뉴가 역시 인기가 많다. 미국 사람들에게 익숙한 오믈렛이나 BLT 샌드위치도 잊지 않고 챙겨놓아 어떤 조합의 일행이 가도 모두 원하는 것을 주문할 수 있는 곳.

🚶 ① 라인 86 St역에서 도보 1분 📍 2340 Broadway, New York, NY 10024 🕐 일~목 10:00~22:00, 금·토 10:00~23:00
💲 어니언 수프 $12, 시저 샐러드 $16, 브리오슈 프렌치토스트 $16 📞 +1 212-799-1533 🏠 frenchroastnyc.com

반스 앤 노블 Barnes & Noble

미국에서 매장이 가장 많은 서점으로 50개 주에서 600곳 이상 운영 중이다. 뉴욕 내에도 여러 지점이 있다. 1886년 뉴욕에서 처음 문을 열었으며 창립자들의 성인 반스와 노블에서 상호명을 따왔다. 카페와 게임, 음악, 장난감, 필기구 등을 판매하는 상점이 있어 자투리 시간을 보내기에 더없이 좋은 곳. 독서하기 안성맞춤인 아늑하고 조용한 분위기이며, 빠르게 변화하는 e-북 시장의 트렌드에 맞추어 태블릿 판매도 늘리고 있다.

🚶 ①② 라인 79 St역에서 도보 3분 📍 2289 Broadway, New York, NY 10024 🕙 월~토 10:00~20:00, 일 10:00~19:00 📞 +1 212-362-8835 🏠 barnesandnoble.com

전 세계를 감동시키는 중! 나날이 커져가는 K-문학의 힘

영화 '기생충'과 드라마 '오징어 게임', BTS가 주도하는 K-pop과 더불어, 최근 몇 년간 한국 문학도 여러 언어로 번역되어 큰 사랑을 받고 있다. 그렇기에 뉴욕 서점에서 영어로 번역된 한국 문학 작품들도 점점 더 쉽게 볼 수 있을 것. 여러 매체에서 최고의 한국 문학으로 꼽아 이미 번역된 작품들을 소개하니 뉴욕의 서점을 찾는 문학 소년, 소녀들이라면 찾아보도록 하자.

- 조남주Cho Nam-joo 〈82년생 김지영 Kim Jiyoung, Born 1982〉
- 박상영Sang Young Park 〈대도시의 사랑법 Love in the Big City〉
- 박경리Pak Kyongni 〈불신시대 The Age of Doubt〉
- 한강Han Kang 〈히랍어 시간 Greek Lessons〉, 〈채식주의자 The Vegetarian〉
- 황석영Hwang Sok-yong 〈해질 무렵 At Dusk〉
- 편혜영Hye-Young Pyun 〈홀 The Hole〉
- 정유정You Jeong Jeong 〈종의 기원 The Good Son〉

또 한국계 미국인 작가들이 영어로 먼저 쓰고 한국어로 번역되어 큰 사랑을 받은 작품들도 있다. 원문으로 읽어 그 감동을 새롭게 느끼고 싶다면 추천한다.

- 이민진Min Jin Lee 〈파친코 Pachinko〉
- 미셸 자우너Michelle Zauner 〈H마트에서 울다 Crying in H Mart〉

맨해튼의 허파 센트럴 파크
Central Park

뉴욕의 상징이자 세계에서 가장 유명한 도심 공원. 1857~1876년 조성되었으며 동서 길이 0.83km, 남북 길이 4.1km, 면적 341헥타르로 연간 약 3800만 명이 찾는다. 공원의 네 모서리는 프레더릭 더글러스 동상과 물의 벽 Frederick Douglass Sculpture & Water Wall, 듀크 엘링턴 동상 Duke Ellington Statue, 콜럼버스 서클 Columbus Circle, 퓰리처 분수와 윌리엄 테쿰세 셔먼 장군 기념비 Pulitzer Fountain & General William Tecumseh Sherman Monument가 책임지고 있다. 명소가 많고 워낙 넓어 겨울에는 아이스 링크, 여름에는 보트나 곤돌라로 공원을 즐기고 여유롭게 피크닉을 하거나 문학의 길 산책, 마차를 타거나 공원에서 가장 유명한 레스토랑 태번 온 더 그린 Tavern on the Green을 찾는 등 구역을 나누어 여러 번 방문하는 것을 추천.

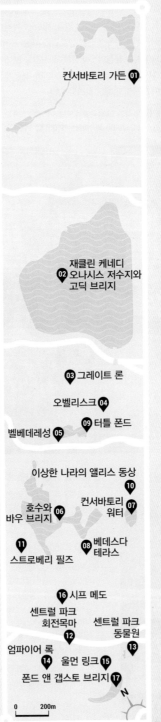

- 01 컨서바토리 가든
- 02 재클린 케네디 오나시스 저수지와 고딕 브리지
- 03 그레이트 론
- 04 오벨리스크
- 05 벨베데레성
- 09 터틀 폰드
- 이상한 나라의 앨리스 동상
- 10
- 06 호수와 바우 브리지
- 07 컨서바토리 워터
- 11 스트로베리 필즈
- 08 베데스다 테라스
- 16 시프 메도
- 센트럴 파크 회전목마
- 12
- 센트럴 파크 동물원
- 13
- 엠파이어 록
- 14 울먼 링크
- 15
- 폰드 앤 갭스토 브리지
- 17

0   200m

N

① 컨서바토리 가든
Conservatory Garden

유려한 곡선 장식이 돋보이는 밴더빌트 게이트 Vanderbilt Gate로 입장 가능한, 공원 내 유일한 정원으로 면적은 2만4000m². 이 자리에 온실이 있었기에 온실 정원이라는 이름을 갖게 되었다. 프랑스풍의 북쪽 정원, 영국풍의 남쪽 정원과 이탈리아풍의 정원인 위스테리아 페르골라 Wisteria Pergola 총 세 구역으로 나뉜다. 세 명의 춤추는 여인들 Three Dancing Maidens 동상으로 장식한 운터마이어 분수 Untermyer Fountain가 북쪽 정원에 자리한다.

- 대부분 여행자들은 명소가 많은 미드타운을 보고 59번가로 입장해, 이 넓은 공원의 하이라이트를 찾았을 때에는 체력을 거의 소진한 상태. 북쪽과 중간에 볼거리가 모여 있으니 위에서 구경하며 내려오는 것을 추천한다.
- 센트럴 파크 내 가로등에는 몇 번가에 해당하는지 표시되어 현재 위치를 알 수 있다.

🚶 A, B, C, D, ①·② 라인 59 St-Columbus Circle역 / A, B, C 라인 72 St역·81 St-Museum of Natural History역·86 St역·96 St역·103 St역·110 St-Cathedral Pkwy역 / ②·③ 라인 110 St Station Central Park North역 / N, R, W 라인 5 Av역 등
🕐 06:00~01:00   ☎ +1 212-310-6600
🏠 www.centralparknyc.org

② 재클린 케네디 오나시스 저수지와 고딕 브리지
Jacqueline Kennedy Onassis Reservoir & Gothic Bridge

저수지 면적은 43헥타르로 10억 갤런의 물을 안고 있다. 1862년 완공되었고 1994년에 근처에 살던 재클린의 이름을 붙였다. 저수지 가운데 분수에서 물줄기가 뿜어져 올라오고 저수지 바깥을 따라 2.54km의 산책로가 조성되어 걷기에도 좋다. 저수지 위쪽에 있는 고딕 브리지는 1864년 설계.

③ 그레이트 론 The Great Lawn

재클린 케네디 오나시스 저수지와 벨베데레성 사이의 넓고 평평한 녹지로 면적은 22헥타르에 달한다. 소프트볼 필드가 여섯 개, 농구장이 있으며 알렉산더 해밀턴 동상 등을 볼 수 있다. 우리가 여러 미디어를 통해 접한, 센트럴 파크에서의 피크닉 장면은 바로 여기에서 촬영되었다.

④ 오벨리스크 The Obelisk

'클레오파트라의 바늘'이라고도 불리는 뾰족한 탑 오벨리스크는 메트로폴리탄 미술관 바로 뒤에 있다. 본래 기원전 1475년 이집트에 세워졌으나 1877년 이집트 총독의 선물로 뉴욕으로 오게 되었다. 높이 21m, 무게 200톤으로 이집트 상형 문자가 새겨져 있다.

⑤ 벨베데레성 Belvedere Castle

두 개의 발코니를 통해 공원의 아름다운 전망을 감상할 수 있다. 대대적인 리노베이션을 거쳐 2019년 재개장했다. 성 안에는 방문자 센터와 새를 관찰하고 미술 전시, 교육 등 다양한 프로그램을 진행하는 헨리 루스 자연 천문대The Henry Luce Nature Observatory가 있다.

⑥ 호수와 바우 브리지 The Lake & Bow Bridge

공원에서 가장 아름다운 다리로 꼽히는 바우 브리지와 호수. 레스토랑과 보트 대여, 곤돌라 탑승을 할 수 있는 뢰브 보트하우스The Loeb Boathouse가 여기에 있다. 노를 저어 호수 물살을 가로지르는 것은 낭만 그 자체. 수고는 하나도 하고 싶지 않다면 곤돌라에 타보자. 보트와 곤돌라 모두 4~10월에 운영한다.

💲 **보트** 최대 4명 탑승, $25/1시간(애플 페이, 카드 결제 가능), **곤돌라** 최대 6명 탑승, $50/30분 📞 +1 212-517-2233(곤돌라)
🏠 www.centralpark.com/things-to-do/sports/boating

⑦ 컨서바토리 워터 Conservatory Water

온실을 계획하고 조성한 공간인데 온실은 끝내 지어지지 않았고 현재 이 작은 연못은 모델 보트를 가져와 노는 사람들의 놀이터가 되었다. 영화로도 만들어 진 E. B. 화이트의 〈스튜어트 리틀Stuart Little〉에도 소개된 귀여운 공간으로 옆 에는 커브스 보트하우스Kerbs Boathouse가 있다. 여름에는 보트를 대여해주어 공원 내에서 물을 가르며 더욱 낭만적으로 녹음을 즐길 수 있다.

⑧ 베데스다 테라스
Bethesda Terrace

센트럴 파크의 심장이라 일컬어지는 아 름다운 공간. 해의 위치에 따라 빛과 그 림자의 대조가 시시각각 멋진 광경을 만 들어낸다. 정교하고 아름다운 아치를 지 나 테라스로 나오면 물의 천사Angel of the Waters 분수가 기다리고 있다.

⑨ 터틀 폰드 Turtle Pond

그레이트 론에서 사람들이 옹기종기 모여 앉아 신기하고 귀여워 어쩔 줄 몰라 하는 모습이 보인다면 바로 여기, 거북이 연못일 것이다. 계단 몇 개를 내려오면, 호숫가 큰 돌에 올라와 일광욕을 하는 거북이들을 만날 수 있다. 물속에서 신나게 물장구를 치는 거북이도, 햇빛 아래서 낮잠을 자는 거북이도 여럿 있다.

⑩ 이상한 나라의 앨리스 동상 Alice in Wonderland

루이스 캐럴의 작품이자 가장 사랑받는 소설 주인공들의 동상. 주변에는 책에서 발췌한 재미난 영어 문장들이 동판에 새겨져 있다. 1956년 150세 생일을 기념하기 위해 세워진 덴마크 동화 작가 한스 크리스티안 안데르센 동상도 몇 걸음 떨어진 곳에 있다.

⑪ 스트로베리 필즈
Strawberry Fields

비틀스의 멤버인 존 레논을 추모, 기념하는 장소. 비틀스 노래 '스트로베리 필즈 포에버'에서 이름을 따왔다. 존 레논의 마지막 장소 다코타 아파트가 공원 밖 건너편에 자리한다.

⑫ 센트럴 파크 회전목마 Central Park Carousel

공원의 낭만을 배가시키는 빈티지한 회전목마. 말이 끌던 1871년 오리지널 버전이 여러 차례 업그레이드되어 지금은 네 번째 버전이 운행 중이다. 옆에는 방문자 센터와 기념품 가게, 1861년 세워진 작은 다리 플레이메이츠 아치Playmates Arch, 그리고 체스 놀이를 위한 체스 앤 체커 하우스Chess & Checker House가 있다. 체스말고도 도미노, 백개먼 등의 놀이가 준비되어 있다.

🕐 11:00~17:00
💲 $3.25(현금만 가능)
🏠 www.wollmanskatingrink.com/carousel

⑬ 센트럴 파크 동물원 Central Park Zoo

네 개의 동물원과 아쿠아리움으로 이루어져 있다. 아동 교육 프로그램, 희귀종 보존 활동 등을 진행한다. 아이들을 위한 동물원 옆에는 델라코트 음악 시계Delacorte Music Clock가 있는데 매일 오전 8시에서 오후 6시 사이 정각에 동요 32곡 중 하나를 연주하고 30분마다 더 짧은 버전을 연주한다. 시계 주변의 동물 조각상들이 회전하는 모습이 무척 귀엽다.

🕐 3~10월 월~금 10:00~17:00, 토·일·공휴일 10:00~17:30, 11~4월 10:00~16:30 💲 13세 이상 $19.95, 65세 이상 $16.95, 3~12세 $14.95, 2세 이하 무료
🏠 centralparkzoo.com

⑭ 엄파이어 록 Umpire Rock

야구 동호회, 글러브와 공만 들고 나와 던지기 잡기 놀이를 하는 뉴요커들이 가장 좋아하는 공간인 야구장 바로 뒤에 '심판'이라는 뜻의 바위가 있다. 센트럴 파크 곳곳에 큰 바위들이 놓여 있어 훌륭한 휴식처와 피크닉 자리가 되어주지만 이 바위는 유난히 크고 평평하다.

⑮ 울먼 링크 Wollman Rink

겨울의 뉴욕, 가장 아름다운 곳을 꼽으라면 아마 여기. 우아하게 얼음 위를 미끄러지거나 깔깔대며 신나게 얼음을 지치는 사람들로 가득하다. 은반 위 조명이 반사되어 형형색색으로 밝게 빛난다. 여름에는 작은 놀이 공원인 빅토리아 정원Victorian Gardens(www.victoriangardensnyc.com)이 설치된다.

🕐 월·화 10:00~14:30, 수·목 10:00~22:00, 금·토 10:00~23:00, 일 10:00~21:00
💲 성인 $15, 4~12세·65세 이상 $10, 스케이트 대여 $11, 라커 대여 $5(현금만 가능)
🏠 wollmanrinknyc.com

⑯ 시프 메도 Sheep Meadow

'양이 뛰노는 들판'이라는 이름에 걸맞게 공원에서 가장 많은 피크닉 바구니와 독서하는 사람들, 강아지와 산책 나온 사람들을 볼 수 있는 곳.

⑰ 폰드 앤 갭스토 브리지
The Pond & Gapstow Bridge

공원 최남단에 자리한 연못으로
많은 새와 거북이들의 집이 되고
있다. 맨해튼 스카이라인을 감상
하기 더없이 좋은 돌다리 갭스토
브리지도 건너보자.

NYC 마차

센트럴 파크를 돌아보는 가장 로맨틱한 방
법. 벨베데레성, 스트로베리 필즈, 베데스
다 테라스 등 공원의 주요 포인트를 골라 마
차로 달려볼 수 있다. 프러포즈, 결혼기념일,
생일 등 특별한 날 뉴요커와 여행자들을 행
복하게 해준다.

💲 $120/30분, $155/45분(연말에는 $235)
🏠 www.centralpark.com/tours/horse-
carriage-rides(온라인 예약 가능)

자전거

걷는 것보다 더 빠르게 공원을 구
경하고 싶은 효율성 추구 여행자
라면 자전거 투어나 대여를 추천
한다. 센트럴 파크 바이크 숍The
Central Park Bike Shop에서 모두 가
능.

화려하고 도도한 뉴요커의 동네

어퍼이스트사이드
Upper Eastside

#살고싶은 부촌 #뉴욕 올드 머니 #쇼핑 메카

깨끗하고 고급스러운, 럭셔리한 맨해튼이 보고 싶다면 여기로.
관광 명소는 많지 않지만 그래서 한적하고 여유롭다.
월가에서 일하는 바쁜 뉴요커와 하나라도 더 보려고 뛰다시피 걷는
관광객이 아닌, 뉴욕을 있는 그대로 만끽하는 뉴요커의
일상에 녹아들 수 있는 동네.

어퍼이스트사이드
이렇게 여행하자

걸음은 느리게⋯. 조급함은 어퍼이스트사이드를 여행하는 가장 큰 장애물이다. 규모가 엄청나 하루 종일 머물러도 다 볼 수 있을까 싶은 메트로폴리탄 미술관만 방문하거나 스미스소니언과 구겐하임, 노이에 중 두어 곳만 관람할 것을 추천한다.

어퍼이스트사이드의 꽃
메트로폴리탄 미술관 P.273

★ 전시가 밀집된 이 거리의 모든 박물관과 미술관을 한번에 돌아보는 것이 벅차다면
　우선 메트로폴리탄 미술관을 보고 구겐하임 미술관, 노이에 갤러리, 스미스소니언 디자인 박물관
　가운데 진행 중인 전시를 알아보고 취향에 따라 추가적으로 선택해 다녀오도록 하자.

저녁에는 재즈 피아노
선율이 우아한
베멜만스 바 P.277

어퍼이스트사이드
상세 지도

04 쿠퍼 휴이트 스미스소니언 디자인 박물관

96 St Ⓜ
96 St Ⓜ

02 솔로몬 R. 구겐하임 미술관
뮤지엄 마일 •

97th St Transverse

Ⓜ 81 St -
Museum df
Natual History

• 센트럴 파크
Central Park

03 노이에 갤러리
카페 사바스키

01 메트로폴리탄 미술관

Ⓜ 86 St

명소
식당/카페
상점

W 79th St Transverse

04 후소

04 알버틴

E 80th St
E 79th St

E 89th St
E 88th St

E 91th St
E 90th St

E 86th St
E 85th St

E 84th St
E 83rd St

E 81st St

Ⓜ 86 St

01 베멜만스 바

Ⓜ 77 St

02 올워셔스 베이커리
03
타이니 돌 하우스

E 78th St
E 79th St

03 랄프스 커피

E 71st St

E 77th St
E 76th St

Central
Park
Zoo

Ⓜ 72 St

Ⓜ 68 St - Hunter College

E 67th St
E 66th St
E 65th St
E 64th St
E 63rd St
E 62nd St

E 70th St
E 69th St
E 68th St

Ⓜ 5 Av / 59 St

Ⓜ Lexington Av / 63 St

Lexington Av / 59 St

Ⓜ
02 블루밍데일스

이스트강

루스벨트 아일랜드 •

N
W   E
S

0   100m

E 60th St
E 59th St
E 61st St

01 매디슨 애비뉴

E 57th St

메트로폴리탄 미술관
The Metropolitan Museum of Art

'멧The Met'이라는 애칭으로도 불리는 뉴욕 최고의 전시관. 1870년 개관 이래 개인 수집가들의 기증과 자체 구매 등을 통해 빠른 속도로 소장품을 확보해 굴지의 미술관이 되었다. 고대부터 현대 아방가르드 패션에 이르기까지 미술, 조각, 무기, 의류, 가구, 유물, 도서, 간행물 등을 포함해 300만 점 이상의 소장품을 자랑한다. 200여 개가 넘는 전시관으로 나누어져 있으며 한국관은 1988년 개관했다. 인상파 화가의 명작과 이집트관의 덴두르 신전Temple of Dendur이 인기가 많다. 설치 미술 작품과 정원이 조성되어 있는 루프톱은 도시 경관을 감상할 수 있는 아름다운 전망대라 올라가 볼 것을 추천한다.

🚶 ④⑤⑥ 라인 86 St역에서 도보 10분 📍 1000 5th Ave, New York, NY 10028 🕐 일·화·목 10:00~17:00, 금·토 10:00~21:00
❌ 수요일, 추수감사절, 크리스마스, 1월 1일, 5월 첫째 월요일
💲 $30(홈페이지에서 일정과 시간을 골라 미리 예약하면 입장이 더 빠르다) 📞 +1 212-535-7710 🏠 www.metmuseum.org

멧 갈라 MET Gala

뉴욕 유명 인사들의 연중 최대 파티로 꼽힌다. 미국 보그 편집장 안나 윈투어가 매년 다른 테마로 그 해 가장 핫한 인물들을 초대하면 드레스 코드에 맞는 멋진 의상을 차려입고 멧에 모여 연회를 연다.

현대 미술의 발전을 목표로 하는 전시관 ······ ②

솔로몬 R. 구겐하임 미술관
Solomon R. Guggenheim Museum

광산 재벌이자 철강 사업가인 구겐하임의 개인 수집품으로 설립한 미술관. 주로 현대 미술품을 수집한 구겐하임의 소장품이 1939년 현재 미술관의 전신인 비구상회화미술관Museum of Non-objective Painting으로 탄생했고, 1959년 구겐하임 미술관으로 개칭했다. 위층으로 올라갈수록 기울어져 보이는 듯한 착시를 의도한 깔때기 모양의 나선형 건물은 건축가 프랭크 로이드 라이트가 16년 동안 매달려 완성한 작품이다. 유리 천장을 통해 새어 들어오는 자연광이 작품 감상을 더욱 황홀하게 만든다. 대표 소장품은 피카소 초기 작품과 파울 클레, 샤갈, 칸딘스키의 작품. 1976년 유명 화상 저스틴 탄호이저가 소장한 후기 인상파 작품들을 기증받으며 소장품이 크게 늘었다.

🚶 ④⑤⑥ 라인 86 St역에서 도보 8분 📍 1071 5th Ave, New York, NY 10128
🕐 10:30~17:30 ✖ 추수감사절, 크리스마스 💲 $30, 12세 미만 무료, 월·토 16:00~
17:30(자유 기부금) 📞 +1 212-423-3500 🏠 www.guggenheim.org

노이에 갤러리 Neue Galerie New York

독일어로 '새로운 갤러리'라는 뜻이며 독일, 오스트리아 미술과 디자인에 집중하는 전시관이다. 미술품 딜러 사바스키와 자선 사업가이자 수집가인 라우더, 두 친구가 마음을 모아 2001년 개관했다. 2층에는 20세기 오스트리아 순수 미술과 장식 미술을 전시하며 여기에 구스타프 클림트, 에곤 실레 등 대가들의 작품도 있다. 가장 유명한 것은 클림트의 '아델레 블로흐바우어 부인의 초상'. 3층은 칸딘스키, 파울 클레와 같은 작가들의 작품이 걸려 있는 20세기 독일 미술 전시관이다. 고흐, 클림트 등 작가를 주제로 한 특별전도 종종 열린다.

🚶 ④⑤⑥ 라인 86 St역에서 도보 6분 📍 1048 5th Ave, New York, NY 10028
🕐 목~월 11:00~18:00 ✖ 화·수요일 💲 $28, 매달 첫 번째 금요일 20:00까지 개관하며
17:00~20:00 무료 입장 📞 +1 212-944-9493 🏠 www.neuegalerie.org

카페 사바스키 Café Sabarsky도 꼭 들르세요

노이에 갤러리 안에는 전시가 아니라 카페만을 찾는 손님이 있을 정도로 분위기 좋은 오스트리아풍의 커피 하우스, 카페 사바스키가 있다. 따스함이 감도는 분위기에 빠르고 친절한 직원들이 슈트루델이나 애플파이와 같은 오스트리아식 디저트와 음식, 음료를 서빙한다.

🕐 월~수 09:00~18:00,
목~일 09:00~21:00
(목~일 저녁만 예약 가능)

멋스러운 타운하우스 건물에 들어선 ……④

쿠퍼 휴이트 스미스소니언 디자인 박물관

Cooper Hewitt, Smithsonian Design Museum

스미스소니언 기관의 19개 박물관 중 하나로, 프랑스 파리의 장식미술박물관 Musée des Arts Décoratifs에서 영감을 받아 1896년 설립되었으며 약 240년간의 미학 역사를 다룬다. 자본가 앤드루 카네기가 살았던, 그의 이름을 딴 맨션에 자리한다. 철제 갤러리, 쇼핑백, 도자기, 그래픽 페이퍼 등의 전시관으로 이루어져 있으며 비틀스가 소유했던 롤스로이스, 링컨 대통령이 사용했던 의자 등의 오브제를 전시한다. 반 클리프 앤 아펠, 현대 의자 디자인 등 흥미로운 주제의 특별전을 주기적으로 연다.

🚶 ④⑤⑥ 라인 86 St역에서 도보 11분 　📍 2 E 91st St, New York, NY 10128
🕙 10:00~18:00 　💲 성인 $19, 62세 이상 $13, 학생 $7, 18세 미만 무료
📞 +1 212-849-8400 　🏠 www.cooperhewitt.org

뮤지엄 마일 Museum Mile

82번가에서 110번가까지 길게 이어지는, 전시관들이 즐비한 5번가 일부 지역을 말한다. 매년 6월 두 번째 화요일에 뮤지엄 마일 페스티벌 Museum Mile Festival이 열리고, 참여 전시관은 야외 행사와 공연 등을 주최한다. 뮤지엄 마일에 속하는 전시관은 아래와 같다.

- 110번가 아프리카 센터 The African Center
- 104번가 바리오 박물관 El Museo del Barrio
- 103번가 뉴욕시 박물관 Museum of the City of New York
- 92번가 유대인 박물관 The Jewish Museum
- 91번가 쿠퍼 휴이트 스미스소니언 디자인 박물관 Cooper Hewitt, Smithsonian Design Museum
- 88번가 솔로몬 R. 구겐하임 미술관 Solomon R. Guggenheim Museum
- 86번가 노이에 갤러리 Neue Galerie New York
- 82번가 메트로폴리탄 미술관 The Metropolitan Museum of Art

베멜만스 바 Bemelmans Bar

칼라일 호텔Carlyle Hotel에 자리한 뉴욕에서 가장 널리 알
려진 세련된 피아노 바. 동화책 〈매들라인Madeline〉으로
유명한 루트비히 베멜만의 벽화가 유명해 그의 이름을 붙
였다. 칼라일의 고전적인 인테리어와 모든 벽을 채우고 있
는 베멜만의 사랑스러운 파스텔톤 그림이 어우러져 매우
낭만적이다. 뮤지션 라인업이 훌륭해 공연을 보러 가기에
도 좋고, 바 분위기가 우아해 그 공간에 있는 것만으로도
뉴욕의 밤을 만끽할 수 있다. 언제 찾아도 대부분 만석이
지만 식사 시간을 피하거나 오픈 시간에 찾으면 바로 자
리를 잡을 수 있다.

🚶 ④ⓑ 라인 77 St역에서 도보 5분 📍 35 E 76th St, New
York, NY 10021 🕐 일·월 12:00~24:30(공연 17:30~20:30,
21:00~24:00), 화~목 12:00~01:00(공연 17:30~20:00, 21:30
~24:30), 금·토 12:00~01:30(공연 17:30~20:30, 21:30~01:00)
💲 피아노 커버 차지 $10, 재즈 트리오 커버 차지 $20(바), $25
(테이블) 📞 +1 212-744-1600 🏠 www.rosewoodhotels.
com/en/the-carlyle-new-york/dining/bemelmans-bar

장인들이 굽는 빵 ⋯⋯⋯ ②

올워셔스 베이커리 Orwashers Bakery

1916년 헝가리에서 이주한 올워셔 가문이 개업한 이래 쭉 사랑받아온 베이커리. 품질 좋은 호밀과 다양한 곡류로 반죽해 구워내는 베이글 등 베이커리 맛 하나로 승부를 본다. 모든 메뉴는 올워셔 가문 대대로 전해져 내려오는 레시피를 사용한다고. 아쉽게도 2008년 소유권을 판매해 더이상 가족 기업은 아니지만 맛과 멋은 그대로 전해지고 있다. 표백하지 않은 밀가루는 뉴욕주 농부들에게서 조달받고, 빵은 브롱크스에 있는 공장에서 구워 가져온다. 거칠고 쫄깃한 루스티카 Rustica를 비롯해 도넛, 쿠키 등 품목이 다양하다. 바게트는 매일 정오에 굽는다.

🚶 ④ ⑥ 라인 77 St역에서 도보 7분
📍 308 E 78th St, New York, NY 10075
🕐 07:00~18:00 💲 햄치즈 크루아상 $7.50
📞 +1 212-288-6569 🏠 orwashers.com

아메리칸 패션 명가 랄프 로렌의 카페 ⋯⋯⋯ ③

랄프스 커피 Ralph's Coffee

미국을 대표하는 디자이너 랄프 로렌이 카페를 냈다. 디자이너는 커피 향은 사랑하는 사람과의 추억을 상기시키기에 그런 마음으로 블렌딩하고 카페를 운영하고 싶다고 말한다. 브랜드의 프레피한 느낌과 똑 닮은 진한 녹색, 흰색의 테마로 꾸며진 인테리어와 커피잔이 고급스럽다. 미국의 유명 로스터리 라 콜롬브에서 가져오는 커피 원두를 사용해 커피 맛이 훌륭하고, 브런치 메뉴도 추천한다.

🚶 ⑥ 라인 568 St-Hunter College역에서 도보 8분
📍 888 Madison Ave, New York, NY 10021
🕐 일~목 08:00~18:00, 금·토 08:00~19:00
💲 카푸치노 $6 📞 +1 212-434-8000
🏠 www.ralphlauren.com/
ralphs-coffee-feat

미식가들은 아는 캐비아 맛집 ······ ④

후소 Huso

마키스 캐비아에서 운영하는 작지만 고급 레스토랑. 여러 종류의 캐비아를 판매하고, 상점 뒤 커튼을 걷고 들어가면 테이블 3~4개가 마련되어 있다. 점심에는 생굴과 어니언 딥, 연어, 비프 타르타르 등 와인과 잘 어울리는 단품 메뉴를 판매하고, 저녁에는 코스로 진행된다. 캐비아가 생소하고 어렵지만 좋은 요리, 와인 페어링으로 제대로 먹어보고 싶다면 이곳에서 식사하는 것을 추천. 대표 메뉴는 알래스카 킹크랩 살을 브리오슈 빵에 얹어 캐비아로 장식한 후소 독. 핫도그가 얼마나 럭셔리해질 수 있는지 보여준다. 맛은 그 값을 한다.

🚶 ④ ⑥ 라인 77 St역에서 도보 8분 　📍 1067 Madison Ave, New York, NY 10028
🕐 일~화 11:00~17:00, 수~토 11:00~17:00, 19:00~22:00
💲 디너 테이스팅 메뉴 $235, 후소 독 $50 　📞 +1 212-288-0850 　🏠 husony.com

매디슨 애비뉴 Madison Avenue

23번가에 자리한 매디슨 스퀘어Madison Square에서 시작해 142번가로 이어지는, 세로로 긴 9.7km의 대로. 쇼핑은 미드타운의 5번가가 가장 잘 알려져 있지만 업타운 쇼핑, 특히 부촌인 어퍼이스트사이드의 쇼핑으로는 매디슨 애비뉴도 못지않다. 미국 제4대 대통령 제임스 매디슨의 이름을 딴 거리로 1920년대부터 한동안 광고 회사들이 많이 자리해 뉴욕의 광고맨들을 매드 맨Mad Men이라 부르기도 했다. 여러 랜드마크가 있지만 이곳이 쇼핑으로 특히 유명한 것은 에르메스, 샤넬, 버버리, 톰 포드, 셀린느, 프로엔자 슐러, 랑방, 프라다 등 많은 명품 매장들이 모두 이 대로에 위치하기 때문이다.

🚶 N, Q, R, W 라인 23 St역, N, R, W 라인 5 Av역, ④ ⑥ 라인 28 St, 33 St, 68 St/Lexington Av, 77 St, 86 St, 96 St, 103 St, 110 St, 116 St역(그랜드 센트럴 터미널과 가까우며 28 St에서 116 St 사이 어떤 역에 내려도 쉽게 걸어 갈 수 있다.) 📍 Madison Avenue, New York, NY

블루밍데일스 Bloomingdale's

1861년 창립자의 이름을 딴, 뉴욕에서 손꼽는 럭셔리 백화점. 현재는 메이시스 소유로 미국 내 총 50여 개의 매장이 있다. 블루밍데일스에서 쇼핑하면 물건을 담아주는 갈색 종이봉투, 일명 '빅 브라운 백Big Brown Bag'도 뉴욕을 상징하는 물건 중 하나다. 59번가, 렉싱턴 애비뉴에 위치한 플래그십은 규모가 상당해 아홉 개 층에 걸쳐 화장품, 의류, 가구 등 다양한 품목의 브랜드들이 입점해 있으며 자체 상품인 블루미스Bloomies도 찾아볼 수 있다. 스타일리스트와 퍼스널 쇼핑 서비스, 수선 서비스를 비롯해 네일 바, 스파, 인테리어 스타일리스트, 웨딩 선물 레지스터 등 고급 백화점다운 서비스가 다양하다.

🚶 N, R, W Lexington Av-59 St역과 연결 📍 1000 3rd Ave. 59th St & Lexington Ave, New York, NY 10022 ⏰ 화~토 11:00~20:00, 일 09:00~18:00 ❌ 월요일 📞 +1 212-705-2000 🏠 bloomingdales.com

타이니 돌 하우스 Tiny Doll House

30년 전 인형의 집을 만드는 것이 취미였던 주인이 오픈한 이래로 꾸준히 사랑받는 곳. 세계 곳곳에서 전시를 열기도 한, 꽤 정교한 소품들이 많다. 감탄을 금치 못할 섬세하고 조심스러운 손길로 만든 작은 집과 소품들은 동심을 자극한다. 이미 만들어진 집도 있고, 직접 만들 수 있도록 부품들을 따로 판매하기도 한다.

🚶 ④ ⑥ 라인 77 St역에서 도보 7분 📍 314 E 78th St, New York, NY 1007 🕐 월~금 11:00~17:00, 토 11:00~16:00
❌ 일요일 📞 +1 212-744-3719
🏠 www.tinydollhouse.com

알버틴 Albertine

이탈리아 르네상스풍의 맨션에 자리한 서점. 뉴욕에서 유일하게 프랑스·미국 서적을 판매하는, 도시에서 가장 아름답고 우아한 서점이다. 프랑스어를 사용하는 30여 개국에서 출간된 1만4000여 권의 서적을 보유, 판매한다. 프랑스 대사관의 문화 서비스 프로젝트의 일환으로 개점했으며 프랑스, 미국 작가들과 관련한 낭독회, 토론 등 다양한 행사를 주최하고 북 큐레이션을 선보인다. 점원들이 직접 고른 책을 소개하기도 하고, 해마다 자체 문학상도 시상한다. 책 구경 말고도 이 서점이 인기 있는 이유는 바로 별자리를 수놓은 듯 아름다운 천장 때문이다.

🚶 ④ ⑥ 라인 77 St역에서 도보 7분 📍 972 5th Ave, New York, NY 10075 🕐 월~토 10:00~18:00 ❌ 일요일
📞 +1 332-228-2238 🏠 www.albertine.com

볕이 좋은 오후엔
루스벨트 아일랜드 Roosevelt Island

어퍼이스트사이드의 46번가에서 85번가를 따라 나란히 자리한 길쭉한 섬. 맨해튼에서 트램으로 갈 수 있다.
여러 이름을 거쳐 1973년 프랭클린 D. 루스벨트 대통령의 이름을 따 현재 명칭으로 바뀌었다. UN 본부와 가까워
코피 아난 전 UN 사무총장이 거주하기도 했다. 한쪽 끝에서 반대편 끝까지는 도보로 편도 35분 정도 소요.

트램 Tram

지하철을 이용해도 되지만 강 주변과 섬 전망을 구
경할 수 있는 트램을 타보는 것을 추천. 일반적으
로 알려진 노면 전차가 아닌 케이블카와 유사한 모
습이다. 1976년 영업을 시작한, 미국에서 가장 오
래된 시내 트램이다. 최고 높이 76m까지 상승하며
맨해튼 탑승장은 59th, 2nd Ave에 위치한다(일~
목 06:00~02:00, 금·토 06:00~03:30). 배차 간격
은 7~15분. 식당이나 편의 시설은 거의 없어 보통
남북 양끝의 넓은 공원을 보러 간다.

📍 New York, NY 10044 💲 트램 편도 $2.75(지하철
요금과 동일, 메트로카드, 옴니 사용 가능)
📞 +1 212-832-4540 🏠 rioc.ny.gov

루스벨트 아일랜드 등대
Roosevelt Island Lighthouse

섬 이름의 변경에 따라 블랙웰 아일랜드 등대, 웰페어 아일랜드 등대라고도 불리던, 루스벨트 아일랜드 최북단에 자리한 등대. 높이는 15m로 1872년 뉴욕시 정부가 세우고 1976년 뉴욕시 랜드마크로 지정되었다. 성 패트릭 성당을 설계한 제임스 렌윅 주니어가 설계를 맡았으며 1940년까지 이스트강을 밝히다 운영이 중단되었다.

🚶 F 라인 Roosevelt Island역에서 도보 25분
📍 New York, NY 10044, Lighthouse Park 내

프랭클린 D. 루스벨트 포 프리덤스 스테이트 파크
Franklin D. Roosevelt Four Freedoms State Park

루스벨트 대통령이 1941년 연두 교서에서 발표한 의사 표현의 자유, 신앙의 자유, 결핍으로부터의 자유, 공포로부터의 자유를 뜻하는 '네 가지 자유Four Freedoms'를 기념하는 1.6헥타르 넓이의 공원이다. 2012년 완공되었으며, 평지에 자리 잡은 녹지에는 루스벨트 대통령 동상과 그의 네 가지 자유 연설이 새겨진 기념비가 있다.

🚶 F 라인 Roosevelt Island역에서 도보 10분 📍 1 FDR Four Freedoms Park, Roosevelt Island, NY 10044 🕐 11월~3월 09:00~17:00, 4월~10월 09:00~19:00
🏠 www.fdrfourfreedomspark.org

PART 4

맨해튼
근교 여행

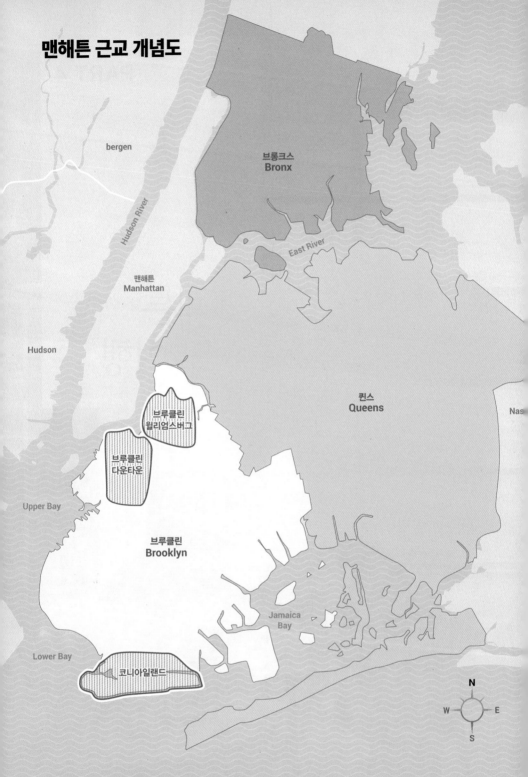

맨해튼 근교 개념도

bergen

Hudson River

맨해튼
Manhattan

Hudson

브롱크스
Bronx

East River

퀸스
Queens

Nas

브루클린
윌리엄스버그

브루클린
다운타운

Upper Bay

브루클린
Brooklyn

Jamaica
Bay

Lower Bay

코니아일랜드

N

W   E

S

언제 찾아도 매력 넘치는

브루클린
다운타운

Brooklyn Downtown

#다리들의 건축미 #특색 있는 전시 #핫한 맛집

맨해튼 다음으로 인기가 좋은 동네로 언제 찾아도 매력이 넘친다.
최근까지 그저 맨해튼 근교 동네로만 알려져 있다가 폭발적인
인기와 더불어 대형 문화·상업 시설이 빠르게 생겨나고 있다.
그로 인한 젠트리피케이션이 진행되어 임대료 상승 등의 우려가
제기되고 있다.

브루클린 다운타운
이렇게 여행하자

브루클린 다운타운의 명소들은 강가에, 좀 더 구체적으로는 브루클린 브리지와 맨해튼 브리지 부근에 밀집해 있다. 강에서 점점 멀어지는 방향으로 이동하며 큼직한 명소인 뉴욕 교통 박물관이나 브루클린 미술관에서 마침표 찍는 것을 추천한다. 물론 반대 방향 이동도 가능. 꼭 가보고 싶은 맛집 예약 시간이나 전시 관람 시간에 맞춰 방향을 정하면 좋다.

실제 지하철역을 박물관으로 개조한
뉴욕 교통 박물관 P.292

규모도 전시 퀄리티도 압도적인
브루클린 미술관 P.293

뉴욕 맛집 집합소
타임 아웃 마켓 P.296

눈썰미 좋은 패셔니스타들의 원픽
브루클린 벼룩시장 P.300

브루클린 다운타운
상세 지도

명소
식당/카페
상점

윌리엄스버그 브리지

이스트강

278

• 맨해튼 브리지

• 브루클린 브리지

타임 아웃 마켓

03 엠파이어 스토어스

그리말디스 피제리아 **02** Water St **01** 브루클린 벼룩시장

브루클린 **04** Front St **04** 프런트 제너럴 스토어

브리지

파크 버틀러 **05** **02** 모던 케미스트

M York St

M High St

Henry St

03 라파르망 4F

Montague St

Court St M

Boerum Pl

M Jay St-MetroTech

01 뉴욕 교통 박물관

Schermerhorn St M Hoyt St

M Hoyt - Schermerhorn Sts

278 **07** 원 걸 쿠키스

Henry St

Dean St Atlantic Ave

M Bergen St

04 브루클린 파머시 앤 소다 파운튼

Sackett St Atlantic Av-Barclays Ctr M **06** 바클레이스 센터

Union St

Smith St Atlantic Ave

06 인사 Flatbush Ave Vanderbilt Ave

M Carroll St

3rd Ave

4th Ave

Union St M Bergen St M

Washington Ave

Union St

Eastern PKwy **02** 브루클린 미술관

Botanic Garden M

03 브루클린 식물원

N

W E

S

0 500m

27

278

M Prospect Park

M 15 St-Prospect Park **05** 프로스펙트 파크

289

브루클린의 다리

이스트강을 사이에 두고 맨해튼과 브루클린을 잇는 세 개의 다리는, 교통을 위해서도 필수적이지만
브루클린의 아이콘이라 할 수 있을 정도로 제각각 상징성도 뛰어나다.

브루클린 브리지 Brooklyn Bridge

1883년 완공, 맨해튼과 브루클린을 잇는 최초의 다리로 역사에 기록되었
다. 총길이 1833.7m로 완공 당시 세계에서 가장 긴 다리였다. 석재와 철
을 함께 사용했으며 케이블과 현수교를 배합한 하이브리드 건축물이라
는 점이 특징이다. 틸러리 스트리트 Tillary Street 와 보럼 플레이스 Boerum
Place 가 교차하는 곳에서 시작되는 보행자 도로를 이용해 건널 수 있으며
한쪽 끝에서 다른 쪽 끝까지 걸어서 약 1시간 정도 소요된다. 워싱턴 스트
리트 Washington Street /캐드맨 플라자 이스트 Cadman Plaza East 와 프로스
펙트 스트리트 Prospect Street 아래쪽 도로의 계단을 올라가서도 보행자
도로를 이용할 수 있다. 하루 평균 11만6000대의 차량과 3만 명의 보행
자, 3000대의 자전거가 브루클린 브리지를 건넌다.

맨해튼 브리지 Manhattan Bridge

덤보에서 사진을 찍을 때 배경이 되어주는 다리로 1909년 완공되었다. 총길이는 2089m. 이 다리가 닿는 브루클린 지역을 덤보DUMBO라고 부르는데 '맨해튼 브리지 육교 아래Down Under the Manhattan Bridge Overpass'의 머리글자에서 따왔다. 마지막 Overpass는 사실 더할 필요가 없었지만 그렇게 하지 않으면 '멍청한' 뜻의 Dumb이 되기 때문에 넣었다는 설도 있다. 하지만 1978년 처음 그 이름이 만들어진 연유는 이 동네로 이사 온 사람들이 젠트리피케이션(도심 인근의 낙후 지역에 상류층 주거 지역이나 고급 상업 시설이 새롭게 형성되는 현상)을 두려워해 이상한 이름을 지으면 개발이 더딜까 싶어 덤보라 부르기 시작했다는 이야기도 있다. 맨해튼 브리지는 현수교로, 유명한 SNS 사진의 배경이 될 만한 화려함이 특징이다. 대중교통 노선 네 개와 보행자 도로, 그리고 자전거 도로 등 일곱 개 노선으로 이루어져 있으며 하루 평균 7만5800대의 차량과 2700명의 보행자, 6200대의 자전거가 맨해튼 브리지를 건넌다.

윌리엄스버그 브리지 Williamsburg Bridge

1903년 완공 당시 세계에서 가장 긴 현수교였으며, 맨해튼과 브루클린을 더욱 효율적으로 이어주기 위해 건설되었다. 그래서 공사 기간도 7년으로 매우 빨랐고(브루클린 브리지는 13년 걸렸다) 통행료도 받지 않는다. 철골 타워는 에펠탑에서 영향을 받았다고 한다. 총길이는 2227m로 사용된 자재와 그 위에 입혀진 그래피티 등 산업적이고 차가운 느낌 때문인지 도시에서 가장 예쁘지 않은 다리라는 오명을 쓰기도 했다. 하지만 세월이 지나 이러한 분위기가 '힙'한 것으로 어필해 윌리엄스버그 지역이 흥하는 데 한몫하기도 했다. 다른 두 다리와 마찬가지로 차량 노선 여섯 개에 자전거 도로와 보행자 도로가 있고 대중교통 (지하철 J, M, Z노선) 노선도 갖추고 있다. 하루 평균 14만 대의 차량과 9만2000명의 대중교통 이용자, 600대의 자전거, 500명의 보행자가 윌리엄스버그 브리지를 건넌다.

뉴욕 교통 박물관 New York Transit Museum

동심을 자극하고 매우 교육적이면서도 정보와 재미를 모두 갖춘 박물관. 맨해튼 근교 최고의 전시관을 꼽으라면 바로 이곳이다. 진짜 지하철역으로 들어가는 것처럼 꾸며진 입구를 지나 계단을 내려가서 지하에 위치한 박물관에 입장하게 된다. 1936년에 멈춘 오래된 지하철역을 박물관으로 사용하며 인터랙티브 활동을 비롯해 재미있게 보고 즐길 수 있는 전시로 가득하다. 뉴욕 대중교통의 역사와 특징을 살펴볼 수 있으며 관련 기념품도 매우 귀엽고 독특하다. 학교에서 단체로 자주 견학을 오는 곳.

🚶 ④⑤ 라인 Borough Hall역에서 도보 4분 📍 99 Schermerhorn St, Brooklyn, NY 11201 🕐 목~일 10:00~16:00 ❌ 월·화·수요일
💲 성인 $10, 2~17세·62세 이상·장애인 $5 📞 +1 718-694-1600
🏠 www.nytransitmuseum.org

미국에서 세 번째로 큰
미술관 ······· ②

브루클린 미술관
Brooklyn Museum

아름다운 보자르 양식(19세기 중엽 파리에서 유행한 고전주의와 르네상스 시대의 특징을 혼합한 건축 양식)의 건물에 자리한 브루클린 미술관은 뉴욕에서 두 번째로 규모가 큰 전시관으로 50만 점의 미술품을 소장, 전시한다. 예술 작품을 매개로 스스로 돌아보고 세상을 보는 관점을 변화시키는 것을 목표로 1897년 개관해 미국에서 오래된 미술관 중 하나이기도 하다. 5층 규모 건물 안에 이집트 시대부터 현대 미술까지 다양한 시대와 지역의 예술 작품이 있다. 특히 이집트 미술과 미국 현대 미술의 비중이 크다. 조각 전시관, 도서관, 기록 보관소, 기념품 상점과 카페, 식당 등을 갖추고 있다. 전시 중이지 않은 작품은 홈페이지에서 검색해서 찾아볼 수 있다. 특별 전시는 요금이 따로 있다.(전시별 상이)

🚶 ② ③ 라인 Eastern Pkway–Brooklyn Museum역에서 도보 1분 /
S 라인 Botanic Garden역에서 도보 6분 ● 200 Eastern Pkwy, Brooklyn, NY 11238
🕐 수~일 11:00~18:00(2~8월, 10월 첫 번째 토요일 17:00~23:00에는 다양한 테마로 행사 진행, 홈페이지 참조) ✖ 월·화요일, 1월 1일, 추수감사절, 크리스마스
💲 성인 $20, 학생·65세 이상 $14, 19세 이하 무료, 특별 전시는 전시별로 요금 상이
📞 +1 718-638-5000 🏠 www.brooklynmuseum.org

하루 입장 인원이 정해져 있으므로 홈페이지에서 입장 일정과 시간을 지정해 예매하도록 한다.

미술관 옆 식물원 ⋯⋯ ③

브루클린 식물원 Brooklyn Botanic Garden

1000종 이상의 장미 향기로 가득한 크랜포드 로즈 가든 Cranford Rose Garden 이 특히 유명한 식물원이자 정원. 입장은 150 Eastern Parkway, 455 Flatbush Avenue, 990 Washington Avenue 세 곳에서 가능하다. 봄에는 200여 그루의 벚꽃나무가 만개해 벚꽃 축제가 열린다. 축제 기간에는 일본풍으로 꾸며놓으며 일본 음악과 무술, 만화 등의 관련 공연과 행사가 함께 열린다.

🚶 S 라인 Botanic Garden역에서 도보 6분
📍 990 Washington Ave, Brooklyn, NY 11225 🕐 화~일 10:00~18:00(시즌별로 시간 상이, 홈페이지 참조) ❌ 월요일
💲 성인 $18, 12세 이상 학생·65세 이상 $12, 성인 동반 12세 이하 무료
＊동절기(12~2월) 평일에는 원하는 만큼만 입장료를 지불하고 들어갈 수 있다.
📞 +1 718-623-7200
🏠 www.bbg.org

브루클린 브리지
감상 포인트 ⋯⋯ ④

브루클린 브리지 파크
Brooklyn Bridge Park

새벽과 아침 또는 낮과 밤, 이곳에서 바라보는 이스트강과 브루클린 브리지, 건너편 맨해튼 전경은 언제나 아름답다. 시간에 따라 분위기는 매우 다른데, 어느 때가 더 좋다고 말할 수 없을 정도로 모두 제각각의 낭만이 있다. 농구, 클라이밍, 탁구, 축구, 배구, 롤러스케이팅, 카약, 낚시 등 다양한 액티비티를 사계절 내내 즐길 수 있으며 산책하기 좋은 산책로도 따로 조성되어 있다. 액티비티 정보와 종종 열리는 다양한 행사는 홈페이지에서 찾아볼 수 있다.

🚶 A, C 라인 High Street-Brooklyn Bridge역에서 도보 9분 📍 334 Furman St, Brooklyn, NY 11201 🕐 06:00~01:00 💲 무료 🏠 www.brooklynbridgepark.org

브루클린의 센트럴 파크 ⋯⋯ ⑤
프로스펙트 파크 Prospect Park

센트럴 파크를 설계한 건축가들이 만든 도심 공원. 그래서인지
두 공원은 넓은 잔디, 산책로, 큰 호수 등 여러 면에서 유사하다.
이곳이 좀 더 야성적인 자연미를 띤다고 할까? 작은 규모의 폭
포와 계곡이 자연미를 더한다. 규모는 센트럴 파크의 3분의 2 정
도. 공원 내부 숲은 브루클린에서 마지막으로 남은 숲이며 다양
한 동식물이 살아가고 있다. 농구 코트와 테니스장, 회전목마,
놀이터, 조깅 트랙도 있으며 150여 종의 동물 400여 마리를 사
육하는 동물원(www.prospectparkzoo.com)도 있다. 낚시, 스
케이트, 요가, 승마 등 다양한 활동을 할 수 있으며 세부 사항은
홈페이지에서 안내한다. 공원의 모든 면에서 입장이 가능하다.

🚶 B, Q, S 라인 Prospect Park역 / Q 라인 Parkside Av역 / F, G 라인
16 St역 바로 앞 📍 95 Prospect Park West Brooklyn, NY 11215
🕐 05:00~01:00 💲 무료 📞 +1 718-965-8951
🏠 www.prospectpark.org

> 6~8월에는 브루클린 축제Celebrate Brooklyn가 열린다. 축제 기간에는
> 무료로 야외 콘서트, 연극, 영화 상영 등 다양한 볼거리, 놀거리가 풍성
> 하다.

다양한 공연과 이벤트가 열리는 실내 경기장 ⋯⋯ ⑥
바클레이스 센터 Barclays Center

NBA 브루클린 네츠Brooklyn Nets와 WNBA 뉴욕 리버티의 홈 경기장. 농구연합
(NBA)의 본부이기도 하다. 시즌 중에는 농구 경기가 열리며 그 외에는 다양한
콘서트와 권투 등 다른 스포츠 경기가 열리기도 한다. 2012년 완공되었으며 수
용 인원은 농구 기준으로 약 1만8000석 규모. 이곳에서 열린 첫 행사는 래퍼 제
이지Jay-Z의 콘서트. 공연 수익으로는 맨해튼의 매디슨 스퀘어 가든 P.152을 뛰어
넘었으며, 좋은 공연을 자주 여니 여행 일정과 맞는다면 방문해보자.

🚶 ②③④⑤ B, D, N, Q, R, W 라인 Atlantic
Av-Barclays Ctr역에서 도보 3분
📍 620 Atlantic Ave, Brooklyn, NY 11217
📞 +1 917-618-6100
🏠 www.barclayscenter.com

뭘 좋아할지 몰라 다 준비했어 ······· ①

타임 아웃 마켓 Time Out Market

유용한 여행 정보를 도시별로 큐레이션해 소개하는 미디어 타임아웃TimeOut이 식도락도 책임진다. 2014년 리스본에 처음 문을 열었으며 리스본 지점의 성공에 힘입어 뉴욕 지점도 생겼다. 뉴욕의 유명 레스토랑과 카페를 모두 모아두어 여기 저기 찾아다니는 수고를 덜어주는 고마운 곳이지만 무얼 골라야 할지 결정하기 힘들다는 단점도 있다. 종종 다양한 행사를 열기도 한다. 2층 규모 건물에 24개 업장이 들어서 있으며, 전체 업장의 정보는 홈페이지 참조. 식사부터 칵테일, 아이스크림, 커피까지 하루 중 언제 찾아도 허기를 제대로 채워준다.

🚶 A, C 라인 High Street-Brooklyn Bridge역 / F 라인 York St역에서 도보 8분
📍 55 Water St, Brooklyn, NY 11201 🕐 일~목 08:00~22:00, 금·토 08:00~23:00
★ 에싸 베이글은 매일 08:00~16:00, 클린턴 스트리트 베이커리는 월~금 09:00~15:00, 토·일 08:00~16:00 📞 +1 917-810-4855 🏠 www.timeoutmarket.com/newyork

비밀 레시피로 만든 정통 이탈리안 피자 ...... ②

그리말디스 피제리아 Grimaldi's Pizzeria

석탄으로 불을 지피는 오븐에서 구워내는 바삭한 정통 이탈리안 피자. 집안 대대로 100년째 내려오는 반죽 레시피로 신선한 재료와 직접 만든 모차렐라 치즈, 비밀 소스를 이용해 따라 할 수 없는 맛을 낸다. 치즈와 소스 배합률이 이곳 피자 맛의 비결이라고. 개점 이후로 여전히 최고의 자리를 지키고 있는데, 수십 년째 몰려드는 관광객과 로컬들의 주문량에도 품질 또한 변함없이 유지하고 있다. 맨해튼에도 지점이 있지만 원조는 브루클린.

🚶 A, C 라인 High Street~Brooklyn Bridge역에서 도보 5분
📍 1 Front St, Brooklyn, NY 11201 🕐 일~목 11:30~21:00,
금·토 11:30~22:00 💲 마르게리타 $26
📞 +1 718-858-4300 🏠 www.grimaldispizzeria.com

파리 느낌 가득한 베이커리 카페 ...... ③

라파르망 4F L'Appartement 4F

겹겹이 바삭하고 보드라운 정통 프렌치 크루아상과 페이스트리를 커피와 함께 판매하는 작은 베이커리 카페. 역시 주인은 프랑스에서 2012년 뉴욕으로 건너온, 빵의 명가 출신이다. 정성을 들여 시간이 오래 걸리는 사워도우와 제대로 만들면 아무것도 바르지 않아도 충분한 바게트 등 빵순이, 빵돌이라면 꼭 가봐야 할 보물 같은 곳.

🚶 N, R, W 라인 Court Street역에서 도보 2분
📍 115 Montague St, Brooklyn, NY 11201 🕐 월~수 08:00~
18:00, 목·금 08:00~17:00, 토·일 08:00~16:00
💲 크루아상 $4, 바게트 $5.50 📞 +1 347-599-0006
🏠 www.lappartement4f.com

오래된 약국에 들어선 달콤한 디저트 가게 ····· ④

브루클린 파머시 앤 소다 파운튼
Brooklyn Farmacy & Soda Fountain

분위기로는 50년은 된 것 같은데 사실 콘셉트를 제대로 잡아서 그렇지 오픈은 2010년이다. 1920년 문을 연 약국 자리에 들어서 그 시대 인테리어를 그대로 보존하고 있다. 그래서 상호명에 '약국'이 포함되어 있다. 아이스크림과 에스프레소, 와인을 비롯해 다양한 디저트와 음료를 선보인다. 탄산음료(소다)를 만드는 기계를 사용하는 것이 특징. 지금은 거의 찾아볼 수 없지만 수십 년 전 애용했던 이 소다 파운튼 기계로 음료를 받아 마시던 기억이 그리워 찾는 어르신들과 빈티지스러움이 멋스러워 찾는 젊은 층 모두 사로잡았다. 휘핑크림을 잔뜩 올려 체리로 장식한 셰이크와 줄무늬 빨대 등 시각적인 즐거움도 충족된다.

🚶 F, G 라인 Carroll St역에서 도보 8분 📍 513 Henry St, Brooklyn, NY 11231
🕐 14:00~22:00 💲 아이스크림 1스쿱 $5.50, 밀크셰이크 $10.50, 스파클링 소다 $3.75
📞 +1 718-522-6260 🏠 brooklynfarmacyandsodafountain.com

훌륭한 커피와 맛있는 베이커리 ····· ⑤

버틀러 Butler

'집사'라는 뜻의 이름처럼 멀끔한 인테리어와 친절하고 젠틀한 서비스가 특징인 카페. 하지만 사실 카페 주인의 이름이 '버틀러'라 그의 이름에서 따왔다고 한다. 무엇보다도 커피가 맛있어 인기가 많다. 항상 만석이기에 조금 기다리는 경우는 다반사. 1995년 시카고에 처음 문을 열었던 유명한 커피 로스터리 인텔리젠시아Intelligentsia의 블렌드를 사용한다. 맨해튼에 소호점이 있으며 덤보점과 윌리엄스버그에 두 지점이 있다.

🚶 A, C 라인 High Street-Brooklyn Bridge역 / F 라인 York St역에서 도보 8분
📍 40 Water St, Brooklyn, NY 11201
🕐 월~금 07:00~18:00, 토·일 08:00~18:00
💲 플랫 화이트 $4.50, 아보카도 토스트 $14
🏠 www.butler-nyc.com

브루클린에 이렇게 훌륭한 한식당이라니 ...... ⑥

인사 Insa

다정하고 따뜻한 상호명이 먼저 반긴다. 신선한 고기가 생각나거나 한국이 그리울 때 찾는 곳으로 밑반찬과 찌개 등 식사 메뉴도 훌륭한 고깃집. 향수를 자극하는 외관과 세련되고 시크한 내부의 대조가 인상적이다. 인근에서 신선한 육류와 식재료를 조달하며 계절감을 살린 독특한 메뉴를 개발해 선보이기도 한다. 수·목·일요일에는 1시간, 금·토요일에는 2시간 예약해 사용 가능한 노래방(Karaoke)이 이곳의 특징이자 인기 비결 중 하나. 예약은 30일 전부터 가능하며 인기가 많으니 미리 예약하는 것을 추천한다.

🚶 D, N, R, W 라인 Union St역에서 도보 4분
📍 328 Douglass St, Brooklyn, NY 11217
🕐 수·목·일 17:30~22:00(식사와 노래방),
금·토 17:30~01:00(식사는 21:30까지)
❌ 월·화요일 💲 불고기 $28, 양념치킨 반 마리 $25, 1마리 $47 ★ 노래방: 작은 방에는 10명까지, 큰 방에는 20명까지 수용 가능하며 가격은 시간당 각각 $80, $180. 한국의 노래방 가격에 비하면 충격적이지만 뉴욕의 평균 가라오케 가격이다. 📞 +1 718-855-2620
🏠 www.insabrooklyn.com

따끈하고 쫀득한 쿠키를 구워요 ...... ⑦

원 걸 쿠키스 One Girl Cookies

단골 이름은 다 외운다고 자랑하는, 2005년부터 이 자리에서 갓 구운 달콤 고소한 쿠키와 맛있는 커피를 판매해온 카페. 계절이나 크리스마스 등 특별한 날에 맞추어 주기적으로 쿠키 메뉴를 변경한다. 차와 잘 어울리는 다양한 종류(초콜릿 시나몬 헤이즐넛, 레몬 쇼트 브레드 등)의 티 쿠키, 비건 쿠키, 컵케이크 등이 인기 메뉴. 해가 잘 드는 내부가 꽤 널찍해 향긋한 차를 마시며 오래 앉아 있고 싶은 곳이다.

🚶 F, G 라인 Bergen St역에서 도보 1분
📍 68 Dean St, Brooklyn, NY 11201
🕐 월~금 08:00~17:00, 토·일 09:00~17:00
💲 티 쿠키 $0.90, 컵케이크 $4.25
📞 +1 212-675-4996
🏠 onegirlcookies.com

브루클린 벼룩시장 Brooklyn Flea

주말에만 진행하는 것이 아쉬운 벼룩시장. 구매하지 않아도 구경하는 것만으로도 즐겁다. 손재주 좋은 브루클린의 소상공인들이 공예품이나 빈티지, 앤티크 제품을 가지고 나와 판매하기도 한다. 잘 찾아보면 건질 만한 귀한 물건들도 있다. 코로나19로 한동안 문을 닫았다가 2023년 4월 드디어 재오픈. 브루클린 벼룩시장이 인기를 얻자 맨해튼 첼시에도 벼룩시장을 열었다. 두 곳에 대한 상세 정보는 홈페이지에서 확인.

🏃 F 라인 York St역에서 도보 2분
📍 80 Pearl St, Brooklyn, NY 11201
🕐 토·일 08:00~16:00
📞 +1 718-928-6603
🏠 www.brooklynflea.com

모던 케미스트 The Modern Chemist

약국이지만 그냥 약국이 아니다. 뷰티 제품과 건강 식품, 일반 약을 모두 판매하는 곳으로 아이쇼핑하는 것만으로도 충분히 즐거운, 세련되고 트렌디한 제품들로 가득하다. 기념품, 향수, 문구류 등도 판매한다. 다른 곳에서는 절대 볼 수 없을, 독특한 제품들로 가득해 그리 크지 않지만 한참 머무르게 된다. 브루클린에 네 개 지점, 맨해튼에 한 개 지점이 있다.

🏃 F 라인 York St역에서 도보 7분 📍 62 Water St, Brooklyn, NY 11201 🕐 월~토 10:00~19:00, 일 11:00~18:00
📞 +1 347-689-2007 🏠 tmcstores.com

휴식과 쇼핑, 식도락과 뷰를 제공하는 쇼핑몰 ……③

엠파이어 스토어스 Empire Stores

여러 가지를 해내려고 하면 하나도 제대로 못하는 수가 있는데, 엠파이어 스토어스는 모든 면에서 만족스럽다. 굳이 분류하자면 쇼핑몰이지만 식당과 휴식 공간, 이벤트와 행사가 진행되는 다목적 공간이다. 가구 상점 '웨스트 엘름'과 소셜 클럽인 '덤보 하우스', 라이프스타일 브랜드 '피드'가 입점되어 있다. 예전 창고 건물을 크게 손보지 않고 총 3만1000m² 면적을 여유롭게 사용하는데 이곳의 일부를 타임 아웃 마켓이 쓰고 있다.

🚶 A, C 라인 High Street-Brooklyn Bridge 역 / F 라인 York St역에서 도보 8분
📍 53-83 Water St, Brooklyn, NY 11201
🕐 08:00~24:00
📞 +1 718-858-8555
🏠 www.empirestoresdumbo.com

구경하는 것만으로도 신이 나 ……④

프런트 제너럴 스토어
Front General Store

어디에서 왔을까, 호기심을 자극하는 각양각색의 빈티지 의류와 소품을 판매한다. 남성복, 여성복 모두 다루며 멀리서도 한눈에 들어올 독특한 의상부터 매일 입고 싶은 기본 아이템까지 다양한 장르의 패션을 아우른다. 잘 찾으면 최상급 상태의 명품 브랜드 제품도 득템할 수 있으니 꼼꼼히 살펴보자. 홈페이지에서 판매 제품을 미리 볼 수도, 구매할 수도 있다. 자체 브랜드인 FGS 상품도 판매한다.

🚶 F 라인 York St역에서 도보 1분
📍 143 Front St, Brooklyn, NY 11201
🕐 월~토 11:30~19:30, 일 10:30~18:30
📞 +1 929-617-7317
🏠 frontgeneralstore.com

진짜 브루클린을 만나는 시간

브루클린
윌리엄스버그

Brooklyn Williamsburg

#빈티지 쇼핑 #걷기 좋은 동네
#디자이너와 아티스트들이 사랑하는

브루클린 다운타운과는 사뭇 다른 매력의 윌리엄스버그.
먹거리와 쇼핑, 볼거리 모두 예술적인 브루클린의 특징이 더욱
도드라진 동네다. 지도상으로는 나란한 듯하지만
다운타운과의 이동이 그리 수월하지 않으니 브루클린
두 동네를 하루에 여행하고 싶다면 동선과 일정을 꼼꼼히
계획할 것. 맨해튼에 비해 건물 외관과 장식이 독특한
로컬 상점과 맛집들이 많아 걷는 재미, 사진 찍는 재미가 있다.

브루클린 윌리엄스버그
이렇게 여행하자

브루클린 윌리엄스버그는 그리 큰 동네가 아니라 걸어서 다 볼 수 있지만 브루클린 다운타운까지 하루에 같이 돌아보려면 체력 안배를 잘해야 한다. 브루클린 다운타운보다 지하철역이 드문드문 있고, 명소와 맛집 등이 밀집된 강변의 윌리엄스버그 브리지 쪽은 Bedford Av역과 Nassau Av역이 전부이며, 이 두 역 또한 같은 노선이 아니기에 대부분 일정을 도로로 소화해야 한다. 가보고 싶은 곳들을 콕콕 찍어 최적의 동선을 파악하고 돌아보도록 하자.

이유 있는 전통과 인기
피터 루거 스테이크하우스 P.306

진정한 시네필이라면
나이트호크 시네마 P.305

뉴욕 최고의 전망을 자랑하는
웨스트라이트 P.310

브루클린 윌리엄스버그
상세 지도

피터 팬 도넛 앤 페이스트리 숍 06

Nassau Av Ⓜ

Banker St

05 룰 오브 서즈

Norman Ave

Manhattan Ave

Dobbin St

어워크 빈티지

05

Wythe Ave

08 웨스트라이트

부쉬윅 인렛 공원
Bushwick Inlet Park

N 12th St

Berry St.

맥캐런 공원
McCarren Park

이스트강

07 스모가스버그

01 아티스트 앤 플리스

N 7th St

N 6th St

03 캣버드

06 브루클린 워크 빈티지

N 8th St

파트너스 커피 03

04 어도어

Bedford Av Ⓜ

Kent Ave

Wythe Ave

02 우메

도미노 공원
Domino Park

04 데보시온

01 나이트호크 시네마

Berry St

N 5th St

278

Metropolitan Ave

02 시티 렐리쿼리

Bedford Ave

Metropolitan Av Ⓜ

Havemeyer St

윌리엄스버그 브리지

01 피터 루거 스테이크하우스

Broadway

Marcy Av Ⓜ

N

W E

S

Division Ave

278

0 100m

명소

식당/카페

상점

02 베드포드 애비뉴

Bedford Ave

영화 그 이상의 경험 ----- ①

나이트호크 시네마 Nitehawk Cinema

식사를 하거나 음료를 마시면서 영화를 보는 콘셉트의 빈티지한 느낌의 영화관. 상영작도 신중히 선별해 감각적이고 재미난 영화들을 감상할 수 있다. 단순히 영화를 보기 위해서가 아니라 시네마틱한 관람 경험을 원하는, 넷플릭스가 아닌 영화관을 사랑하는 사람들이 정말 즐거워하는 공간. 영화 상영 도중에 서버들이 객석을 지나가는데 시야가 조금 방해받더라도 이해하자.

🚶 L 라인 Bedford Av역에서 도보 7분
📍 136 Metropolitan Ave, Brooklyn, NY 11249 🕐 영화별 상이(홈페이지 참고)
💲 영화별 상이(홈페이지 참고)
📞 +1 646-963-9288
🏠 www.nitehawkcinema.com

뉴욕 잡동사니 박물관 ----- ②

시티 렐리쿼리
The City Reliquary

화려한 랜드마크나 유명 전시보다 사소한 것에 흥미를 느끼는 여행자라면 이 독특하고 작은 전시관을 찾아보자. 뉴욕에서 열린 행사나 축제의 기념품 등을 통해 도시의 역사와 즐거웠던 순간들을 돌아볼 수 있다. 유명한 뉴요커들에 대한 이야기도 사진이나 소장품, 관련 소품 등을 살펴보며 알아갈 수 있다. 오디오 가이드도 전시장 곳곳에 마련되어 있고, 종종 뉴욕 관련한 특정 테마로 이벤트를 주최하기도 한다.

🚶 G 라인 Metropolitan Av역에서 도보 5분
📍 370 Metropolitan Ave, Brooklyn, NY 11211 🕐 토·일 12:00~18:00 ❌ 월~금요일, 크리스마스, 추수감사절, 1월 1일 💲 일반 $7, 학생·65세 이상 $5, 12세 이하 무료
📞 +1 718-782-4842 🏠 cityreliquary.org

피터 루거 스테이크하우스 Peter Luger Steak House

독일 비어홀을 콘셉트로 한 인테리어가 독특한 뉴욕 스테이크 하우스 1세대를 대표하는 식당. 권위 있는 레스토랑 안내서인 자갓 서베이 Zagat Survey의 최고 등급 선정 액자가 입구 벽에 빼곡히 붙어 있어 벽지 무늬로 보일 정도다. 1887년 카를 루거가 연 카페가 대를 이어 내려오며 스테이크 하우스로 변모한 곳으로 긴 역사를 자랑한다. 1903년 윌리엄스버그 브리지가 완공되며 맨해튼에서도 손님들이 몰려들기 시작해 점점 더 번창하게 되었다. 현금만 받으니 참고.

🚶 J, M, Z 라인 Marcy Av역에서 도보 5분 📍 178 Broadway, Brooklyn, NY 11211
🕐 11:45~21:15 💲 스테이크 2인 $135.90 📞 +1 718-387-7400 🏠 peterluger.com

윌리엄스버그의 모나리자

피터 루거 스테이크 하우스 옆 블록, '윌리엄스버그의 모나리자' 벽화의 실제 작품명은 '잃어버린 시간Lost Time'이다. 하지만 이 벽화가 유명해지고 뉴스에 소개되며 NBC 방송국에서 '윌리엄스버그의 모나리자'라고 부른 것이 유명세를 타며 모두가 그렇게 부르고 있다.

📍 462 Bedford Ave, Brooklyn, NY 11211

우메 Ume

회와 스시를 찍어 먹는 소금과 소스 종류만도 여러 가지. 진하고 깊은 맛의 된장국부터 차까지 모두 맛있으며, 식사 하나하나 정성껏 차려내는 한 상을 받을 수 있다. 요즘 브루클린에서 인기 있는 식당 중 하나로 예약은 최소 2주 전에 해야 한다. 저녁 첫 시간인 오후 5시는 비교적 덜 바쁘니 참고. 1인 기본 상이 나오고 성게알 덮밥이나 인절미 아이스크림 등의 추가 요리와 디저트, 음료를 주문할 수 있다.

🚶 L 라인 Bedford Av역에서 도보 12분
📍 237 Kent Ave, Brooklyn, NY 11249
🕐 화~일 13:00~16:00, 17:00~22:00 ❌ 월요일
💲 1인 $78 📞 +1 929-420-3253
🏠 umenewyork.com

바로 자리 잡기 힘든 핫 플레이스 ⋯⋯ ③

파트너스 커피 Partners Coffee

시원한 통유리창으로 들어오는 햇빛을 받으며 진하게 내린 커피와 함께 브루클린의 오후를 보내기에 좋은 카페. 여유로운 교외의 낭만을 100% 채워주는 곳이다. 책장을 천천히 넘기는 손님과 노트북을 바쁘게 두드리는 손님이 공존한다. 좋은 블렌드만 골라 사용한다 자부할 만큼 커피가 유난히 맛있으며 종종 커피 관련 강연이나 클래스를 열기도 한다.

🚶 L 라인 Bedford Av역에서 도보 3분
📍 125 N 6th St, Brooklyn, NY 11249
🕐 07:00~18:00
💲 코르타도 $4, 플랫 화이트 $4.25
📞 +1 347-586-0063
🏠 www.partnerscoffee.com

진심으로 내려주는 한 잔 ⋯⋯ ④

데보시온 Devoción

뉴욕 최고의 커피를 만드는 데 헌신한다는 마음을 담아 스페인어로 '헌신'을 뜻하는 단어를 상호명으로 한 카페. 브루클린을 힙하게 만드는 일등 공신으로 양질의 콜롬비아산 커피콩을 사용한다. 보고타에 위치한 농장에서 자체적으로 신선하게 공수해 브루클린에서 직접 로스팅하는 팜투테이블 farm-to-table 카페의 선두 주자. 뉴욕 내 지점이 세 곳 있으며, 가죽 소파와 따스한 조명, 시크한 인테리어의 이곳 지점이 가장 인기가 좋다. 현금 불가로 카드만 받으니 참고.

🚶 L 라인 Bedford Av역에서 도보 11분 📍 69 Grand St, Brooklyn,
NY 11249 🕐 08:00~19:00 💲 카페라테 $5.50
📞 +1 800-952-5210 🏠 www.devocion.com

룰 오브 서즈 Rule of Thirds

브루클린 인기 브런치 레스토랑 선데이 인 브루클린Sunday in Brooklyn이 론칭한 일식당. 스칸디나비안 스타일의 인테리어는 깔끔하고 풍미 진한 음식과 조화를 이룬다. 직접 만든 두부를 포함해 각종 생선, 육류 요리 등 다양한 메뉴가 특징이 며, 사케와 하이볼 칵테일도 갖추고 있다. 나누어 먹기 좋은 꼬치 요리나 1일 1접 시 하기 좋은 식사류도 있어 누구와 언제 가도 좋은 곳.

🚶 G 라인 Nassau Av역에서 도보 5분 📍 171 Banker St, Brooklyn, NY 11222 🕐 월~목 17:00~22:00, 금 17:00~23:00, 토 10:00~15:00, 17:00~23:00, 일 10:00~15:00, 17:00~22:00 💲 돈가스 $35, 규동 $23 📞 +1 347-334-6684 🏠 www.thirdsbk.com

피터 팬 도넛 앤 페이스트리 숍
Peter Pan Donut & Pastry Shop

1950년대부터 브루클린 주민들에게 사랑받아온, 대를 이어 가족이 운영하는 달콤한 가게. 맨해튼에서 제빵사로 오랜 경험을 쌓은 주인이 달콤한 도넛을 매일 튀겨낸다. 레시피는 대부분 자체 개발하며 레드 벨벳, 애플 크럼블, 보스턴 크림 등이 인기 있다. 머핀과 쿠키, 샌드위치, 페이스트리, 음료도 판매한다. 스파이더맨 영화 팬이라면 익숙할 곳으로, '스파이더맨: 노웨이 홈' 여주인공 MJ가 아르바이트를 하던 도넛 가게가 바로 여기다.

🚶 G 라인 Nassau Av역에서 도보 1분
📍 727 Manhattan Ave, Brooklyn, NY 11222
🕐 월·수 04:30~18:00, 목·금 04:30~19:00, 토 05:00~19:00, 일 05:30~18:00
💲 피터팬 도넛 $1.75, 머핀 $2.25
📞 +1 718-389-3676 🏠 peterpandonuts.com

스모가스버그 Smorgasburg

미국 최대 규모로 열리는 야외 푸드 마켓. 브루클린, 맨해튼, LA, 마이애미 등에서 주말마다 해당 지역의 식당들이 모여 따끈한 요리를 만들어 주민들에게 판매한다. 가장 먼저 생겨난 지점이 바로 브루클린으로, 토요일에만 문을 연다. 겨울에는 쉬기 때문에 스모가스버그가 시작되면 뉴욕 사람들은 이제 곧 여름이 오고 있음을 느낀다. 매주 100여 업체들이 참여하며 윌리엄스버그 스모가스버그가 큰 성공을 이루자 프로스펙트 파크에 브루클린 2호 지점이 생겨났다. 2021년부터는 배달 서비스도 제공한다. 상세 정보는 홈페이지 참조.

🏃 L 라인 Bedford Av역에서 도보 8분(이스트강 주립 공원)
📍 Marsha P. Johnson State Park, 90 Kent Ave, Brooklyn, NY 11211 🕐 4~10월 토요일 11:00~18:00(구체적인 일정은 홈페이지 참고) 🏠 www.smorgasburg.com

브루클린 최고의 전망을 자랑하는 루프톱 바 ······⑧
웨스트라이트 Westlight

호텔 오픈과 동시에 주목받은, 윌리엄 베일The William Vale 호텔의 22층에 자리 잡은 전망 좋은 바. 브루클린 윌리엄스버그에서 최고층에 자리해 훌륭한 뷰로 유명하다. 맨해튼에도 고층 빌딩의 멋진 뷰를 자랑하는 바가 많지만 뉴욕에서 가장 좋은 전망으로 열에 아홉을 이곳을 추천할 정도로 경관이 빼어나다. 인더스트리얼 시크를 콘셉트로 한 분위기는 '힙' 그 자체인 브루클린 윌리엄스버그와 잘 어울린다. 오리지널과 클래식 칵테일 모두 호평받으며 전망 좋은 바로는 드물게 안주가 칵테일보다 맛있다.

🏃 G 라인 Nassau Av역에서 도보 9분 📍 111 N 12th St, Brooklyn, NY 11249
🕐 월~목 16:00~24:00, 금 16:00~01:00, 토 12:00~02:00, 일 12:00~24:00
💲 칵테일 $18~ 📞 +1 718-307-7100 🌐 westlightnyc.com

예술가들이 주최하는 실내 벼룩시장 ······①
아티스트 앤 플리스 Artists & Fleas

주말마다 브루클린의 지역 예술가들과 신진 디자이너, 수집가들이 이곳에 모인다. 2003년 창고로 이용하던 곳은 이제 창의적인 에너지가 넘치는 예술적인 벼룩시장이 되었다. 아직 뜨지 않은, 하지만 재능 있는 작가의 작품을 발 빠르게 사고 싶다면 구경해보자. 미술품뿐만 아니라 공예품, 의류, 주얼리 등도 만날 수 있다. LA와 애틀랜타에도 지점이 있다. 브루클린 윌리엄스버그에는 45개 업체가 판매자로 참여한다.

🏃 L 라인 Bedford Av역에서 도보 5분
📍 70 N 7th St, Brooklyn, NY 11249
🕐 토·일 11:00~18:00 📞 +1 917-488-4203
🏠 www.artistsandfleas.com

구경하는 소소한 재미가 있는
윌리엄스버그 쇼핑 대로 ······ ②
베드포드 애비뉴 Bedford Avenue

브루클린 윌리엄스버그 분위기를 제대로 느껴보고 싶
다면 이 동네에서 가장 바쁜 대로인 베드포드 애비뉴
를 따라 걸어보도록 한다. 윌리엄스버그부터 시작해
다운타운 지나서 코니 아일랜드까지 내려가는 매우 긴
대로다. 브루클린에서 사람 구경하기 가장 좋은 곳으
로도 유명한데, 개성 넘치는 패션의 각양각색의 힙스
터들을 잔뜩 만날 수 있다.

🚶 L 라인 Bedford Av역
📍 Bedford Ave, Brooklyn, NY 11211

아기자기 귀여운 주얼리 ······ ③
캣버드 Catbird

저렴한 가격의 얇은 도금 실반지부터 다이아
몬드 약혼 반지까지 다양한 품목을 취급하는
주얼리 브랜드. 소규모로 시작했으나 입소문
에 힘입어 브루클린에서 가장 인기 있는 상점이
되었다. 이니셜을 새겨주거나 사이즈를 줄여주는 전
문가가 상주하고 있어 내게 딱 맞는 커스텀 주얼리를 구입할 수도 있다. 맨해
튼 소호에도(253 Centre St, New York, NY 10013) 지점이 있다.

🚶 L 라인 Bedford Av역에서 도보 3분 📍 108 N 7th St, Brooklyn, NY 11249
🕐 월~수 11:00~19:00, 목·금 11:00~20:00, 토 10:00~20:00, 일 10:00~19:00
📞 +1 718-599-3457 🏠 www.catbirdnyc.com

우아한 주얼리가 특히 인기 ······ ④
어도어 Adore

디퓨저와 쿠션 등의 인테리어 소품과 필기구, 문구류도
예쁘지만 이곳에 오는 대부분의 사람들은 주얼리가 목
적이다. 너무 튀지 않으면서 어디서도 본 적 없는 독창
적인 디자인, 매일 하고 다닐 수 있는 나만의 아이템을
찾는 사람들에게 특히 인기. 가격도 부담스럽지 않다.

🚶 L 라인 Bedford Av역에서 도보 2분
📍 135 N 6th St, Brooklyn, NY 11249
🕐 11:00~20:00 📞 +1 347-916-0288
🏠 www.adorebrooklyn.com

새 옷보다 더 마음에 들어! ······ ⑤
어워크 빈티지 Awoke Vintage

컬러와 디자인별로 정리해둔 남성, 여성 빈티지 의류가
가득해 들어서는 순간 쇼핑욕이 폭발한다. 딱 하나뿐
일 것만 같은 디자인의 옷들은 개성을 뽐내고 싶은 패
셔니스타들에게 필수품. 빈티지라 하여 해지거나 평상
시 입기 어려울 거라 짐작하기 마련인데, 무난함과 독
특함 사이에서 균형을 꽤 잘 맞춘 제품들이 많다.

🚶 L 라인 Bedford Av역에서 도보 3분
📍 132 N 5th St, Brooklyn, NY 11249
🕐 10:00~21:00 📞 +1 718-387-3130
🏠 www.awokevintage.com

특별한 아이템을 고르는
안목을 뽐내보자 ······ ⑥
브루클린 워크 빈티지
Brooklyn Woke Vintage

그리 넓지 않은 공간에 다양한 빈티지 제품들이 쌓여 있어 찬찬히 둘러봐야 좋
은 물건을 발견할 수 있다. 여느 빈티지 가게와 차별되는 점은 장난감, 전자기기
등이 많다는 것. 추억의 게임기, 야구 선수 카드, 피규어, 인테리어 소품 등 시간
의 흔적이 묻어 있어 더욱 멋스러운 물건들로 가득하다.

🚶 L 라인 Bedford Av역에서 도보 2분 📍 158 Bedford Ave, Brooklyn, NY 11249
🕐 10:00~21:00 📞 +1 718-384-8463 🏠 www.brooklynwokevintage.com

동화의 기운이 가득한

코니 아일랜드
Coney Island

#뉴욕 대표 해변 #핫도그 맛집 #동심 충전 놀이공원

브루클린에 속하지만 오롯이 코니 아일랜드를 위한 일정을
따로 마련해야 한다. 브루클린 다운타운이나 브루클린
윌리엄스버그에서 한참 떨어져 있는 데다가 브루클린 윗동네와는
전혀 다른 분위기를 풍기기 때문. 주말 나들이하기에
가장 좋은 동네로 영화 세트장처럼 낭만적이고 동화적인
기운으로 가득하니 맑은 날씨에 찾아가 보자.
스릴 넘치는 롤러코스터를 타고 아이스크림을 먹으며
해변을 따라 걷는 기분은 무엇과도 견줄 수 없다.

코니 아일랜드
이렇게 여행하자

바다와 놀이공원을 일정의 큰 축으로 잡고 오전, 오후로 나누어 즐기면 편하다. 루나 파크는 개장 시간에 찾으면 줄을 서지 않고 놀이기구를 탈 수 있지만 시끌시끌하고 신나는 분위기를 즐기려면 오후에 가는 것이 좋다. 또 디노스 원더 휠 놀이공원은 관람차가 주된 놀거리고 규모가 그리 크지 않으니 여러 가지 탈것과 오락 시설이 있는 루나 파크에서 보내는 시간을 훨씬 넉넉히 예상하고 일정을 계획하자. 코니 아일랜드로 가려면 지하철 D, F, N, Q 라인의 Coney Island-Stillwell Av역과 F, Q 라인의 West 8 Street-New York Aquarium역을 이용하면 된다.

코니 아일랜드의 상징인 대형 관람차 ····· ①

디노스 원더 휠 놀이공원
Deno's Wonder Wheel Amusement Park

코니 아일랜드의 정체성이나 마찬가지인 이 놀이공원은 4월 초 개장해 추워지기 전에 문을 닫기 때문에 겨울에 코니 아일랜드는 정말 조용하다. 생기 넘치는 계절에 코니 아일랜드를 찾는 여행자는 가장 먼저 이곳 관람차에 올라 주변 경관을 내려다보자. 1920년 완공되어 단 한 번의 사고 없이 완벽한 안전성을 자랑하는 대관람차로 대표되는 놀이공원. 선더볼트, 피닉스, 범퍼카 등 성인용 놀이기구 여섯 개, 어린이 전용 놀이기구 16개를 갖추고 있다.

🚶 D, F, N, Q 라인 Coney Island-Stillwell Av역에서 도보 7분 📍 3059 W 12th St, Brooklyn, NY 11224 🕐 4~10월(해마다 일정과 개장 시간이 바뀌니 홈페이지 참고)
💲 요금 체계가 조금 특이한데 $45(50크레딧), $80(100크레딧), $115(150 크레딧) 단위로 티켓을 구입해야 하고 놀이기구 하나당 성인 10크레딧, 어린이 5크레딧을 지불한다. 때문에 혼자 가서 거의 모든 놀이기구를 다 타면 50크레딧 가까이 쓸 수 있다.
📞 +1 718-372-2592 🏠 www.denoswonderwheel.com

- 빨간색과 파란색 관람차는 흔들거리고 흰색 관람차는 움직이지 않기 때문에 겁이 많다면 흰색을 골라 타자. 놀이기구마다 신장 제한이 있어 아이들은 모든 기구를 탈 수 없다 (상세 정보 홈페이지 참고).
- 금요일 밤(오후 9시 45분)에는 불꽃놀이가 있으니 놓치지 말 것.
- 케이트 윈슬렛 주연, 우디 앨런 감독의 영화 '원더 휠'은 이곳을 배경으로 촬영했다.

코니 아일랜드 놀이공원의 양대 산맥 ……… ②

루나 파크 Luna Park

토니스 익스프레스 롤러코스터, 사이클론 롤러코스터, 코니 클리퍼 등 디노스 원더 휠 놀이공원보다 강도가 조금 더 세지만 여전히 공포보다는 즐거움이 훨씬 큰 놀이공원. 1906년 코니 아일랜드에서 조립되어 여전히 잘 돌아가고 있는 회전목마 등 추억의 놀이공원 분위기가 물씬 난다. 디노스 원더 휠 놀이공원과 매우 가까워 이곳에서 신나게 놀고 바로 넘어갈 수 있어 흥이 깨지지 않는다는 점이 좋다. 내부에는 물론이고 주변에도 여러 식당과 푸드코트가 있으며 기념품 상점, 경품을 탈 수 있는 여러 종류의 게임과 오락 시설도 갖추고 있다.

🚶 F, Q 라인 W 8 St-New York Aquarium 역에서 도보 3분 📍 1000 Surf Ave, Brooklyn, NY 11224 🕐 보통 3월 말, 4월 초~10월(날씨 등에 따라 개장 시간 변동이 잦으니 홈페이지에서 확인 후 방문) 💲 디노스 원더 휠 놀이공원과 마찬가지로 놀이기구당 표를 사는 것이 아니라 손목 밴드 구매 후 크레딧이 차감되는 식으로 이용 📞 +1 718-373-5862 🏠 lunaparknyc.com

휴식과 재미를 동시에 ……… ③

브라이턴 비치 Brighton Beach

성수기 주말이라면 좀 더 한적한 브라이턴 비치를 추천한다. 코니 아일랜드 비치부터 산책로가 이어져 편하게 바다를 감상하며 이곳 해변까지 이동할 수 있다. 놀이기구를 타는 사람들의 비명 소리에서 멀어질수록 파도 소리의 볼륨은 커진다. 드문드문 놓인 벤치와 비치발리볼을 할 수 있는 네트가 설치되어 원하는 만큼의 휴식과 재미를 누릴 수 있는 너른 바다.

🚶 Q 라인 Ocean Pkwy역에서 도보 9분 📍 644 Coney Island Ave, Brooklyn, NY 11235 🕐 06:00~01:00 🏠 www.nycgovparks.org/parks/coney-island-beach-and-boardwalk/facilities/beaches

일상에서 떠나온 기분을 더욱 고조시키는 ...... ④

코니 아일랜드 비치 Coney Island Beach

약 5km에 달하는 고운 모래사장의 해변. 뉴욕시에서 관리하며, 여름이면 해수욕이 가능하고 안전 구조대도 상주한다. 보통 5월 말에 개장하는데 해마다 일정이 바뀌므로 홈페이지에서 확인한다. 비치발리볼, 핸드볼, 농구 등 다양한 액티비티를 즐길 수 있으며 산책로가 따로 조성되어 휴식을 취하기에도 좋다. 해변에는 유리병을 가지고 들어갈 수 없으며 흡연과 음주도 금지되어 있다. 이용 불가한 구간은 빨간 깃발로 표시되어 있으니 주의.

🚶 F, Q 라인 W 8 St-New York Aquarium역에서 도보 7분 📍 37, Riegelmann Boardwalk Brooklyn, NY 🕐 하절기 10:00~18:00, 산책로 이용 가능 시간 05:00~01:00 🏠 www.nycgovparks.org/parks/coney-island-beach-and-boardwalk/facilities/beaches

뉴욕 수족관 New York Aquarium

1896년 배터리 파크에 처음 자리를 잡았으며 1957년 현재 위치로 옮긴, 미국에서 가장 역사가 오래된 수족관. 코니 아일랜드에서 물놀이를 하지 않는다면 특별히 볼거리가 많지 않아 가족 단위 여행자라면 한번 들러볼 만한 곳이다. 수요일 오후 3시 이후에는 입장료가 무료지만 시간당 인원 제한이 있어 홈페이지에서 미리 시간을 예약하고 가야 한다. 뉴욕 부근에 사는 어류를 중심으로 환경, 생태계 보존을 목적으로 운영한다.

💲 13세 이상 $29.95(비수기), $32.95(성수기) 🏠 nyaquarium.com

이곳이 진짜 원조 ······ ①
네이선스 페이머스 Nathan's Famous

뉴욕을 평정한 브루클린 원조 핫도그 가게. 감자튀김, 피시앤칩스, 랍스터 롤, 햄버거도 판매하며 맨해튼에서 볼 수 있는 소규모 가판이 아니라 본점다운 대형 매장으로 플래그십의 위엄을 느낄 수 있다. 매우 특이한 메뉴가 있는데 바로 1958년부터 판매하기 시작한 개구리다리튀김. 코니 아일랜드 지점에서만 여전히 판매하고 있다. 핫도그 못지않게 해산물을 주재료로 한 메뉴도 많은데, 직접 만드는 클램 차우더와 랍스터 비스크가 유명하다.

🏃 D, F, N, Q 라인 Coney Island-Stillwell Av역에서 도보 3분　📍 1310 Surf Ave, Brooklyn, NY 11224　🕐 일~목 10:00~22:00, 금·토 10:00~23:00　💲 오리지널 핫도그 $5.49, 칠리독 $6.49, 개구리다리튀김 $14.99
📞 +1 718-333-2202
🏠 www.nathansfamous.com

주말 나들이에 빠질 수 없는 아이스크림 ······ ②
코니스 콘스 Coney's Cones

여름이라면 필수, 조금 쌀쌀한 날씨라면 나들이 나온 기분 내보자는 핑계로 손에 꼭 쥐고 맛있게 핥아 먹는 아이스크림. 성수기에는 줄이 꽤 길지만 서비스가 빨라 금방 차례가 온다. 상큼한 과일 맛과 진한 초콜릿 등 다양한 맛이 있으며 식감이 부드럽고 풍부해 한 입 한입 먹는 재미도 있다. 콘이나 컵을 선택할 수 있으며 매장 앞 대형 아이스크림 콘 모형으로 멀리서도 쉽게 찾을 수 있다.

🏃 F, Q 라인 W 8 St-New York Aquarium역에서 도보 6분
📍 1023 Boardwalk West, Brooklyn, NY 11224
🕐 월~금 11:00~20:00, 토 13:00~17:00, 일 11:00~17:00
💲 아이스크림 레귤러 $6, 그라니타 $6, 밀크셰이크 $7
📞 +1 718-373-5862　🏠 lunaparknyc.com/dining/coneys-cones

AREA ····④

동네마다 개성이 가득한

퀸스 Queens

#코리아타운 #US 오픈 #다양한 매력의 넓은 자치구

강변에서 바라보이는 로맨틱한 느낌의 지역으로 부촌인
애스토리아, 꽤 규모 있는 코리아타운과 차이나타운 등이 있다.
면적도 넓고 그 안의 작은 동네마다 개성이 뚜렷해 퀸스의
어떤 모습을 언제 만나느냐에 따라 매우 다른 경험을 할 수 있다.

"The city seen from the Queensboro Bridge is always the city seen for the first time,
in its first wild promise of all the mystery and the beauty in the world."

"퀸스보로 브리지(퀸스와 맨해튼을 잇는 다리)를 건너며 바라보는 뉴욕은 언제나 처음 보았던 모습 그대로,
세상의 모든 신비로움과 아름다움에 대한 격렬한 약속 안에 자리한다."
— 〈위대한 개츠비〉 F. 스콧 피츠제럴드

퀸스
이렇게 여행하자

뉴욕시의 다섯 자치구(Borough) 중 가장 면적이 넓은 퀸스. 대부분이 거주지라 관광객들이 돌아볼 곳은 한정되어 있고 볼거리, 놀거리는 이스트 강변과 가까이 자리한다. 강을 따라 놓인 지하철 N, W 라인을 타고 이동할 수 있어 대중교통 이용은 간단하고 수월하다. 다만 역과 역 사이가 멀고 강과 가까운 곳에는 역이 없어 걸어서 이동해야 한다. JFK 국제공항도 이곳 퀸스에 있다.

Nick Knight ©The Isamu Noguchi Foundation and Garden Museum, New York / Artists Rights Society [ARS]

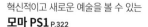
퀸스에서 딱 한 곳 전시만 갈 수 있다면
노구치 박물관 P.323

혁신적이고 새로운 예술을 볼 수 있는
모마 PS1 P.322

US 오픈이 열리는 테니스 경기장
USTA 빌리 진 킹 국립 테니스 센터 P.324

햇살 가득한 정원과 알찬 전시
영상 박물관 P.324

Nick Knight ©The Isamu Noguchi Foundation and
Garden Museum, New York / Artists Rights Society [ARS]

**퀸스
상세 지도**

명소　식당/카페　상점

N
W　　E
S
0　200m

02 노구치 박물관

Ⓜ 30 Av

02 언더 프레셔 커피

31st St

바나나 리퍼블릭
팩토리 스토어

Broadway Ⓜ
아밀로스 타베르나 01

01

Vernon Blvd
9th St
10th St

21st St

31st St

Broadway

02 갭 팩토리 스토어

04 영상 박물관
Ⓜ Steinway St

35th St

Steinway St

25A

Ed Koch Queensboro Bridge

25

03 펩시 콜라 사인

Ⓜ Court Sq-23 St

Ⓜ Court Square Station

01 모마 PS1

5th St
Vernon Blvd
11th St
21st St

USTA 빌리 진 킹 국립 테니스 센터 05 ▶

플러싱 메도스 코로나 파크 06 ▶

321

모마 PS1 MoMA PS1

뉴욕 예술 산업에서 대체 공간에 대한 수요가 커지던 1970년대 탄생한 현대 미술관. 한계와 경계를 허무는 예술을 추구하는 작가들의 작품을 만날 수 있다. 맨해튼의 모마보다 더욱 추상적이고 실험적인 작품들을 볼 수 있으며, 아티스트들의 세계관을 엿볼 수 있는 전시를 주최한다. 주기적으로 다양한 테마의 전시가 로테이션식으로 진행되니 관심 있는 여행자라면 홈페이지 참고. 전시의 이해를 돕는 책과 예술 서적을 비롯해 아이들 책, 장난감 등 다양한 물건을 판매하는 서점이 있으니 꼭 들러보자. 지중해식 요리와 데보시온 커피를 판매하는 카페 미나스(목~일요일 실내외 운영)도 박물관 내 자리한다.

🚶 ⑦ 라인 Court Sq역에서 도보 2분
📍 22-25 Jackson Ave, Queens, NY 11101
🕐 일·월·목·금 12:00~18:00, 토 12:00~20:00
❌ 화·수요일, 1월 1일, 추수감사절, 크리스마스
💲 성인 $10, 학생·65세 이상 $5, 뉴욕 시민·16세 이하·모마 멤버 무료 📞 +1 718-784-2084
🏠 www.momaps1.org

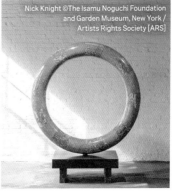

Nick Knight ©The Isamu Noguchi Foundation and Garden Museum, New York / Artists Rights Society [ARS]

Nick Knight ©The Isamu Noguchi Foundation and Garden Museum, New York / Artists Rights Society [ARS]

Nick Knight ©The Isamu Noguchi Foundation and Garden Museum, New York / Artists Rights Society [ARS]

Nick Knight ©The Isamu Noguchi Foundation and Garden Museum, New York / Artists Rights Society [ARS]

거장의 천재성에
천천히 젖어드는 ── ②
노구치 박물관
Noguchi Museum

LA 출신의 일본계 미국인 이사무 노구치는 20세기 조각, 회화, 조경, 인테리어, 무대 디자인 등 다양한 분야에서 60여 년간 이름을 떨친 조각가. 붉은 벽돌 건물과 콘크리트 파빌리온, 조각 정원으로 구성된 이 공간에서 노구치의 걸작들을 감상할 수 있다. 작품들을 유기적인 흐름으로 배치해 최적의 상태에서 감상할 수 있도록 설계되었다. 자연과 인공미, 그리고 작품의 섬세한 조화가 세밀하게 계획되었음을 느낄 수 있다. 이 건물은 구입과 설계 당시부터 노구치 본인이 참여해 후기 작품들은 박물관 공간을 염두에 두고 작업했다고 한다.

★ 매일 오후 2시 진행하는 투어는 입장권이 있는 경우 무료로 참여할 수 있다. 1시간 정도 진행되며 미리 예약을 받지 않고 선착순으로 마감한다. 작가의 생과 작품관 등에 대한 설명과 함께 박물관을 돌아볼 수 있다. 시간이 맞는다면 입장 시 투어에 관해 문의할 것.

★ 지하철역과 꽤 떨어져 있다. 퀸스의 다른 명소들을 여행하다 노구치 박물관에 들르는 것보다 일정을 노구치 박물관에서 시작하거나 마무리하는 편이 효율적이다.

🚶 N, W 라인 Broadway역에서 도보 15분 📍 9-01 33rd Rd, Queens, NY 11106
🕐 수~일 11:00~18:00 ❌ 월·화요일 💲 성인 $16, 학생·65세 이상 $6, 12세 이하·장애인 무료 ★ 매달 첫 번째 금요일은 무료 입장(인원 제한이 있으며 2주 전 금요일 낮 12시 홈페이지에서 신청. 굉장히 빠르게 마감되기 때문에 재빨리 클릭!)
📞 +1 718-204-7088 🏠 www.noguchi.org

이스트 강변의 아이코닉한 간판 ...... ③
펩시 콜라 사인 Pepsi Cola Sign

갠트리 플라자 스테이트 파크Gantry Plaza State Park에 설치된 펩시의 간판으로 뉴욕시 랜드마크. 높이 15m, 너비 46m인 이 사인은 펩시 콜라병과 로고로 구성되어 있다. 당시 뉴욕에서 가장 큰 규모의 네온사인이었으며 페리를 타고 강에서 보면 정면으로 제대로 볼 수 있게 설치되었다. 밤에 불이 켜지면 특히 눈에 잘 띄어 퀸스의 상징 중 하나로 자리 잡았다. 펩시가 1940년 공장에 설치하기 위해 제작한 것으로 2003년 공장이 문을 닫을 때 현재 위치로 옮겨왔다.

🚶 ⑦ 라인 Vernon Blvd-Jackson Av역에서 도보 9분
📍 4610 Center Blvd, Long Island City, NY 11109

심도 있게 그러나 재미있게 영상의 역사를 다루는 전시관 ...... ④
영상 박물관 Museum of the Moving Image

영화, TV, 디지털 미디어의 역사를 인터랙티브한 재미난 전시로 알아볼 수 있다. 특정 감독이나 작가의 회고전과 한 작품을 깊이 있게 분석하는 전시를 열기도 한다. 독특하고 흥미로운 주제로 전시와 축제를 기획하고 진행한다. 영화도 상영하니 홈페이지에서 확인.

🚶 E, F, R 라인 Steinway St역에서 도보 5분 📍 36-01 35th Ave, Queens, NY 11106 🕐 목 14:00~18:00, 금 14:00~20:00, 토·일 12:00~18:00 ❌ 월·화·수요일 💲 18세 이상 $20, 18세 이상 학생·65세 이상 $12, 3~17세 $10 ★ 온라인 구매 시 수수료 $1.50 추가, 매달 목요일 14:00~18:00 무료(예약하지 않아도 됨), 영화 관람 $5 📞 +1 718-777-6800 🏠 movingimage.org

테니스 팬이라면 꼭 가보고 싶은 곳 ...... ⑤
USTA 빌리 진 킹 국립 테니스 센터 USTA Billie Jean King National Tennis Center

국제테니스연맹이 관리하는 대회로 권위 있고 역사가 긴 세계 4대 메이저 테니스 대회(프랑스, 윔블던, 호주, US 오픈) 중 하나인 US 오픈을 주최하는 경기장. 호주 오픈과 마찬가지로 하드코트 경기장이다. 미국의 전설적인 여성 테니스 선수인 빌리 진 킹의 이름에서 따왔다.

🚶 ⑦ 라인 Mets-Willets Point역에서 도보 12분
📍 Flushing Meadow-Corona Park, Flushing, NY 11368
📞 +1 718-760-6200 🏠 ntc.usta.com

플러싱 메도스 코로나 파크 Flushing Meadows Corona Park

미국(US) 오픈이 열리는 스타디움을 품에 안고 있는 퀸스의 허파. 1939년 만국박람회를 열었던 뉴욕시는 1964년 박람회를 준비하며 이 공원을 현재의 위치로 옮겨와 규모를 넓혔다. 공원의 상징이자 가장 큰 볼거리는 강철 조각품인 거대한 지구본(Unisphere)과 분수. 역시 1964년 만국박람회를 위해 제작되었다. 대륙 위 산맥 등을 입체적으로 구성해 가까이에서 보면 생각보다 정교하다. 퀸스 박물관과 동물원도 공원 내에 있으며 만국박람회 때 특별전으로 열렸던 정원 전시로 인해 탄생한 퀸스 식물원Queens Botanical Garden도 포함한다.

🚶 ⑦ 라인 Mets-Willets Point역에서 도보 14분 📍 Grand Central Parkway and, Van Wyck Expy, Queens, 11354 🕐 06:00~21:00 💲 무료
📞 +1 718-760-6565 🏠 www.nycgovparks.org/parks/fmcp

같은 퀸스인데 이름이 달라요

퀸스 안에서 동네가 더 작은 단위로 나뉘는데, 롱아일랜드시티와 플러싱에 사는 사람들은 어디 사느냐고 물어보면 퀸스라 대답하는 대신 본인의 동네 이름을 말한다. 또 다른 구역이 아니라 퀸스 안에 있는 동네라 기억해두면 헷갈리지 않을 것.

롱아일랜드시티 Long Island City 브루클린 윌리엄스버그 바로 위쪽에 자리한 지역으로 이스트강과 루스벨트 아일랜드를 사이에 두고 맨해튼을 마주한다. 최근 맨해튼 부동산 가격 상승으로 많은 뉴요커들이 넘어와 거주하고 있는, 소위 말해 뜨는 지역. 빠른 속도로 아파트와 상업 시설이 들어서고 있다.

플러싱 Flushing 뉴욕에 사는 아시아인들이 가장 많이 거주하는 동네. 뉴욕 최대 규모의 차이나타운과 많은 한인 식당이 이곳에 있다. 여행자가 특별히 가볼 이유는 없다. 맨해튼 코리아타운 P.156에도 한인 마트나 식당이 이미 충분하기 때문.

퀸스는 뉴욕 내 작은 그리스 ⋯⋯ ①

아밀로스 타베르나 Amylos Taverna

20세기 초 그리스인들이 대거 뉴욕으로 넘어와 정착할 당시 대부분은 식당 등에서 일을 했다. 점차 생활이 안정된 후 2세대부터는 많은 그리스인들이 독립해 그리스 식당을 운영하기 시작했고, 특히 퀸스 애스토리아 지역에 자리를 잡았다. 퀸스의 여러 그리스 식당 중 가장 인기 있는 곳으로, 건강하고 맛있는 지중해 음식의 특징을 살려 해산물과 신선한 제철 채소를 이용한 요리를 선보인다. 무사카, 그릭 샐러드, 문어구이 등 그리스 요리의 대표 메뉴가 역시 인기 있다. 애피타이저로는 그릭 요거트 오이 소스인 차지키에 튀긴 채소를 찍어 먹는 베지 칩스를 추천.

🚶 N, W 라인 Broadway역에서 도보 3분
📍 33-19 Broadway, Queens, NY 11106
🕐 일~목 12:00~23:00, 금·토 12:00~23:30
💲 베지 칩스 $18, 문어구이 $28
📞 +1 718-215-0228
🏠 www.amylos.com

아침 일찍 퀸스 사람들이 찾는 카페 ⋯⋯ ②

언더 프레셔 커피 Under Pressure Coffee

부지런하게도 아침 6시부터 문을 여는 이 넓은 카페는 모퉁이에 자리하고 통유리로 해도 잘 들어 하루를 산뜻하게 시작하기 더없이 좋다. 그리스 식당이 많은 동네에 위치한 만큼 커피와 함께 판매하는 브라우니, 도넛, 케이크 옆자리를 그리스 디저트가 차지하고 있다. 테라스 자리는 반려견과 산책 나온 동네 사람들에게 특히 인기가 많다.

🚶 N, W 라인 Broadway역에서 도보 4분
📍 3019 31st Ave, Queens, NY 11106
🕐 월~토 06:00~20:00,
일 07:00~20:00 💲 플랫 화이트
$4.50, 피스타치오 도넛 $5.75
📞 +1 718-433-9380
📷 underpressurecoffeenyc

미국을 대표하는 중가 의류 브랜드 ······ ①

바나나 리퍼블릭 팩토리 스토어

Banana Republic Factory Store

갭이 1983년 인수해 더욱 성숙하고 고급스러운 분위기의 의류를 선보이는 브랜드. 아웃렛에 입점하는 타 브랜드에 비해 이곳에 입고되는 물량이 상당해 쇼핑할 맛이 난다. 할인 폭이 크기 때문에 기본 아이템인 셔츠나 바지, 무채색이나 단정한 패턴의 재킷, 카디건, 원피스 등을 구입하고자 하는 여행자에게 추천한다.

🚶 E, F, R 라인 Steinway St역에서 도보 5분
📍 31-02 Steinway St, Queens, NY 11103
🕐 월~토 10:00~20:00, 일 11:00~19:00
📞 +1 718-777-5424
🏠 bananarepublic.gap.com/stores/ny/astoria/banana-republic-4574.html

스페인에 자라가 있다면
미국에는 갭 ······ ②

갭 팩토리 스토어

Gap Factory Store

미국을 대표하는 SPA(패스트 패션) 브랜드. 샌프란시스코에 본사를 두고 있으며 1969년 창립했다. 유아부터 사회 초년생까지 무난하게 입을 수 있는 디자인을 선보인다. 기본 티셔츠나 바지, 트레이닝복 등 부담 없는 가격과 괜찮은 품질의 옷을 살 수 있다. 할인 폭이 상당하고 취급하는 품목도 다양하다.

🚶 E, F, R 라인 Steinway St역에서 도보 3분
📍 31-48 Steinway St, Queens, NY 11103
🕐 월~토 10:00~20:00, 일 11:00~19:00
📞 +1 718-721-9895
🏠 https://www.gap.com/stores/ny/astoria/gap-8465.html

영화 '조커'에 나온 그곳

브롱크스 Bronx

#이민자들의 터전 #힙합의 탄생지 #MLB 성지

면적 150km², 인구 약 140만 명에 달하는 브롱크스는 뉴욕의
다섯 개 자치구 중 유일하게 섬이 아니다. 지역명은 이곳에
최초로 정착한 네덜란드인 요나스 브롱크Jonas Bronck의 이름에서
땄다. 20세기 초 유럽에서 건너온 이민자들이 자리 잡기 시작해
이민자 후손들이 유독 많은 지역으로, 맨해튼에 비해서는
빈부 차가 상당하다. 맨해튼과는 지하철 일곱 개 노선이 연결되어
이동이 편리하다. 브롱크스 안에서는 버스가 훨씬
효율적이나 안전 등의 이유로 여행자들은 보통 지하철이나
우버를 선호한다.

★ 5월에는 브롱크스 위크Bronx Week 축제가 열리며
1970년대의 향수를 기념하고 추억한다. 퍼레이드,
공연 등이 펼쳐지며 이 기간에 브롱크스 워크 오브
페임에 새로운 인물을 추가하는 기념 행사가 열린다.

★ 영화 '조커'에 등장하는 계단이 167번가에 위치해 이
곳에서 조커와 같은 포즈로 사진을 찍으려는 사람들
이 많아졌다. 하지만 우범 지역이니 주의할 것.

브롱크스
이렇게 여행하자

퀸스와 마찬가지로 관광 명소는 그리 많지 않으며 맨해튼 위쪽에 자리한다. 하지만 도심과 사뭇 다른 근교의 분위기가 좋아 주말에 찾는 뉴요커들이 늘어나고 이민자들 덕분에 다양한 종류의 음식점들이 많다는 게 특징. 양질의 전시를 주최하는 뉴욕 식물원이나 야구 팬들의 성지로 꼽히는 양키 스타디움이 있다. 이 두 곳을 찾을 이유가 없다면 일부러 일정을 할애할 필요는 없다. 뉴욕 식물원은 지하철 2, 5호선, 양키 스타디움은 4호선을 이용한다.

브롱크스에서 탄생한
음악 장르를 기념하는
힙합 박물관 P.332

자연과 어우러지는 건축과
예술의 미학
뉴욕 식물원 P.333

야구 팬이라면 못 참지
양키 스타디움 P.330

브롱크스
상세 지도

● 명소　● 식당/카페　● 상점

양키 스타디움 Yankee Stadium

미국 프로 야구팀 뉴욕 양키스의 홈구장. 총 4만7309명을 수용할 수 있는 천연 잔디 구장으로 2009년 4월 2일 개장했다. 전 세계에서 가장 비싼 야구장으로 당시 무려 15억 달러가 들었으며 덕분에 전 세계에서 21번째로 비싼 건축물이라는 기록도 갖고 있다. 뉴욕 양키스의 홈경기 때 7회 초 공격 후 참전 군인의 공적을 기리는 세븐스 이닝 스트레치7th Inning Stretch라는 쉬는 시간이 있다. 양키스의 유일한 행사가 아니라 많은 메이저 리그 팀들이 참여하며 선수나 관중들 모두 잠시 휴식을 취할 수 있다. 뉴욕 양키스의 방대한 자료를 전시한 양키스 박물관도 있으며 넓은 주차장과 식당, 카페, 클럽 등 다양한 편의 시설을 갖추고 있다. 뉴욕 양키스 구단과 양키 스타디움의 역사를 자세히 알아보고 싶다면 투어 프로그램에 참여하자. 프로그램 종류가 다양하며 일정과 시간이 상이하니 홈페이지에서 상세 정보를 확인하고 미리 예매할 것. 경기 티켓도 홈페이지에서 구입 가능하다.

🚶 B, D 라인 161 St-Yankee Stadium역 바로 앞 📍 1 E 161 St, The Bronx, NY 10451
💲 양키 클래식 투어 $38 📞 +1 718-293-4300 🏠 www.mlb.com/yankees/ballpark

뉴욕 양키스 New York Yankees

뉴욕 브롱크스를 연고지로 하는 프로 야구팀. 무려 27회 월드 시리즈 챔피언을 차지한, 메이저 리그에서 가장 인기 있는 구단이다. 로고가 박힌 모자와 의류도 인기가 많아 야구 팬이 아니더라도 한번쯤 본 적이 있을 정도. 처음부터 뉴욕 구단으로 창단하려 했으나 뉴욕 자이언츠의 반대로 볼티모어에서 시작했다. 전설적인 선수 베이브 루스를 영입하며 명문 구단으로 거듭났고 조 디마지오, 데릭 지터 등과 함께 2010년 박찬호 선수가 뉴욕 양키스 소속으로 잠시 활동했다. 아메리칸 리그 팀 중 유일하게 1만 승을 달성했고 메이저 리그 1위, 통산 승률 0.570을 자랑한다.

미국의 국민 스포츠, 야구

미국에서 시작된 유일한 프로 스포츠이자 미식축구와 함께 미국인들의 압도적인 사랑과
관심을 받는 국민 스포츠. 미국 프로 야구의 인기는 단순히 미국인에게만 한정되지 않는다.
미국 메이저 리그 야구, MLB Major League Baseball는 현존하는 최고의 야구 리그로
전 세계 야구 선수들의 꿈의 무대이자 야구 팬들이 직접 관전하고 싶어 하는 경기들을 주관한다.

야구는 왜 미국의 국민 스포츠가 되었을까? 규칙이 비교적 간단하고, 사용되는 도구가 많
지 않고 값도 비싸지 않으며, 클레이튼 커쇼, 베이브 루스 등 전설적인 선수들도 꾸준히 배
출되었다는 점이 가장 큰 이유. 골대도 필요 없고 땅만 있으면 경기를 할 수 있어 누구든 쉽
게 배우고 즐길 수 있다는 것도 한몫한다.

미국 프로 야구는 메이저와 마이너 리그로 나뉘며 메이저 리그는 다시 아메리칸 리그
American League와 내셔널 리그National League로 나뉜다. 각 리그에 15개 팀이 있으며 메이
저 리그는 30개 팀으로 구성되어 있다. 경기 형식은 정기 시즌과 포스트 시즌으로 구성되
며, 시즌 중간 지점에 메이저 리그 야구 올스타전이 개최된다. 정규 시즌은 보통 3월 말에
서 4월 초 시작해 10월 초 마무리되며 각 팀이 한 시즌에 162경기를 진행한다. 10월 초부
터 시작되는 포스트 시즌은 토너먼트 형식으로 진행되며 월드 시리즈로 연결된다.

미국의 야구 사랑은 정말 대단해 사법 체계에도 반영이 되었을 정도. 불법 행위법의 '베이
스볼 룰'은 관중이 경기 중 날아온 공에 맞아 상해를 입더라도 해당 구단이나 스폰서 기업
이 책임을 지지 않아도 된다. 다른 모든 스포츠에 적용되는 의도치 않은 상해죄를 야구에
는 묻지 않는다는 엄청난 특혜를 부여하는 것. 그래서 대부분 구장은 높은 펜스를 쳐놓았
지만 직관을 간다면 한눈팔지 말고 날아오는 공을 조심할 것!

힙합 박물관 The Hip Hop Museum

뉴욕 브롱크스에 뿌리를 둔 음악 장르인 힙합을 기리는 공간이 드디어 대대적인 개관을 앞두고 있다. 정식 오픈은 2025년 봄 예정으로 선공개한 컬렉션의 일부가 이미 엄청난 반향을 일으켰다. 대부분의 전시품은 개인 소장품으로 이루어져 있는데, 힙합 음악 초기부터 업계에 종사했던 주요 기부자들이 세운 재단을 주축으로 힙합 음악의 저명인사들이 적극 참여해 박물관이 탄생하게 되었다. 1986~1990년을 힙합의 최전성기라 하는데, 이 5년간의 역사에 관련된 전시품들을 선공개한다. 아티스트들의 소장품, 사인 앨범, 콘서트 자료, 가사, 인터뷰 영상 등을 구경할 수 있으며 전체 컬렉션은 3만여 점에 이른다. 컴퓨터 그래픽으로 그래피티를 그려볼 수도 있고, 조명과 함께 1980년대 후반 힙합을 대표하는 곡들을 감상하는 공간도 마련될 예정이며 오디오, 비디오 기술의 발전과 관련된 즐거운 인터랙티브 전시도 있을 계획이다.

🚶 B, D 라인 161 St-Yankee Stadium역에서 도보 11분
📍 The Hip Hop Museum Bronx Point, 65 E 149th St, Bronx, NY 10451
🏠 uhhm.org 📷 @thhmuseum

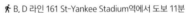

홀리데이 트레인 쇼(11~1월)
Holiday Train Show

뉴욕 식물원의 여러 행사 중 가장 인기 있으며 해마다 겨울에 열린다. 장난감 기차들이 양키 스타디움, 조지 워싱턴 브리지 등을 포함하는 뉴욕 랜드마크 175개의 미니어처 사이를 누빈다. 이 미니어처 작품들은 나무껍질, 씨앗 등 식물을 활용해 제작한 것.

아름다운 유리 온실이 유명 ····· ③
뉴욕 식물원 New York Botanical Garden

3만여 그루, 50개 정원으로 이루어진 뉴욕 최고의 식물원. 뉴욕에 여러 식물원이 있지만 단연 이곳을 추천한다. 식물원에서 가장 유명한 것은 유리로 만들어진 아름다운 온실이지만 독특하고 아름다운 꽃과 파릇하게 싱그러운 나무, 크고 작은 정원 어느 하나도 놓칠 수 없다. 맨해튼에서 한 시간 남짓 거리로, 도시를 잠시 벗어나 자연 속에서 진정한 힐링을 하기에 최고의 장소. 계절에 따라 피어나는 식물을 주제로 테마전이 열리기도 하고, 아티스트와 협업해 미술 전시 등을 주최하기도 한다. 단순히 꽃과 나무만을 돌아보는 것이 아니라 교육적이고 흥미로운 이벤트가 많아 살아 숨 쉬는 박물관이라 불린다. 규모가 상당해 내부에는 식당도 네 곳이나 있다.

🚶 ②⑤ 라인 Allerton Av역에서 도보 12분 📍 2900 Southern Blvd, The Bronx, NY 10458 🕐 화~일 10:00~18:00 ❌ 월요일, 공휴일 💲 온실과 트램 투어, 아이들을 위한 어드벤처 정원과 야외 전시를 포함하는 올 가든 패스 성인 $35, 학생·65세 이상 $31, 2~12세 $15, 2세 이하 무료 📞 +1 718-817-8700 🏠 nybg.org

뉴욕에서의
새롭고 특별한
경험은
바로 여기

맨해튼에만 머물러도 볼 것, 할 것이 넘쳐나지만
도시를 잠시 떠나고 싶은 마음에 여행 중의
여행을 계획하는 욕심은 아무래도 어쩔 수 없다.
새롭고 특별한 경험을 원한다면 스릴 만점인
놀이기구들로 가득한 식스 플래그스 그레이트
어드벤처와 숲속에서 하룻밤을 보낼 수 있는
겟어웨이를 선택해보자.

숲속 오두막에서의 하룻밤
겟어웨이 Getaway

일과 스케줄, 그리고 무엇보다 테크놀러지에서 벗어나고
자 하는 도시인들에게 자연 속 휴식을 제공하는 프로그
램. 시골에서 나고 자란 하버드 대학생이 도시 생활을 하
다 번아웃이 오자 동창들과 함께 스타트업 프로젝트로
시작했다. 현재 미국 전역에서 운영 중이며 빠른 속도로
서비스 도시가 늘어나는 성공한 비즈니스가 되었다. 통
창으로 숲 경관을 바라볼 수 있는 오두막집에는 요리와
바비큐 시설이 완벽하게 갖추어져 있고, 필요에 따라 요
리 도구나 식재료도 구입할 수 있다. 다른 오두막이 시야
에 들어와 안심할 수 있는 동시에 프라이버시는 보장하는
수준으로 센스 있게 거리를 배치해두었다. 이용객들은 별
빛 아래에서 하는 캠프파이어와 아침에 눈을 떴을 때 시
야에 가득 들어오는 초록 숲이 가장 큰 장점이라고 말한
다. 뉴욕에는 동부 캣스킬, 서부 캣스킬, 마키무두스 세 지
역에서 겟어웨이 하우스를 운영 중이다. 홈페이지에서 겟
어웨이 하우스를 선택해 예약 가능한 날짜와 시설, 기본
제공 서비스, 추가 이용 서비스 등을 살펴볼 수 있다. 추가
금액($50)을 지불하면 반려 동물도 함께 묵을 수 있다. 주
말은 최소 2박 예약.

🚶 예약 후 주소를 받을 수 있으며, 차가 없으면 이용하기 어렵다.
여행자들은 우버나 택시 외에는 방법이 없으며, 출발은 도시에서
하지만 돌아갈 때 우버나 택시의 픽업 가능성이 매우 낮으니
참고한다. 💲 $175~400(성수기, 비성수기에 따라 다름)
🏠 getaway.house

상상력의 한계를 넘어선 최고의 스릴

식스 플래그스 그레이트 어드벤처 Six Flags Great Adventure

세계 최대 테마파크 회사인 식스 플래그스가 운영하는, 뉴욕에서 가까운 뉴저지에 자리한 대규모 놀이공원. 본사가 텍사스에 있으며 회사명도 한때 텍사스 지역을 지배했던 여섯 개 세력을 상징한다. 겁이 많으면 코니 아일랜드의 관람차를 타는 것으로 만족하자. 그 무엇도 두렵지 않다는 정도의 패기가 있어야 이곳에 가는 의미가 있을 정도로 무서운 놀이기구 많기로 소문났다. 미국에서 가장 빠른 롤러코스터로 알려진, 시속 205km의 킨다 카Kingda Ka는 신장 140cm 이상만 탈 수 있다. 식스 플래그스는 1961년 텍사스에 첫 놀이공원을 개장한 것을 시작으로 꾸준히 흥행했으나 점차 유니버설 스튜디오나 디즈니랜드에게 인기를 내주었다. 워너 브라더스와 계약되어 DC 코믹스와 관련한 놀이기구도 여럿 찾아볼 수 있는데 그레이트 어드벤처의 경우 한 해 250만 명 이상이 찾을 정도로 인기가 많아 대기 시간이 길어질 수 있다. 때문에 주말이나 성수기의 경우 기다리지 않고 탈 수 있는 플래시 패스는, 가격 차이가 많이 나지만 이용할 만하다.

🏃 포트 오소리티 버스 터미널(625 8th Ave, Manhattan, NY 10109)에서 버스 308번을 타고 식스 플래그스 그레이트 어드벤처에서 하차. 약 1시간 30분 소요 📍 1 Six Flags Blvd, Jackson Township, NJ 08527 🕐 동절기에는 휴장하며, 보통 4월부터 시즌을 시작하나 해마다 오픈 일정이 바뀌니 홈페이지에서 확인 💲 1일 입장권 $50(다양한 혜택을 포함한 회원권이 훨씬 저렴할 수 있다. 주차와 식음료 할인, 1년 중 무제한 사용 보장, 플래시 패스 할인 등 혜택 종류에 따라 골드, 플래티넘, 다이아몬드 패스로 나뉜다). 골드 $85, 플래티넘 $115, 다이아몬드 $195 📞 +1 732-928-2000 🏠 www.sixflags.com/greatadventure

PART 5

즐겁고
설레는
여행 준비

한눈에 보는 여행 준비

D-120
정보 수집 & 일정 짜기

정보 수집

뉴욕 여행에 대한 기본 정보와 현지에서 유용하게 쓰이는 팁을 자세하게 다룬 가이드북은 전반적인 여행 계획을 세우는 데 도움이 된다. 역사가 짧은 미국이지만 뉴욕을 배경으로 한 책이나 영화가 많으니 여행 전 뉴욕을 더욱 깊이 알고 싶다면 뉴욕과 관련된 작품 P.062을 찾아보는 것도 좋다. 그 외 뉴욕 관광청 홈페이지와 인스타그램을 통해서도 정보를 얻을 수 있다.

🏠 **뉴욕 관광청** www.nyctourism.com 📷 @nyctourism

일정 짜기

뉴욕은 생각보다 크고, 생각보다 볼 것도 할 것도 먹을 것도 많다. 업타운, 미드타운, 다운타운과 주변 브루클린, 퀸스 등을 알차게 돌아보기 위해서는 날짜별로 효율적인 동선을 짜는 것이 필요하다. 꼭 보고 싶은 공연이나 전시, 가보고 싶은 식당이 있다면 미리 예매, 예약하고 이를 중심으로 동선을 계획하자.

D-100
항공권 예약

뉴욕 항공권 예약 팁

대한항공, 아시아나항공, 에어프레미아 같은 대형 항공사와 경유편이 있는 외항사, 또는 국적기와 제휴를 맺은 델타항공 등을 이용할 수 있다. 항공권을 저렴하게 구입하기 위해서는 최소 3~6개월 전에 풀리는 얼리버드 항공권이나 항공사 프로모션으로 여행 시즌에 맞춰 진행하는 자체 특가 이벤트를 눈여겨보자.

유용한 항공권 비교 검색 웹사이트 & 앱
- **스카이스캐너** 가장 대표적인 항공권 비교 사이트로 여행사 사이트나 항공사 홈페이지의 가격을 알려준다. 달력에 일별로 요금이 표시되며, 출발일과 도착일을 선택해 비교해볼 수 있다.

  🏠 www.skyscanner.co.kr
- **네이버 항공권** 한국인에게 편리한 플랫폼으로 제휴 여행사에서 제시하는 항공권 정보를 비교, 중개한다. 할인 조건도 한눈에 볼 수 있다.

  🏠 flight.naver.com

D-90
숙소 예약

뉴욕 숙소 정보

일정을 대충 짠 후 숙소를 어느 동네에 잡아야 여행이 편리할지 고민하자. 대부분의 스케줄이 업타운인데 숙소가 다운타운이면 이동에 쓸데없이 많은 시간을 할애해야 한다. 여행 계획은 늘 변동성이 있으니 취소 가능한지, 환불이 손쉬운지 등 약관을 잘 읽어보도록 한다.

호텔 예약 사이트
- 부킹닷컴 www.booking.com
- 아고다 www.agoda.com
- 호텔스닷컴 www.hotels.com
- 익스피디아 www.expedia.co.kr

유난히 숙박비가 비싼 뉴욕에서 숙소 예매할 때 TIP

- **위치** 5성급 호텔이 아닌 에어비앤비나 민박, 호스텔을 선택하더라도 타 지역, 타 도시에 비해 월등히 비싼 가격으로 묵을 수밖에 없다. 하지만 숙박비를 줄이고자 볼 것 많고 할 것 많은 맨해튼에서 멀어질수록 길에서 허비하는 시간도 늘어나고 교통비도 올라간다. 밤늦게 끝나는 공연을 보거나 칵테일이나 와인을 즐긴다면 택시나 우버를 이용해야 하는데 숙박비를 더 지불하는 편이 더 경제적일 수 있다. 따라서 꼭 가보고 싶거나 마음에 둔 호텔이 아니라면 여행 스케줄을 미리 계획하고 가볼 곳과 동선을 파악한 후 숙소를 고르도록 한다.
- **시기** 여행 일정 중에 독립기념일(7월 4일)이나 추수감사절 등 공휴일이 있다면 숙박비가 많이 올라가니 염두에 두도록 한다. 이런 일정을 피해 여행한다면 조금 더 저렴한 가격으로 호텔을 찾을 수 있다.

D-60
교통편 예약 (근교 여행 시)

기차, 버스, 항공편 예약

뉴욕만 여행하는 것이 아니라 미국 내 도시 간 이동을 계획한다면 항공권, 기차표 등을 예약해두자. 일찍 예약할수록 좌석 선택 옵션도 다양하고 가격도 더욱 저렴하다. 연중 내내 인기 여행지인 뉴욕은 특별히 성수기, 비성수기가 나뉘지 않고 방문 시점에 휴일이나 큰 행사가 있는지에 따라 숙소나 항공권 수요가 급증한다. 추수감사절과 크리스마스 시즌이 가장 혼잡하고 비싸다.

여행자 개인 스케줄의 변동 가능성도 있으니 예매 시 취소나 변경이 가능한 티켓으로 예약하는 것이 좋다. 자동차 여행을 콘셉트로 하는 로드 트립이 아닌 이상 렌터카를 추천하지 않는 이유는 뉴욕 내 주차 공간이 넉넉하지 않아 주차비가 상당히 비싸기 때문.

D-30
각종 증명서 준비

ESTA

ESTA(전자여행허가제)는 90일 미만의 방문을 위해 육로, 항공 또는 해상으로 미국에 입국하는 한국 국적 여행자의 필수 여행 허가증이다. 온라인 신청 후 결제, 승인 절차를 거치며 최소 72시간 정도 여유를 두고 신청한다. ESTA 최종 승인 시 확인서를 출력해 출입국 시 소지하고 있는 것이 좋다. 탑승 전에 항공사가 승객의 ESTA 상태를 확인하는데 별도의 서류가 필요하지 않으나 미국 국경을 통과할 때 검사하는 경우가 있으니 숙박 증빙 서류와 함께 지참하도록 하자. 한 번 신청해 받아두면 2년 또는 여권 만료일 중 먼저 도래하는 날까지 유효하다.

🏠 esta.cbp.dhs.gov

국제 학생증

학생임을 국제적으로 증명하는 신분증. 국제 학생증이 있으면 일부 박물관이나 미술관 등의 입장료가 무료이거나 할인을 받을 수 있다. 그 외 교통, 숙소, 투어 등에서도 혜택이 있다. 신청하는 데 비용이 발생하기 때문에 발급 전에 이득 여부를 따져볼 필요가 있다.

🏠 ISIC(유효 기간 1년, 1만7000원) www.isic.co.kr
🏠 ISEC(유효 기간 1년, 1만5000원) www.isecard.co.kr

국제 운전면허증

뉴욕에서 차량을 빌릴 계획이라면 국제 운전면허증이 필요하다. 차량 렌트 시 국제 운전 면허증과 대한민국 운전면허증, 여권, 신용카드를 함께 소지해야 한다.

🏠 도로교통공단(유효 기간 1년, 8500원, 등기 수수료 별도) www.safedriving.or.kr

여행자 보험

여행 중의 사고나 분실에 대해 보장해주는 보험이다. 대부분 보상 한도를 낮게 책정하고 있어(물품 개당 최대 20만~30만 원) 귀중품 분실 시에는 큰 도움이 되지 않지만 사고나 질병으로 응급실 등을 이용해 큰 비용이 발생한 경우에는 유용하다.

D-10
환전하기, 유심 준비하기

국내 은행 환전(인터넷 뱅킹 환전)

국내 대부분의 은행의 소액 환전은 은행마다 큰 차이가 없다. 사이버 환전은 환전 수수료를 아끼면서도 수령 장소를 인천국제공항으로 선택하면 출국 당일 공항에서 받을 수 있다. CU 편의점에서는 미리 환전을 신청하면 근처 CU 지점에서 수령도 가능하다. 아직은 수도권 일부 지점에서만 가능하다.

국제 현금 카드(체크 카드)

카드별로 해외 사용 제한이 있을 수 있으니 출국 전에 해외 사용 가능 여부를 확인하도록 하자. 국내에서 사용하는 현금 카드와 같이 ATM에서 비밀번호 입력 후 현지에서 달러를 인출해 사용할 수도 있다. 단점은 수수료. 환율은 현금보다 좋지만 현지 ATM 인출 수수료가 있어 건당 $2~3이 부과된다. 본인 명의가 아니거나 여권과 영문명이 다르면 사용이 불가능하니 주의한다. 요즘은 충전식 카드로 미리 환전 후 충전을 해두면 인출까지 가능하다.(카드사 인출 수수료는 없지만 ATM 기기 수수료는 있음) 트래블 월렛, 트래블 로그, 토스 카드가 대표적으로 뉴욕에서 교통카드로도 사용할 수 있어 일석이조.

달러 vs 원화, 뭐가 나을까?

현지에서 카드로 결제하거나 ATM에서 현금을 인출할 때 어떤 화폐로 할 것인지 선택하게 되는데, 달러가 원화보다 수수료가 낮다. 원화 선택 시 이중 환전이 되는 셈이니 반드시 달러로 결제하도록 한다. 출국 전에 카드사를 통해 해외 원화 결제(DCC) 차단 서비스를 신청하면 수수료 발생을 피할 수 있다.

카드와 현금 비율

개인의 성향에 따라 다르지만 카드와 현금 비율은 8대 2를 권한다. 뉴욕 어디를 가도 카드 사용이 편리하다. 애플페이 같은 모바일 페이도 많이 쓰인다. 일부 '캐시 온리(Cash Only)' 식당이 있고 호텔 등에서 팁을 줄 때 현금이 필요하지만 그 외에는 카드를 추천한다. 카드 분실 시를 대비해 약간의 현금을 소지한다. 카드도 한 개 이상을 가져가 각기 다른 곳에 보관하는 것을 추천한다.

유심vs이심vs로밍vs포켓 와이파이

데이터를 많이 쓸 예정이라면 **유심과 이심(eSIM)**, 한국에서 오는 연락이 많다면 **로밍**, 여러 명이 함께하면서 단말기 소지의 불편함을 감수할 수 있다면 **포켓 와이파이**를 각각 추천한다.

D-3
짐 꾸리기

SNS로 실시간 날씨 확인

SNS 검색 위치를 맨해튼, 뉴욕 등으로 설정하고 실시간으로 업로드되는 사진을 확인하면서 사람들의 옷차림을 보고 파악한다. 지구 온난화로 5월에도 눈이 내리고 12월에도 외투를 입지 않는 예측 불가한 날씨가 해마다 발생하기 때문에 한여름, 한겨울이 아니라면 옷을 다양하게 가져가는 것을 추천한다.

비상약은 한국에서 미리 준비

뉴욕에서 병원에 들러 약을 산다는 것은 매우 번거롭고 시간이 오래 걸리는 일이다. 우선 응급 상황이 아니라면 당일 병원을 가는 것도 힘들다. 또 언어 장벽으로 몸 상태를 세세하게 설명하기 어려울 수 있으니 상비약은 한국 약국에서 미리 구입하도록 한다.

멀티 어댑터는 필수

뉴욕은 120V 전압을 사용하며 우리와 콘센트 모양도 다르다. 휴대폰, 카메라, 태블릿 PC, 보조 배터리 등 충전할 제품이 여럿이니 멀티 어댑터를 챙겨 가도록 하자.

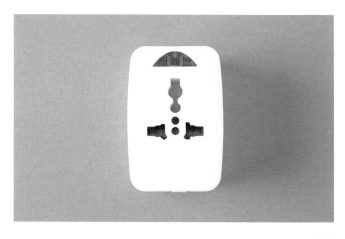

D-day
출국 및 입국하기

인천국제공항에서 출국하기

① 공항 도착
비행기 출발 2~3시간 전에는 공항에 도착하는 것이 안전하다.

- **제1터미널** 아시아나항공, 에어프레미아
- **제2터미널** 대한항공

② 탑승 수속
해당 항공사 체크인 카운터에서 여권과 전자 항공권(E-Ticket) 제시 후 탑승권을 발권하고 수하물을 위탁한다. 수하물은 항공사마다 무게 규정이 다르므로 미리 알아두자.

③ 보안 검색
여권과 탑승권을 제시한 후 겉옷은 벗고 보안 검색대를 통과한다. 이때 모든 소지품을 바구니에 담는데 노트북이나 태블릿 PC도 가방에서 꺼내야 한다. 기내 반입이 금지된 물품이 있는지 미리 확인하자.

④ 출국 심사
만19세 이상 대한민국 국민은 사전 등록 절차 없이 자동 출입국 심사가 가능하다. 면세 지역으로 진입하면 되돌아 나올 수 없다는 점을 유의하자.

⑤ 게이트 이동 및 탑승
출국 심사가 완료되면 탑승권의 게이트 번호와 위치 확인 후 탑승 30~40분 전까지는 게이트 앞에 도착한다.

웹·모바일 체크인 & 셀프 체크인

두 가지 모두 빠른 탑승 수속을 위해 직접 체크인하는 방법으로 원하는 좌석을 미리 지정할 수 있어 편리하다. 셀프 체크인은 공항 카운터에서 직원과 대면해 체크인하는 대신 출국장에 설치된 키오스크에서 체크인하는 방법이다. 체크인을 통해 탑승권을 받은 후 수하물을 위탁하면 된다. 웹·모바일 체크인은 오픈 되는 시간이 항공사마다 다르므로 확인 후 이용하자.

뉴욕 공항 입국하기

① 도착 및 입국 심사

입국 심사를 위해 'Passport Control'으로 이동한다. 입국 신고서는 따로 작성하지 않는다. 심사관이 방문 목적, 체류 기간, 일정, 숙소 등을 물어볼 수 있으니 간단히 영어로 대답을 준비하자.

② 수하물 찾기

입국 심사를 마치고 'Baggage Claim'으로 이동 후 안내 전광판에서 수하물 수취대 번호를 확인하고 짐을 찾는다. 만약 파손 또는 분실되었다면 분실 신고 센터에 접수한다.

③ 세관 신고

입국 시 따로 신고해야 할 품목이 있다면 'Goods to Declare', 없다면 'Nothing to Declare'를 거쳐 나가면 된다.

미국 입국 시 육류 반입은 불가하니 주의

미국 입국 시 반입 금지 식품 목록에 유의하자. 특히 육류는 모든 종류와 가공품을 금하고 있어 고기 성분이 포함된 라면 스프, 카레 등도 반입이 불가하다. 조리된 장조림이나 순대, 육류 및 달걀 성분이 포함된 식품이나 가공식품 일체(만두, 육류 성분이 포함된 즉석식품 등), 유가공품(우유, 치즈 등) 모두 반입이 불가하다.

미국 입국 시 허용 면세 범위

• 미국 입국 시 비거주자의 경우 개인적인 용도를 위한 (판매 등이 아닌) 물품은 총 $800까지 면세가 적용된다. $800~1800에 해당하는 개인 사용 목적 물품은 일괄 4%에 해당하는 관세를 적용하고, $1800 이상의 품목에 대해서는 개인 용도 여부와 관계없이 물품에 따라 개별 관세를 적용한다.
• 750ml 이하의 술 1병, 150ml 이하의 향수 1병, 200개비 이하의 담배(잎담배는 100개비)까지 면세가 적용된다.

🏠 www.cbp.gov/travel/international-visitors

뉴욕 여행 시 필요한 앱

없으면 안 되는 필수 교통 앱

구글 맵스 Google Maps

한국의 카카오 맵이나 네이버 지도와 같은 역할을 한다. 가고 싶은 곳을 즐겨찾기로 '별표' 표시해 나만의 목록을 만들 수 있고 효율적인 이동 경로와 교통편 상황 등의 정보를 안내한다. 구글 맵스와 같은 역할을 하는 시티 매퍼City Mapper도 인기 앱으로, 버스의 경우 하차 위치를 표시하면 언제 내려야 할지 알람을 주고 실시간 교통 정보를 빠르게 반영하는 등 좀 더 유용하다.

마이엠티에이 MYmta

뉴욕 지하철 MTA 공식 앱으로 실시간 지하철 운행 상태와 지연 정보를 제공한다. 가장 효율적인 경로와 환승 정보, 자주 이용하는 노선이나 경로 저장이 가능하다. 현재 위치에서 가장 가까운 역 정보, 역내 엘리베이터와 에스컬레이터 운행 정보도 알 수 있다.

우버 Uber, 리프트 Lyft

택시보다 가격도 착하고, 부르기도 쉽고, 기록이 남아 문제 발생 시 고객 센터에 문의나 문제 제기도 할 수 있어 선호하는 라이드 앱. 시간대나 위치에 따라 우버보다 리프트가 또는 리프트보다 우버가 요금이 훨씬 저렴한 경우가 있으니 두 앱을 모두 이용해 요금을 검색해보고 더 빨리 도착하거나 더 저렴하게 이용할 수 있는 방법을 선택한다.

엑시트 스트래터지 Exit Strategy

유료이지만 팬덤이 상당한 유용한 앱. 목적지를 설정하면 어떤 지하철역, 어떤 출구로 나오는 것이 가장 효율적인지 알려준다.

여행을 더욱 편리하게 해줄 앱

파파고 Papago

네이버의 번역 앱이나 구글 번역보다 정확도가 높은 것으로 알려져 있다. 이미지 번역(앱에서 카메라 기능을 켜고 번역을 원하는 표지판이나 메뉴 등에 인지 후 텍스트만 추출 번역) 기능으로 더욱 손쉽게 사용할 수 있다.

아이러브뉴욕 ILoveNY

뉴욕 관광청 공식 앱. 도시 관광, 행사 등 다양한 정보를 제공한다.

그 외 각종 박물관 앱

큐레이터의 전문적인 안내 없이도 박물관, 미술관을 심도 있게 돌아볼 수 있다. 메트로폴리탄 미술관, 뉴욕 현대 미술관(MoMA) 등 뉴욕의 여러 박물관들이 관람 동선과 작품 설명을 담은 자체 앱을 제공한다.

오픈테이블 OpenTable

한국의 캐치테이블처럼 이 앱 하나로 뉴욕 여러 레스토랑의 예약 현황을 한눈에 보고 예약할 수 있다.

시티바이크 CitiBike

진짜 뉴요커처럼 도시를 자전거로 누비겠다는 마음을 먹었다면 자전거 대여 앱은 필수. 뉴욕 곳곳에 있는 1700여 개의 대여 정거장에서 2만7000여 대의 자전거를 자유롭게 빌릴 수 있다. 앱에 결제 정보를 등록해놓고 가까운 자전거 정거장을 찾아 빌려보자. 각 정거장별로 자전거가 몇 대 남았는지, 잔여 대여 시간은 얼마인지 등의 정보도 제공한다.

뉴욕 패스 트래블 가이드
New York Pass-Travel Guide

뉴욕 패스 사용자가 아니더라도 이 무료 앱에서 제공하는 패스에 포함된 다양한 뉴욕 명소에 대한 정보를 얻을 수 있다. 예산 계획 기능도 있고 오프라인에서도 사용 가능하다.

투데이틱스 TodayTix

브로드웨이 제작자들이 개발한 앱으로, TkTs와 더불어 저가 브로드웨이 공연 티켓 예매를 돕는다. 당일 공연 표가 목적이라면 적극 추천. 공연 몇 시간 전 예매 상황을 반영해 예매 가능한 공연 정보를 안내하는데, 갑자기 스케줄이 비어 공연을 보고 싶을 때 유용하다. 단점은 좌석 지정이 불가하다는 것.

🛏 뉴욕 숙소, 맨해튼? 낫 맨해튼?

뉴욕 호텔과 가장 거리가 먼 단어가 하나 있다면 바로 '가성비'다. 그렇기에 접근성 좋고 스타일리시한
맨해튼을 떠난다면 이유는 딱 하나, 숙박료 때문이다. 보통은 맨해튼에서 멀어지거나
지하철역에서 멀리 떨어져 있으면 요금이 내려간다. 하지만 가끔 위치 좋은 맨해튼 호텔들이
특가 할인을 하는 경우가 있으니 맨해튼과 맨해튼 외 지역을 꼼꼼히 살펴보고 결정하자.

맨해튼

업타운
- **장점** 할렘을 제외한 어퍼이스트사이드와 어퍼웨스트사이드를 말한다. 소음에서 완전히 해방될
만큼 조용하고 고급스러운 주거 단지라 낮에도, 밤에도 편안하고 쾌적하게 묵을 수 있다.
- **단점** 주거 단지이기 때문에 미드타운이나 다운타운에 비해 호텔 자체가 그리 많지 않다. 관광지
에서 약간 떨어진 곳에 자리해 일정 중 호텔에 들르는 것이 불편할 수 있다.

미드타운
- **장점** 대부분 관광 명소와의 접근성이 좋다. 여행 중 쇼핑으로 생긴 짐을 호텔에 가져다 두고 싶거
나 고급 레스토랑에서 저녁 약속이 있어 옷을 갈아입어야 하는 경우도 있다. 숙소가 미드타운에
있다면 이 모든 것이 훨씬 수월하다.
- **단점** 거기가 거기 같은, 개성이 없는 숙소들이 대부분이다. 워낙 손님이 많고 바빠 개별적인 서비
스가 아쉬울 수 있다. 관광지와 가까운 대로변 호텔이라면 늦은 시간까지 시끄러울 수도 있다.

다운타운
- **장점** 힙하고 트렌디한 동네라 호텔들 역시 개성 강한 디자인과 인테리어를 뽐내는 곳들이 많다.
- **단점** 가장 번화하고 젊은 동네라 밤에 시끄러울 수 있다. 3~4성급 호텔 객실 크기가 가격 대비
평균적으로 더 좁다.

맨해튼 주변 지역

- **장점** 역시 숙박료. 하지만 아무리 숙박료가 저렴하다고 해도 브루클린과 퀸스의 일부 지역(롱아
일랜드시티, 애스토리아)은 벗어나지 않는 것을 추천하다. 너무 멀어지면 늦은 시간 대중교통을
이용해 숙소로 돌아오는 것이 안전하지 않을 수 있고, 우버나 택시를 이용하는 경우 숙박비에서
아낀 돈을 교통비로 쓰게 된다.
  - ★ **브루클린 추천 호텔** 에이스 호텔 브루클린Ace Hotel Brooklyn 지점, 아를로 윌리엄스버그Arlo Williamsburg 지점
  - ★ **퀸스 추천 호텔** 보로 호텔Boro Hotel, 얼로프트 롱아일랜드시티Aloft Long Island City

- **단점** 맨해튼이 아니라면 지하철역과 멀수록 치안 상태가 좋지 않으니 요금 하나만 보고 선택하
지 말고 구글 어스의 스트리트 뷰로 주변을 확인하고 숙소 리뷰도 꼼꼼히 살펴보도록 한다. 역세
권이 아니면 이동 시간도 늘어나 관광 시간도 줄어든다는 점을 생각하면 단기 여행자의 경우 특
히 맨해튼에서 벗어날 이유가 크게 없다.

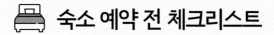

숙소 예약 전 체크리스트

대부분의 호텔에서는 가능한 서비스지만 더욱 즐거운 여행을 위해 예약 전, 투숙 전
미리 확인해두면 좋다. 아래 정보는 보통 공식 홈페이지나 호텔 예약 플랫폼에서 안내해주며,
찾을 수 없다면 호텔 홈페이지의 이메일로 문의해보자.

① 짐 보관 서비스

체크인 전에 도착하거나 체크아웃 후 공항으로 가기 전 시간이 많이 남을 때 호텔에 짐을 맡길 수 있
는지 확인한다. 쇼핑 품목이 많거나 귀중품을 캐리어 안에 보관할 경우 도난 방지를 위한 장치가 어
떻게 되어 있는지 구체적으로 물어보도록 한다.

② 턴다운 서비스

코로나19 이후 매일 진행하던 턴다운 서비스(침구와 객실을 정리하고 비품과 타월 등을 교체하는
서비스)를 요청 시 또는 3일마다 제공하는 것으로 규정이 바뀐 호텔들이 꽤 있다. 하염없이 새 수건
을 기다리지 말고 체크인 때 물어보자. 청소 서비스는 없더라도 비품과 타월, 물 등은 필요하면 바로
가져다 주는 경우가 대부분이다.

③ 공항에서 호텔까지 픽업, 호텔에서 공항까지 센드오프 서비스

숙박 일정, 룸 타입에 따라 무료로 제공하거나 우버보다 저렴한 가격으로 제공하는 호텔도 있다. 가
격이 동일한 경우 꼭 이용해야 할 이유는 없다. 특히 공항에서 타는 픽업 서비스는 호텔-공항 이동이
늦어지는 경우 여행자가 기다려야 하는 불편함이 있다.

④ 각종 시설 운영 시간

헬스장이나 수영장 등 시설을 누리고 싶어 예약했지만 24시간이 아닌 경우 종일 관광을 마치고 돌
아와서 이용하지 못하는 경우도 있다. 이용 시간을 확인하자.

⑤ 무료 취소

원래 묵으려던 숙소 주변의 호텔이 여행 직전 갑자기 대폭 할인하는 경우도 있고, 비행기 일정이 항
공사 사정에 따라 변동되기도 하니 '무료 취소' 옵션이 있는 곳을 예약하는 것이 안전하다.

⑥ 조식

뉴욕 맛집은 무한하고 여행 일정은 턱없이 짧아 아침을 호텔에서 제공하는 콘티넨털 뷔페로 해결하
는 건 아깝다. 더욱이 가격을 추가로 지불해야 한다면. 조식을 제하고 좀 더 저렴한 가격으로 숙소를
예약한 후 아침은 가보고 싶었던 델리, 다이너, 베이글 가게나 브런치 카페를 찾아보는 것은 어떨까?

⑦ 가격

홈페이지 가격은 세금이 포함되지 않는 것이 보통이다. 책정된 가격에 관광세, 도시세가 추가로 붙
는 경우가 대부분이라 결제 전 최종 가격을 확인하도록 한다.

저자가 추천하는 뉴욕의 숙소

도시를 더욱 화려하게 해주는
5성급 호텔

여행에서 가장 중요한 것은 숙박이라 외치는 여행자들을 위한 호텔. 5성급 호텔에 묵으면 훌륭한 식사도, 엔터테인먼트도, 필요한 정보 검색도, 자잘한 서비스도 모두 해결된다. 편안하고 멋스러운 뉴욕 여행의 정점을 찍을 수 있다.

©Baccarat Hotel New York

©Baccarat Hotel New York

크리스털 브랜드의 고급 호텔
바카라 호텔 앤 레지던스 뉴욕
Baccarat Hotel and Residences New York

인테리어가 특히 눈에 띄는 호텔이다. 2015년 오픈한 이래 꾸준히 뉴욕 5성급 호텔 중 최고로 손꼽힌다. 반짝이는 화려함을 좋아하는 여행자라면 이곳에 묵는 내내 호화로운 기분을 만끽할 수 있다. 뉴욕 현대 미술관 **P.115** 길 건너편에 자리해 위치도 훌륭하고 브랜드의 명성에 걸맞게 바카라 크리스털로 호텔 곳곳을 치장했다. 실내 수영장, 럭셔리 화장품 브랜드 라 메르La Mer와 협업해 운영하는 스파, 요가와 필라테스 룸이 마련되어 있는 24시간 피트니스 센터, 바와 라운지도 있다.

🏃 E, F, M 라인 5 Av-53 St역에서 도보 2분　📍 28 West 53rd Street, New York, NY 10019　📞 +1 212-790-8800
🏠 www.baccarathotels.com

최고의 펜트하우스 스위트룸을 갖춘
마크 The Mark

©The mark

어퍼이스트사이드에 자리한, 1927년 세워진 건물에 들어선 호텔. 프랑스 인테리어 디자이너 자크 그랑주의 작품인 아르데코풍 객실과 대리석 욕실은 고급스러움 그 자체이다. 몇몇 객실은 바도 갖추었다. 약 1000m²의 펜트하우스는 미국에서 가장 비싼 호텔 펜트하우스 스위트룸으로, 1박에 약 $75,000. 요리연구가 장 조지 가 운영하는 마크 레스토랑과 1960년대를 콘셉트로 한 마크 바가 훌륭해 식사와 음료를 즐기러 오는 손님들도 있다. 투숙객에게는 무료로 자전거를 대여해주고 호텔 내 고급 수제화로 이름난 존 로브John Lobb의 상점에서 무료로 구두닦이 서비스도 제공한다. 호텔 내에는 세계에서 가장 유명한 헤어 스타일리스트로 꼽히는 프레데릭 페카이Frédéric Fekkai의 헤어 살롱, 서울 청담동에도 지점이 있는 프랑스 서점 애술린Assouline이 있으며 백화점 버그도프 굿맨과 제휴해 투숙객들은 퍼스널 쇼퍼 서비스를 좋은 가격으로 이용할 수 있다.

🏃 ⑥ 라인 77 St역에서 도보 4분　📍 25 E 77th St, New York, NY 10075　📞 +1 212-744-4300
🏠 www.themarkhotel.com

©The mark

5번가에 자리한 럭셔리 호텔
세인트 레지스 뉴욕 The St. Regis New York

1904년 문을 연 호텔로 오랫동안 뉴욕의 아이콘 중 하나로 꼽혀왔다. 가장 저렴한 객실
이 1박에 약 $1,100. 호화로운 쉼과 거주지 느낌이 공존하는 세인트 레지스의 고유한 느
낌을 기획한 창립자 존 제이콥 애스토 4세는 타이타닉 탑승객으로도 유명하다. 최근 리
노베이션을 거쳐 본래의 특징을 유지하면서도 더욱 깔끔하게 변모했다. 모든 투숙객은
버틀러(집사) 서비스를 이용하게 되며 호텔 내에는 레스토랑과 피트니스 센터, 비즈니스
센터가 마련되어 있다.

🚶 E, F, M 라인 5 Av-53 St역에서 도보 3분 📍 2 East 55th St, New York, NY 10022
📞 +1 212-753-4500 🏠 www.marriott.com/en-us/hotels/nycxr-the-st-regis-new-york

©St. Regis NYC

©St. Regis NYC

동서양의 우아한 만남
아만 뉴욕 Aman New York

57번가의 오랜 역사로 유명한 크라운 빌딩에 자리한 아
만의 뉴욕 지점. 그랜드 센트럴 터미널을 설계한 팀이 설
계를 맡았으며 일본과 스칸디나비아 건축의 영향을 받은
동서양의 오묘한 조화가 특징이다. 객실은 83개로 모두
톤 다운된 색감과 목재를 풍부하게 사용해 따뜻하고도
차분한 분위기가 감돈다. 이러한 아만 특유의 분위기에
중독되어 여행을 갈 때마다 아만부터 검색하는 마니아들
을 '아만 정키Aman Junkie'라고 부를 정도로 인기가 많다.
루프톱 테라스, 재즈 클럽, 이탈리언 레스토랑과 일식 레
스토랑, 라운지 바, 가든 테라스 등 식음료가 특히 뛰어나
다. 스파 시설도 훌륭하며 크라이오테라피 기계까지 갖
춘, 최고의 설비를 자랑하는 피트니스 센터도 추천한다.

©Aman New York USA

🚶 N, R, W 라인 5 Av/59 St역에서 도보 4분 /
F 라인 57 St역에서 도보 4분
📍 The Crown Building, 730 5th Avenue, 10019 NY
📞 +1 646-459-5302
🏠 www.aman.com/hotels/aman-new-york

©Aman New York USA

캐주얼 하면서도 갖출 건 다 갖춘
3~4성급 호텔

특별한 요구 사항은 없지만 편안함, 가격, 서비스, 관광지 접근성 등 모든 면에서 중간은 해야 여행이 편하다는 무난한 여행자를 만족시키기 딱 좋은 호텔. 아래 소개하는 호텔 중 목시와 시티즌 M은 자체 분류를 부티크 호텔로 하고 있지만 투숙 경험으로 특징들을 살펴본 결과 3~4성급 호텔을 찾는 여행자들에게 더 적합해 여기에 소개한다.

경쾌하고 스타일리시한 호텔
목시 Moxy

좋은 가격의 숙박 경험을 콘셉트로 하는 밝고 세련된 부티크 체인 호텔. 북미 여러 도시에서 찾아볼 수 있으며 뉴욕에서는 타임스 스퀘어, 이스트 빌리지, 다운타운, 로어이스트사이드, 첼시, 그리고 윌리엄스버그까지 맨해튼에 다섯 개, 브루클린에 한 개 지점을 운영한다. 정보력 좋고 부지런한 여행자들이 뉴욕에서 가장 가성비 좋다고 할 수 있는 이 호텔을 찾아냈고 이미 많은 여행자들이 호평한 바 있다. 반려동물 투숙이나 자체 주차가 가능하기도 하니 필요 사항에 따라 비교해보고 골라보자. 타임스 스퀘어 지점은 맨해튼에서 가장 큰 규모의 호텔 루프톱 바를 자랑하며, 첼시 지점은 천장부터 바닥까지 시원하게 경관을 들이는 통창을 자랑한다. 대부분 호텔들이 그렇듯 이곳 역시 테크놀로지에 민감해 다양한 스트리밍 서비스를 지원하고 이스트 빌리지 지점에서는 무료로 LP를 감상할 수 있다.

타임 스퀘어 지점
🏃 B, D, E, F, M, N, Q, R, W 라인
34 St-Herald Sq역에서 도보 3분
📍 485 7th Ave, New York, NY 10018
📞 +1 212-967-6699
🏠 www.marriott.com/en-us/hotels/
nycox-moxy-nyc-times-square

©Moxy

©Moxy

©Moxy

평판 좋은 유럽 호텔 체인
시티즌 M Citizen M

타임스 스퀘어와 바우어리(로어이스트사이드) 지점 두 곳을 운영하고 있다. 키오스크와 앱 체크인, 체크아웃 서비스를 진행하며 객실도 21세기 이전의 느낌은 일절 찾아볼 수 없으니 클래식한 분위기를 좋아하는 여행자에게는 추천하지 않는다. 대신 깔끔하고 미니멀한 분위기의 숙소를 좋아한다면 더할 나위 없다. 객실에는 조명 등 각종 시설을 컨트롤할 수 있는 아이패드가 비치되어 있으며 루프톱 바도 멋스럽다. 바우어리 지점 내부에는 스트리트 아트 박물관이 자리한다.

타임스 스퀘어 지점
🚶 ①②C, E 라인 50 St역에서 도보 1분 📍218 W 50th St, New York, NY 10019 📞+1 212-461-3638
🏠 www.citizenm.com/hotels/united-states/new-york/new-york-times-square-hotel

신뢰할 수 있는 브랜드
힐튼 가든 인 Hilton Garden Inn

타임스 스퀘어, 타임스 스퀘어 사우스, 타임스 스퀘어 센트럴, 타임스 스퀘어 노스(유일한 4성급) 등 뉴욕에만 약 20개 지점을 운영하고 있다. 요금은 1박에 $100~$300까지 다양하지만 평은 고루 좋은 편이다. 피트니스 센터, 룸 서비스, 자체 레스토랑 등을 갖추고 있으며 요청 시 투숙 일주일 전부터 우편물을 대신 받아주기도 한다. 지점에 따라 서비스나 설비가 상이할 수 있으니 예약 전 확인할 것.

센트럴 파크 사우스-미드타운 웨스트 지점(3성급)
🚶 B, D, E 라인 7 Av역에서 도보 2분 📍237 W 54th St, New York, NY 10019 📞+1 212-253-6000 🏠 www.hilton.com/en/hotels/nycwfgi-hilton-garden-inn-new-york-central-park-south-midtown-west/

그 외 요텔Yotel과 포드Pod도 많은 여행자가 애용하는 3~4성급 호텔 체인으로 뉴욕 곳곳에 지점이 있다.

뉴욕을 진하게 느끼고 싶다면
부티크 호텔

아무리 이름난 브랜드의 체인 호텔이라도 천편일률적인 것에는 매력을 느끼지 못하는 특별한 취향의 여행자에게 추천한다. 뉴욕이라는 도시의 특징을 가장 진하게 느낄 수 있는 부티크 호텔이 오히려 어느 도시에서 찾아도 크게 다를 것 없는 인테리어와 서비스보다 더욱 매력적으로 다가오기 때문.

최고의 서비스, 빈티지한 멋스러움
루들로 The Ludlow

©The Ludlow

최신 테크놀로지에 감흥을 느끼지 못하는 감성의 소유자라면 이곳이 제격이다. 카드키가 아닌 무거운 열쇠로 열어야 하는 묵직한 객실 문부터 남다르다. 벽난로를 갖춘 어두운 로비 바는 낮에는 평온하고 저녁은 시끌시끌하며, 시원한 도시 전망이 펼쳐지는 큰 유리창 앞 푹신한 높은 침대와 고급스러운 욕실, 분위기와 맛으로 소문난 식당 비스트로 더티 프렌치Dirty French가 가장 큰 특징이자 자랑거리다. 카츠 델리카테센P.226 등 다운타운 맛집이 부근에 많다는 것도 장점.

🚶 F 라인 2 Av역에서 도보 3분 📍 180 Ludlow St, New York, NY 10002 📞 +1 212-432-1818 🏠 ludlowhotel.com

©Arlo Hotel

감각적인 인테리어와 맞춤형 서비스
알로 호텔 Arlo Hotel

뉴욕에서는 미드타운, 노마드, 소호 세 곳을, 마이애미에서는 두 곳을 운영 중인 4성급 부티크 호텔. 차분한 색과 세련된 인테리어가 특징이며 요가 수업, DJ 파티 등 투숙객을 위한 특별한 맞춤형 서비스로 점점 더 마니아층을 형성하고 있다. 1층에는 책을 보며 쉬거나 일도 할 수 있는 편안한 공간이 마련되어 있고 바와 라운지도 운영한다. 루프톱에도 바가 있다.

미드타운 지점 🚶 A, C, E 라인 42 St-Port Authority Bus Terminal역에서 도보 5분 📍 351 W 38th St, New York, NY 10018 📞 +1 212-343-7000
🏠 www.arlohotels.com/midtown/

©Made Hotel

모던 맨해튼 호텔 그 자체
메이드 호텔 Made Hotel

도시가 한눈에 들어오는 전망의 18층 루프톱 라운지 굿비헤이비어Good Behavior가 특히 인기 있는 4성급 호텔. 루프톱에서 아침 요가 수업을 진행하며 투숙객들을 위해 책 낭독이나 쿠킹 클래스 등 다양한 이벤트를 열기도 한다. 객실 모두 군더더기 없는 인테리어가 특징이다. 호텔 내 타파스 레스토랑 데바요Debajo, 카페 페이퍼Paper도 추천한다. 아기용 침대를 구비하고 있으며, 반려동물도 투숙 가능(무게 제한 70파운드, 추가 요금 $100).

🚶 N, Q, R, W 라인 28 St역에서 도보 2분 📍 44 W 29th St, New York, NY 10001 📞 +1 212-213-4429
🏠 www.madehotels.com

TRAVEL SOS

위급한 상황을 최대한 피하려 꼼꼼히 준비하지만 누구나 여행 중 뜻밖의 사건 사고를 겪을 수 있다.
다음을 숙지하고 침착하게 대처해 피해를 최소화하고 최선의 해결책을 마련하자.

★ 기억할 것! 여행 중 대부분의 SOS를 해결해줄 수 있는 것은 바로 영사콜센터와 여행자 보험.
여행자 보험은 사고 후에는 가입 불가능하니 여행 떠나기 전에 꼭 가입하도록 한다.

SOS ❶
여권을 분실했다면

여권 없이는 귀국이 불가능하니 분실 즉시 가까운 경찰서에서 분실 확인서를 발급받고 뉴욕 영사관에서 일회용 단수 여권을 발급받도록 한다. 약 하루 정도 소요되며 신분증, 분실 확인서, 여권 사진 2매가 필요하다. 단수 여권은 귀국 시 한 번만 사용 가능한 임시 여권이기 때문에 계속 여행을 하고 다른 나라 국경을 지나야 한다면 한국에서 복수 여권을 발급받아 DHL 등 해외 배송을 이용해 수령해야 한다. 보통 발급부터 수령까지 일주일 정도 소요된다.

🏠 https://overseas.mofa.go.kr/us-newyork-ko/index.do

SOS ❷
현금을 분실했다면

현금 분실은 보험으로도 보상받을 수 없는 부분이라 현금보다는 카드 사용을 추천한다. 하지만 현금만 사용 가능한 상점이나 식당이 종종 있고 호텔 팁을 주기에도 유용하기 때문에 어느 정도의 현금은 필요하다. 현금을 도난 당하거나 분실 시 급히 현금이 필요한 경우에는 국내에 있는 가족이나 지인 등이 외교부 계좌로 돈을 입금하면 영사관에서 긴급 경비를 현지 통화로 전달하는 신속해외송금제도를 이용할 수 있다. 영사 콜센터를 통해 신청할 수 있다.

① 영사콜센터 무료 전화 앱
② 영사콜센터 카카오톡, 라인 상담 서비스
③ 전화: (국내) 02-3210-0404, (해외) +82-2-3210-0404

SOS ❸
소매치기를 당했다면

뉴욕은 유럽 등 다른 여행지에 비해 소매치기 피해가 많지는 않다. 특히 맨해튼 관광지의 경우 거리마다 순찰하는 경찰들을 쉽게 볼 수 있다. 하지만 소매치기를 당했다면 먼저 휴대폰과 신용 카드를 정지하고, 도난의 경우 여행자 보험을 통해 어느 정도 보상받을 수 있으니 가까운 경찰서에 신고해 신고 내역 서류를 받도록 한다. 경찰서 서류 작성 시 분실Loss이 아니라 도난Theft임을 확실하게 명시해야 보상이 가능하다.

SOS ❹
병원 갈 일이 생겼다면

★ 먼저 외교부 영사콜센터의 도움을 받도록 한다.
www.0404.go.kr/callcenter/callcenter_intro.jsp

24시간 응급 처치 요령, 약품 구입과 복용 방법, 현지 의료 기관 이용 방법 등을 안내받을 수 있다. 미국은 의료 보험이 한국과 달라 의료비가 높기로 악명 높다. 고용주가 제공하는 각기 다른 사보험이 있어도 의료비가 상당하기 때문에 미국인들은 정말 큰일이 아니라면 병원을 찾는 일이 없을 정도. 여행자 보험을 들어야 하는 큰 이유가 바로 병원비 때문. 진단, 처방, 수술, 사고 등 세부 사항별 보험 보장 내역을 꼼꼼히 살펴보고 가입하도록 한다. 앰뷸런스 탑승만으로도 수천 달러를 지불할 수 있으니 의료비 지출 전 가격을 미리 확인하고, 청구용 서류도 빠짐없이 체크해 치료 전후로 받아놓도록 한다.

SOS ❺
비행기나 기차를 놓쳤다면

비행기를 놓치거나 날짜 변경에 대한 수수료, 환불 여부는 같은 비행편이라고 해도 구입한 항공권의 종류에 따라 달라지기 때문에 꼭 확인하도록 한다. 일정이 불확실하거나 혹시 모를 상황에 대비하고 싶다면 환불 불가가 아니라 수수료를 지불하고 변경이 가능한 항공권을 구입하는 것을 추천한다. 변경 불가 항공권이라면 어쩔 수 없이 새 항공권을 구입하는 방법밖에 없다. 기차 역시 마찬가지. 분실의 위험과 출력의 불편함을 고려해 종이 티켓보다는 모바일 티켓을 추천한다.

명소

식당

쇼핑